Python 人工智能

李晓东 编著

电子工业出版社
Publishing House of Electronics Industry
北京·BEIJING

内 容 简 介

本书以 Python 为平台,以将概念、实例和经典应用相结合的方式,介绍如何利用 Python 实现人工智能。全书分为 9 章,内容包括:人工智能的基础,人工智能背景下的科学计算,人工神经网络,迁移学习,网络爬虫,智能数据分析,机器学习,智能模型分析,人工智能的应用。为了帮助读者更好地掌握相关知识,书中每章节都通过理论与实例相结合的方式,让读者在掌握概念的同时,掌握程序设计方法,并能利用程序设计解决实际问题。

本书适合 Python 初学者,以及利用 Python 进行人工智能开发的读者。

未经许可,不得以任何方式复制或抄袭本书之部分或全部内容。
版权所有,侵权必究。

图书在版编目(CIP)数据

Python 人工智能 / 李晓东编著. —北京:电子工业出版社,2021.6
ISBN 978-7-121-41374-2

Ⅰ. ①P… Ⅱ. ①李… Ⅲ. ①软件工具-程序设计 Ⅳ. ①TP311.561

中国版本图书馆 CIP 数据核字(2021)第 116114 号

责任编辑:陈韦凯　　文字编辑:曹　旭
印　　刷:三河市君旺印务有限公司
装　　订:三河市君旺印务有限公司
出版发行:电子工业出版社
　　　　　北京市海淀区万寿路 173 信箱　邮编　100036
开　　本:787×1 092　1/16　印张:25　字数:640 千字
版　　次:2021 年 6 月第 1 版
印　　次:2021 年 6 月第 1 次印刷
定　　价:89.00 元

凡所购买电子工业出版社图书有缺损问题,请向购买书店调换。若书店售缺,请与本社发行部联系,联系及邮购电话:(010)88254888,88258888。
质量投诉请发邮件至 zlts@phei.com.cn,盗版侵权举报请发邮件至 dbqq@phei.com.cn。
本书咨询联系方式:(010)88254441;chenwk@phei.com.cn。

前　言

　　一般认为，人工智能经历了三次发展浪潮。第一次发生于 20 世纪 60 年代，以符号主义学派为主导；第二次发生于 20 世纪 80 年代，以连接主义学派为主导；第三次发生于 2006 年，以深度学习为基础。前两次浪潮都经历了从初期的极度乐观，慢慢转入失望怀疑，研究人员和经费逐渐流出，到"AI 寒冬"的循环。而第三次浪潮随着深度学习而复兴，就目前来看似乎还处在循环的前半段：技术突破先前的局限而快速发展，投资狂热，追捧者甚多。问题是现在的热潮是不是技术萌芽期的过分膨胀？是否会昙花一现并逐渐冷却，然后又进入寒冬？也许任何预言、推论都没有实质意义，只有时间才有资格给出真正的答案。

　　那么，谁来学习人工智能？怎么去理解深度学习呢？计算机工程日益庞大、方向繁多，如前端、后端、测试等，纵然是计算机从业人员，大多数也只有精力在一个方向深入学习。AI 空间是这个庞大体系的一部分，还是未来社会每个人都应该掌握的基本技能？其实深度学习更像是一种新的思维方式，能加深我们对计算机乃至世界运行规律的理解。深度学习将传统机器学习中最为复杂的"特征工程"自动化，使机器可以"自主地"抽象和学习更具统计意义的"模式"。

　　本书为什么会在众多语言当中选择 Python 来实现人工智能呢？主要原因是：Python 是一种通用型编程语言，它具有良好的可扩展性和适应性，易于学习，被广泛应用于云计算、人工智能、科学运算、Web 开发、网络爬虫、系统运维、图形 GUI、金融量化投资等众多领域。无论是客户端、云端，还是物联网终端，都能看到 Python 的身影，可以说，Python 的应用无处不在。特别是在移动互联网和人工智能时代，Python 越来越受到编程者的青睐。

　　此外，Python 社区有各类充满激情的人，对于程序员来说，社区是非常重要的，因为编程绝非孤独地修改代码，大多数程序员需要向解决过类似问题的人寻求建议，就算是经验丰富的程序员也不例外。当需要有人帮助解决问题时，有一个联系紧密、互帮互助的社区至关重要，Python 社区就是这样一个社区。

　　本书旨在让读者尽快掌握 Python 软件，并利用 Python 实现人工智能。通过阅读本书，读者能够迅速掌握人工智能的概念、发展和应用，为进一步深入研究人工智能打下坚实的基础，并养成良好的编程习惯。

　　本书编写特色主要表现在以下 3 个方面。

　　1．易学易懂

　　功能更完善的 Python 3.X 版本凭借其简洁、易读及可扩展性，使编程更简洁，读者更易理解与掌握。本书不纠缠于晦涩难懂的概念，而用通俗易懂的语言引出概念，再通过实例进行巩固。

　　2．内容详尽细致

　　本书每个章节都构造了各种对应实例，系统全面、循序渐进地介绍了 Python 在人工智能各方面的应用。

　　3．学与用相结合

　　本书以解决问题为导向，注意培养编程思维，让读者感受到编程的乐趣，同时讲解与实例相结合，以"够用"为原则，带领初学者避开技术陷阱。书中案例丰富，读者能够从人工智能的各个方面体会利用 Python 实现智能编程的乐趣，做到学与做相结合。

全书共 9 章，每个章节的主要内容包括：

第 1 章 介绍了人工智能的基础，主要包括人工智能的数学建模、选择 Python 的原因、剖析 Python 程序、NumPy 入门等内容。

第 2 章 介绍了人工智能背景下的科学计算，主要包括 Pandas 科学计算库、Matplotlib 可视化库、SciPy 科学计算库等内容。

第 3 章 介绍了人工神经网络，主要包括人工神经网络的概念、神经激活函数、反向传播、卷积神经网络、循环神经网络、生成对抗网络等内容。

第 4 章 介绍了迁移学习，主要包括迁移学习的概念、VGG16 实现图像风格转移、糖尿病性视网膜病变检测等内容。

第 5 章 介绍了网络爬虫，主要包括初识爬虫、爬虫入门、高效率爬虫、利用 Scrapy 实现爬虫等内容。

第 6 章 介绍了智能数据分析，主要包括数据获取、枚举算法、递推问题、模拟问题、逻辑推理问题、排序问题等内容。

第 7 章 介绍了机器学习，主要包括 K-Means 聚类算法、kNN 算法、朴素贝叶斯算法、广义线性模型、决策树算法、随机森林、支持向量机等内容。

第 8 章 介绍了智能模型分析，主要包括数据表达、数据升维、模型评估、优化模型参数、可信度评估等内容。

第 9 章 介绍了人工智能的应用，主要包括机器翻译、机器语音识别、利用 OpenCV 实现人脸识别、GAN 风格迁移、利用 OpenCV 实现风格迁移、聊天机器人等内容。

本书适合 Python 初学者，以及利用 Python 进行人工智能开发的读者。

本书由佛山科学技术学院李晓东编著，由于时间仓促，加之作者水平有限，书中错误和疏漏之处在所难免，恳请各领域专家和广大读者批评指正。

编著者

目 录

第1章 人工智能的基础 ... 1
1.1 由数学建模走进人工智能 ... 1
- 1.1.1 数学建模 ... 1
- 1.1.2 人工智能背后的数学 ... 4

1.2 为何用 Python ... 12
- 1.2.1 选择 Python 的原因 ... 12
- 1.2.2 Python 的优势 ... 13
- 1.2.3 Python 的安装 ... 13
- 1.2.4 使用 pip 安装第三方库 ... 16
- 1.2.5 Python 的变量 ... 17

1.3 第一个小程序 ... 18
1.4 剖析程序 ... 19
1.5 NumPy 入门 ... 23
- 1.5.1 NumPy 的用法 ... 23
- 1.5.2 广播 ... 27
- 1.5.3 向量化与"升维" ... 28
- 1.5.4 NumPy 的应用思想 ... 31

第2章 人工智能背景下的科学计算 ... 32
2.1 Pandas 科学计算库 ... 32
- 2.1.1 初识 Pandas ... 32
- 2.1.2 Pandas 的相关操作 ... 34

2.2 Matplotlib 可视化库 ... 48
- 2.2.1 初识 Matplotlib ... 48
- 2.2.2 Matplotlib 经典应用 ... 51

2.3 SciPy 科学计算库 ... 54
- 2.3.1 初识 SciPy ... 54
- 2.3.2 SciPy 经典应用 ... 55

第3章 人工神经网络 ... 62
3.1 人工神经网络的概念 ... 62
- 3.1.1 神经元 ... 62
- 3.1.2 人工神经网络的基本特征 ... 64

3.2 神经激活函数 ... 64
- 3.2.1 线性激活函数 ... 65
- 3.2.2 Sigmoid 激活函数 ... 65
- 3.2.3 双曲正切激活函数 ... 67
- 3.2.4 修正线性激活函数 ... 68

3.2.5　PReLU 激活函数 70
　　3.2.6　softmax 激活函数 71
3.3　反向传播 73
3.4　卷积神经网络 79
3.5　循环神经网络 85
　　3.5.1　普通循环神经网络 85
　　3.5.2　长短期记忆单元 89
3.6　生成对抗网络 93
3.7　强化学习 99
　　3.7.1　Q 学习 100
　　3.7.2　Q 学习经典应用 101
　　3.7.3　深度 Q 学习 106
　　3.7.4　形式化损失函数 106
　　3.7.5　深度双 Q 学习 107
　　3.7.6　深度 Q 学习的经典应用 108
3.8　受限玻尔兹曼机 123
　　3.8.1　RBM 的架构 123
　　3.8.2　RBM 的经典实现 124
3.9　自编码器 128
　　3.9.1　自编码器的架构 128
　　3.9.2　自编码器的经典实现 129

第 4 章　迁移学习 134
4.1　迁移学习概述 134
4.2　VGG16 实现图像风格转移 135
4.3　糖尿病性视网膜病变检测 142
　　4.3.1　病变数据集 142
　　4.3.2　损失函数定义 143
　　4.3.3　类别不平衡问题 143
　　4.3.4　预处理 144
　　4.3.5　仿射变换产生额外数据 145
　　4.3.6　网络架构 147
　　4.3.7　优化器与交叉验证 150
　　4.3.8　Python 实现 151

第 5 章　网络爬虫 159
5.1　初识爬虫 159
5.2　爬虫入门 160
　　5.2.1　入门基础 160
　　5.2.2　爬虫实战 162
5.3　高效率爬虫 167

	5.3.1	多进程	167
	5.3.2	多线程	169
	5.3.3	协程	172
5.4	利用 Scrapy 实现爬虫		174
	5.4.1	安装 Scrapy	174
	5.4.2	爬取招聘信息	176

第 6 章 智能数据分析 · 182

6.1	数据获取		182
	6.1.1	从键盘获取	182
	6.1.2	读取与写入	182
	6.1.3	Pandas 读写操作	185
6.2	枚举算法		187
	6.2.1	枚举定义	187
	6.2.2	枚举特点	187
	6.2.3	枚举经典应用	188
6.3	递推问题		189
6.4	模拟问题		191
6.5	逻辑推理问题		193
6.6	排序问题		195
	6.6.1	冒泡排序	195
	6.6.2	选择排序	196
	6.6.3	桶排序	198
	6.6.4	插入排序	200
	6.6.5	快速排序	201
	6.6.6	归并排序	203
	6.6.7	堆排序	205
6.7	二分查找		207
6.8	勾股树		210
6.9	数据分析经典案例		212

第 7 章 机器学习 · 221

7.1	K-Means 聚类算法		221
	7.1.1	K-Means 聚类算法概述	222
	7.1.2	目标函数	222
	7.1.3	K-Means 聚类算法流程	222
	7.1.4	K-Means 聚类算法的优缺点	223
	7.1.5	K-Means 聚类算法经典应用	224
7.2	kNN 算法		226
	7.2.1	kNN 算法基本思想	226
	7.2.2	kNN 算法的重点	227

		7.2.3 kNN 算法经典应用	228
7.3	朴素贝叶斯算法		238
	7.3.1	贝叶斯定理	239
	7.3.2	朴素贝叶斯分类原理	239
	7.3.3	朴素贝叶斯分类流程图	240
	7.3.4	朴素贝叶斯算法的优缺点	240
	7.3.5	朴素贝叶斯算法经典应用	240
7.4	广义线性模型		245
	7.4.1	线性模型	245
	7.4.2	线性回归	251
	7.4.3	岭回归	253
	7.4.4	套索回归	258
	7.4.5	弹性网络回归	261
7.5	决策树算法		264
	7.5.1	决策树算法概述	264
	7.5.2	经典算法	264
	7.5.3	决策树算法经典应用	269
7.6	随机森林		273
	7.6.1	随机森林概述	273
	7.6.2	随机森林的构建	274
	7.6.3	随机森林的优势与不足	276
7.7	支持向量机		277
	7.7.1	分类间隔	277
	7.7.2	函数间距	279
	7.7.3	几何间距	279
	7.7.4	核函数	281
	7.7.5	支持向量机核函数的实现	284
	7.7.6	核函数与参数选择	286
7.8	数据预处理		289
7.9	数据降维		294
7.10	智能推荐系统		298
	7.10.1	推荐问题的描述	298
	7.10.2	协同过滤算法	298
	7.10.3	协同过滤算法的实现	299

第 8 章 智能模型分析 303

8.1	数据表达	303
8.2	数据升维	308
8.3	模型评估	314
8.4	优化模型参数	318

8.5 可信度评估……322
8.6 管道模型……326
8.7 选择和参数调优……330

第9章 人工智能的应用……334

9.1 机器翻译……334
    9.1.1 神经机器翻译……334
    9.1.2 实现英译德……338
9.2 机器语音识别……344
    9.2.1 CTC 算法概念……344
    9.2.2 RNN+CTC 模型的训练……345
    9.2.3 利用 CTC 实现语音识别……347
9.3 利用 OpenCV 实现人脸识别……352
    9.3.1 人脸检测……352
    9.3.2 检测视频的人脸……353
    9.3.3 车牌检测……354
    9.3.4 目标检测……355
9.4 GAN 风格迁移……357
    9.4.1 DiscoGAN 的工作原理……357
    9.4.2 CycleGAN 的工作原理……358
    9.4.3 预处理图像……358
    9.4.4 DiscoGAN 生成器……360
    9.4.5 DiscoGAN 判别器……362
    9.4.6 网络构建和损失函数的定义……363
    9.4.7 构建训练过程……366
    9.4.8 启动训练……369
9.5 利用 OpenCV 实现风格迁移……372
9.6 聊天机器人……373
    9.6.1 聊天机器人架构……374
    9.6.2 序列到序列模型……375
    9.6.3 建立序列到序列模型……375
    9.6.4 实现聊天机器人……376
9.7 餐饮菜单推荐引擎……383

参考文献……390

第 1 章　人工智能的基础

人工智能（Artificial Intelligence，AI）也称智械、机器智能，是指由人制造出来的机器所表现出来的智能。通常人工智能是指通过普通计算机程序来呈现人类智能的技术。

AI 的主要问题包括构建能够与人类似甚至超过人类的推理、知识、规划、学习、交流、感知、移动、使用工具和操控机器的能力等。

当前有大量的工具应用了人工智能，如搜索和数学优化、逻辑推演。而基于仿生学、认知心理学，以及基于概率论和经济学的算法等的应用也在逐步探索中。思维来源于大脑，思维控制行为，行为需要意志去实现，而思维又是对所有数据的采集整理，相当于数据库，所以人工智能最后会演变为机器替代人类工作。

随着社会的发展，互联网渗透人们生活，人工智能在计算机领域内得到了越来越广泛的重视，并在机器人、经济政治决策、控制系统、仿真系统中应用。

1.1　由数学建模走进人工智能

无论是机器学习还是深度学习都需要数学建模思维，如果没有很好的建模思维，我们的项目就达不到所谓的智能。

1.1.1　数学建模

数学与数学建模有什么联系？我们都知道，在大学，如果要学习高等数学，那么必须学习微积分、定积分、线性代数、概率论等，这些都是建模的基础，建模没有对错，只有好或更好，所以基础肯定要有的。在有一定的数学基础后，还要会查资料，如各种论文，以了解最新的建模思维。只要熟练掌握数学基础，我们的建模思维能力就会很强，解决实际情况的方法就会很高效。

1. 数学与数学建模

下面先来举个简单的例子。

某个星级旅馆有 150 间客房，经过一段时间的经营实践，旅馆经理得到了一些数据：每间客房定价为 160 元时，入住率为 55%；每间客房定价为 140 元时，入住率为 65%；每间客房定价为 120 元时，入住率为 75%；每间客房定价为 100 元时，入住率为 85%。如果想让旅馆每天的收入最高，那么每间客房的定价应是多少？

假设问题：

（1）每间客房最高定价为160元。
（2）设随着房价的下降，入住率呈线性增长。
（3）设旅馆每间客房定价相等。

建立模型：

设房价为 x，入住率为 y，则总营业额=$150xy$。

当房价差为20元时，入住率按-10%的比例变化，即$(x-100)/(y-85)=20/(-10)=-2$。

求解模型：

利用二次函数求解得，当$y=67.5$，$x=135$时，总营业额最高。为便于管理，取最接近值，即$y=65$，$x=140$。这时入住率为65%，营业额最高，即为13650元。

讨论与验证：

（1）容易验证此收入在各种已知定价对应的收入中是最大的。如果为了便于管理，定价为140元也是可以的，因为此时它与最高收入只差18.75元。

（2）假设定价为180元，入住率应为45%，相应的收入只有12150元，这说明假设问题（1）是合理的。

以上例子就是一个简单的数学建模，在这个例子中我们需要考虑的是：
（1）要做什么？
（2）怎么做？
（3）这样做合理吗？
（4）如果这样做，假设哪些可以改变？
（5）这样做需要用到哪些模型？
（6）这种模型简洁吗？
（7）确定了这些模型后，怎么求解？
（8）求解出来了，与现实吻合吗？
（9）在这个模型中，存在什么缺点及怎样去优化？
（10）总结。

这些都是需要我们考虑的，可能要用到大量数学计算，甚至涉及统计、经济学相关专业知识及专有软件的处理等，所以整个建模过程离不开数学知识。

2．数学建模与人工智能

无论是数学建模还是人工智能，其核心都是算法，最终的目的都是通过某种形式来更好地为人类服务，解决实际问题。在研究人工智能过程中需要数学建模思维，所以数学建模对人工智能非常关键。

如图1-1所示为AI机器人通过模拟一个场景来展示人工智能与数学建模之间的关系。

假设某患者到医院就诊，在现实生活中，医生会根据病人的一系列体征与症状，判断病人患了什么病。医生会亲切地询问患者的症状，通过各种专项检查，最后进行确诊。而人工智能则考虑通过相应算法来实现上述过程，如德国的辅助诊断产品Ada学习了大量病例，用于辅助判断，提升医生诊病的准确率。

情景①：如果用数学建模方法解决问题，那么可以通过算法构建一个恰当的模型，也就是通过如图1-2所示的数学建模流程来解决问题。

图 1-1　AI 机器人

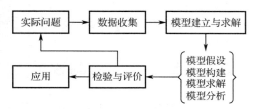
图 1-2　数学建模流程

情景②：如果用人工智能方法解决问题，就要制造一个会诊断疾病的机器人。机器人如何才能精准诊断呢？这就需要利用人工智能技术手段，如采用一个"人工智能"算法模型，可能既用了机器学习算法，也用了深度学习算法，不管怎样，最终得到的是一个可以应用的疾病预测人工智能解决方案。让其具有思考、听懂、看懂、逻辑推理与运动控制的能力。

通过上面的例子可以看出，人工智能离不开数学建模。在解决一个人工智能问题的过程中，我们将模型的建立与求解进行了放大，以使其结果更加精准，如图 1-3 所示。

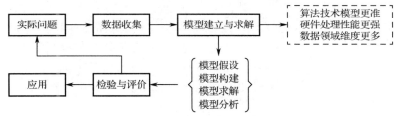
图 1-3　AI 数学建模流程的修正

可见，从数学建模的角度去学习人工智能不失为一种好方法。

3．数学建模中的常见问题

在现实中，数学建模在实际操作上还有很多问题，主要表现在以下 4 个方面。

（1）常见的数学问题十分严谨，所给的条件一般都是不多不少、数据准确的，最后所得的结论是唯一的。而数学建模问题几乎就是生活中遇到的实际问题，问题背景复杂、条件多，而且实际生活中的许多实际问题结论并不唯一，如一些决策问题。

（2）常见的数学应用题的原始问题数学化的过程简单明了，不需要大量的数据计算。而数学建模问题需要对原始问题合理地进行分析和假设，利用数学工具和方法将其加工成抽象的数学问题，还要在仔细研讨问题材料的同时，进行紧张的思维活动，分析大量数据，找出规律，合理地简化问题。人们在数学建模过程中普遍感到问题烦琐，无从下手，考虑不周全，不知道用什么方法解答问题，对数据的处理能力也比较差，缺少数学建模意识。

（3）常见的数学应用题得到的结论很少需要思考是否与实际相符，以及其中的一些已知条件是否需要进一步调整和修改，进而结论也要相应修改。而数学建模问题必须通过已知模型的验证，不符的地方要再分析，然后修改之前的一些假设，重新求解，循环往复，直到与实际基本相符为止。

（4）常见的数学问题要独立完成，不鼓励与他人一起完成。而数学建模问题要求有团队精神，集体参与交流，需要团队成员各抒己见，扩展思路。

1.1.2 人工智能背后的数学

"数学是打开科学大门的钥匙"。数学基础知识蕴含着处理智能问题的基本思想与方法，也是理解复杂算法的必备要素。今天的种种人工智能技术归根到底都是建立在数学模型之上的，了解人工智能，首先要掌握必备的数学基础知识。

1. 线性代数的作用

事实上，线性代数不仅是人工智能的基础，而且是现代数学和现代数学作为主要分析方法的众多学科的基础。从量子力学到图像处理都离不开向量和矩阵的使用。而在向量和矩阵背后，线性代数的核心意义在于提供一种看待世界的抽象视角：世界万物都可以被抽象成某些特征的组合，并在预置规则定义的框架下以静态和动态的方式加以观察。

从着重于抽象概念的解释而非具体的数学公式的角度来看，线性代数有如下要点：线性代数的本质在于将具体事物抽象为数学对象，并描述其静态和动态的特性；向量的实质是 n 维线性空间中的静止点；线性变换描述了向量或作为参考系的坐标系的变化，可以用矩阵表示；矩阵的特征值和特征向量描述了变化的速度与方向。

换言之，线性代数之于人工智能如同加法之于高等数学，是一个基础工具集。

2. 什么是统计量

统计量是统计理论中用来对数据进行分析、检验的变量，下面介绍一些常用的统计量。

总体，是人们研究对象的全体，又称母体，如工厂一天生产的全部产品（按合格品及废品分类）、学校全体学生的身高，等等。

总体中的每一个基本单位称为个体，个体的特征用一个变量（如 x）来表示。例如，如果一件产品是合格品，则记作 $x=0$；如果是废品，则记作 $x=1$；一个身高为 165cm 的学生，记作 $x=165$。

从总体中随机产生的若干个体的集合称为样本或子样，如 n 件产品、80 名学生的身高，或者一根钢轴直径的 8 次测量值。实际上这就是从总体中随机取得的一批数据，不妨记作 $x_1, x_2, \cdots, x_n$，其中 n 称为样本容量。

简单地说，统计的任务是由样本推断总体。

假设有一个容量为 n 的样本（即一组数据），记作 $x=(x_1, x_2, \cdots, x_n)$，需要对它进行一定的加工，才能提出有用的信息，用作对总体（分布）参数的估计和检验。统计量就是加工出来的、反映样本数量特征的函数，它不含任何未知量。

下面我们介绍几种常用的统计量。

（1）表示位置的统计量——算术平均值和中位数。

算术平均值（简称均值）描述数据取值的平均位置，记作 $\bar{x}$。

$$\bar{x} = \frac{1}{n}\sum_{i=1}^{n} x_i$$

中位数是将数据由小到大排序后位于中间位置的那个数值。

（2）表示变异程度的统计量——标准差、方差和极差。

标准差 s 定义为

$$s = \left[\frac{1}{n-1}\sum_{i=1}^{n}(x_i - \bar{x})^2\right]^{\frac{1}{2}}$$

它是各个数据与均值偏离程度的度量，这种偏离不妨称为变异。

方差是标准差的平方 s^2。

极差是 $x = (x_1, x_2, \cdots, x_n)$ 的最大值与最小值之差。

在标准差 s 的定义式中，对 n 个 $(x_i - \bar{x})$ 的平方求和，却被 $(n-1)$ 除，是出于无偏估计的要求。

（3）中心矩，表示分布形状的统计量——偏度和峰度。

随机变量 x 的 r 阶中心矩为 $E(x - E(x))^r$。随机变量 x 的偏度和峰值，指的是 x 的标准化变量 $(x - E(x))/\sqrt{D(x)}$ 的三阶中心矩和四阶中心矩，具体如下：

$$v_1 = E\left[\left(\frac{x - E(x)}{\sqrt{D(x)}}\right)^3\right] = \frac{E\left[(x - E(x))^3\right]}{\left(\sqrt{D(x)}\right)^{2/3}}$$

$$v_2 = E\left[\left(\frac{x - E(x)}{\sqrt{D(x)}}\right)^4\right] = \frac{E\left[(x - E(x))^4\right]}{(D(x))^2}$$

偏度反映分布的对称性，$v_1 > 0$ 称为右偏态，此时位于均值右边的数据比位于左边的数据多；$v_1 < 0$ 称为左偏态，情况相反；而 v_1 接近于 0 时，则可认为分布是对称的。

峰度是分布形状的另一种度量，正态分布的峰度为 3，如果 v_2 比 3 大得多，则表示分布有沉重的"尾巴"，说明样本中含有较多远离均值的数据，因而峰度可以用作衡量偏离正态分布的尺度之一。

3．数理统计基础知识

在人工智能的研究中，数理统计同样不可或缺。基础的统计理论有助于对机器学习的算法和数据挖掘的结果做出解释，只有做出合理的解读，数据的价值才能够体现。数理统计根据观察或实验得到的数据来研究随机现象，并对研究对象的客观规律做出合理的估计和判断。

实际上，数理统计可以看成逆向的概率论。数理统计的任务是根据可观察的样本反过来推断总体的性质；推断的工具是统计量，统计量是样本的函数，是个随机变量；参数估计通过随机抽取的样本来估计总体分布的未知参数，包括点估计和区间估计；假设检验通过随机抽取的样本来接受或拒绝关于总体的某个判断，常用于估计机器学习模型的泛化错误率。

（1）互斥事件与对立事件。

互斥事件与对立事件相对来说比较好理解：不可能同时发生的事件叫互斥事件，其中必有一个发生的互斥事件叫对立事件。如果用概率的形式表示事件 A 与事件 B 互斥，则表示为 $P(A \cup B) = P(A) + P(B)$。事件 A 与事件 B 对立，即 $P(B) = 1 - P(A)$。它们的关系是：对立事件一定是互斥事件，互斥事件不一定是对立事件。

（2）相对独立事件。

设 A, B 是两个随机事件，如果 $P(AB) = P(A)P(B)$，则称事件 A, B 相互独立（简称独立）。设 $A_1, A_2, \cdots, A_n$ 为 n 个事件，如果对任意的 $k(2 \leq k \leq n)$ 且 $1 \leq i_1 \leq i_2 < \cdots < i_k \leq n$ 都有

$$P(A_{i_1}, A_{i_2}, \cdots, A_{i_k}) = P(A_{i_1})P(A_{i_2}) \cdots P(A_{i_k})$$

成立，则称 n 个事件 $A_1, A_2, \cdots, A_n$ 相互独立。

（3）独立事件与互斥事件。

独立事件与互斥事件是概率学中的两个基础概念，也是容易混淆的概念，下面通过一个实例来阐述这两个概念的关系。

抛掷一颗骰子，记 A 为"落地向上的数为奇数"事件，B 为"落地向上的数为偶数"事件，C 为"落地向上的数为 3 的倍数"事件，D 为"落地向上的数为大于 3 的数"事件，E 为"落地向上的数为 7"事件。判断事件 A 与 B、A 与 C、B 与 C、A 与 D 和 A 与 E 是互斥事件、对立事件，还是相互独立事件。

解析：根据骰子可能存在的点数，整理如下。

$$A = \{1,3,5\}, \quad B = \{2,4,6\}, \quad C = \{3,6\}, \quad D = \{4,5,6\}, \quad E = \{7\}$$

$$P(A) = \frac{1}{2}, \quad P(B) = \frac{1}{2}, \quad P(C) = \frac{1}{3}, \quad P(D) = \frac{1}{2}, \quad P(E) = 0$$

$$P(AB) = 0, \quad P(AC) = \frac{1}{6}, \quad P(BC) = \frac{1}{6}, \quad P(AD) = \frac{1}{6}, \quad P(AE) = 0$$

最终得到的结论如表 1-1 所示。

表 1-1 抛掷骰子结论表

事件	互斥	对立	相互独立
A 与 B	是	是	否
A 与 C	否	否	是
B 与 C	否	否	是
A 与 D	否	否	否
A 与 E	是	否	是

通过上面的实例，可以归纳得到以下 3 点结论。

① 对于事件 A 和 B，如果它们所含结果组成的集合彼此互不相交，则它们为互斥事件，其意义为事件 A 与 B 不可能同时发生。

② 对于事件 A 和 B，如果 $P(AB) = P(A)P(B)$，则 A 和 B 为相互独立事件，其意义为，

当事件 A（或 B）发生时，事件 B（或 A）发生的概率不受影响。从集合角度看，如果 $P(A) \neq 0$，$P(B) \neq 0$，则事件 A 和 B 所包含的结果一定相交。

③ 如果 A 和 B 为相互独立事件，则 A 与 $\bar{B}$、$\bar{A}$ 与 B、$\bar{A}$ 与 $\bar{B}$ 均为相互独立事件，事件 $\overline{AB}$、$A\bar{B}$、$\bar{A}\bar{B}$ 为互斥事件。

对立事件与互斥事件存在如下关系。

① 对于事件 A 和 B，如果 A、B 至少有一个为不可能事件，则 A、B 一定互斥，也一定相互独立。

② 对于事件 A 和 B，如果 $P(A)$、$P(B)$ 至少一个为 0，则 A、B 一定相互独立，A、B 可能互斥，也可能不互斥。

③ 对于事件 A 和 B，如果 $P(A)$、$P(B)$ 都不为 0：

- 如果 A、B 相互独立，则 A、B 一定不互斥；
- 如果 A、B 互斥，则 A、B 一定不相互独立；
- 如果 A、B 不相互独立，则 A、B 可能互斥也可能不互斥；
- 如果 A、B 不互斥，则 A、B 可能独立也可能不独立。

（4）随机变量。

随机变量是概率论中另一个重要概念。引进随机变量的概念后，可把对事件的研究转化为对随机变量的研究。由于随机变量是以数量的形式来描述随机现象的，所以它给理论研究和数学运算都带来了极大的方便。

设随机实验 E 的样本空间 Ω，如果对每一个样本点 e，都有一个实数 X 与之对应，则称 X 为随机变量。

随机变量分为连续型随机变量和离散型随机变量。

① 离散型随机变量所取的可能值是有限多个或无限可列个。

② 连续型随机变量所取的可能值可以连续地充满某个区间。

4．概率论

除线性代数外，概率论也是人工智能研究中必备的数学基础。在数据爆炸式增长和计算力指数化增强的今天，概率论已经在机器学习中扮演了核心角色。

同线性代数一样，概率论也代表了一种看待世界的方式，其关注的焦点是无处不在的可能性。频率学派认为先验分布是固定的，模型参数要靠最大似然估计计算；贝叶斯学派认为先验分布是随机的，模型参数要靠后验概率最大化计算；正态分布是最重要的一种随机变量的分布。

（1）伯努利分布。

伯努利分布是一个离散型分布，记作 $X \sim \text{Bernoulli}(p)$。在介绍伯努利分布前，首先需要引入伯努利试验（Bernoulli Trial）。伯努利试验是只有两种可能结果的单次随机试验。例如，伯努利分布的典型例子是扔一次硬币的概率分布：硬币正面朝上的概率为 p，而硬币反面朝上的概率为 q。

伯努利分布（Bernoulli Distribution）是两点分布或 0～1 分布的特殊情况，即它的随机变量只取 $x=0$（失败）或 $x=1$（成功），各自的概率分别为 $1-p$ 和 p。

其概率质量函数为

$$f(x) = p^x(1-p)^x = \begin{cases} p, & x = 1 \\ 1-p, & x = 0 \\ 0, & 其他 \end{cases}$$

数学期望等于 p,方差等于 $p(1-p)$。

(2) 二项分布。

二项分布是 n 重伯努利分布。在同一条件下重复 n 次独立重复试验,每次试验只有两个对立结果,A 发生或不发生,设 A 发生的概率为 p,不发生的概率为 $1-p$。这时,在 n 次独立试验中,A 出现的次数 k 是一个随机变量,且有

$$P(X=k) = c_n^k p^k (1-p)^{n-k}, \quad k = 0, 1, 2, \cdots, n$$

则称该分布为二项分布,记为 $X \sim B(n,p)$。二项分布的数学期望和方差分别为 np 和 $np(1-p)$。

(3) 多项式分布。

把二项扩展为多项就得到了多项分布,记作 $X \sim \text{Multinomial}(n,p)$。例如,掷骰子,不同于掷硬币,骰子有 6 个面,对应 6 个不同的点数,这样单次每个点数朝上的概率都是 $\frac{1}{6}$ (对应 $p_1 \sim p_6$,它们的值不一定都是 $\frac{1}{6}$,只要和为 1 且互斥即可,如一个形状不规则的骰子),重复掷 n 次,有 k 次点数 6 朝上的概率就是

$$P(X=k) = C_n^k p_6^k (1-p_6)^{n-k}, \quad k = 0, 1, 2, \cdots, n$$

以上介绍的都是离散型的概率分布。

(4) 高斯分布

高斯分布又名正态分布,是一个在数学、物理及工程等领域都非常重要的连续型随机变量概率分布,在统计学的许多方面有着重大的影响力。

如果随机变量 X 服从一个数学期望为 μ、标准方差为 σ 的高斯分布,记为 $X \sim N(\mu, \sigma^2)$,对应的概率密度公式为

$$f(x) = \frac{1}{\sigma\sqrt{2\pi}} e^{-\frac{(x-\mu)^2}{2\sigma^2}}$$

特别地,当 $\mu = 0$、$\sigma = 1$ 时,称 X 为标准正态分布,记作 $X \sim N(0,1)$,此时,其概率密度用 $\varphi(x)$ 表示,即有

$$\varphi(x) = \frac{1}{\sqrt{2\pi}} e^{-\frac{x^2}{2}}, \quad -\infty < x < +\infty$$

高斯分布是现实生活中常见的分布形态,也是我们在使用朴素贝叶斯模型中常用的分布。

5. 矩阵的相关知识

为了理解与人工智能相关的算法原理,需要了解一些高等数学与线性代数的知识,如果想把学术上的算法用代码实现,则需要有比较好的数学基础,以下介绍人工智能中比较常用的矩阵知识。

1）矩阵概念

在算法场景中，经常提及矩阵，也经常在函数方法中使用，一般当关键字涉及 matrix、array 时，多是在处理矩阵形式数据。下面通过现实中的一个实例进行讲解。

在生产活动和日常生活中，常用数表表示一些量或关系，如工厂中的产量统计表、市场上的价目表，等等。例如，某户居民第二季度每个月水（吨）、电（千瓦时）、天然气（立方米）的使用情况，可以用一个 3 行 3 列的数表来表示，即

$$\begin{array}{c} \;\;\text{水}\;\;\;\;\text{电}\;\;\;\;\text{气} \\ \begin{array}{c}4月\\5月\\6月\end{array}\begin{bmatrix} 8 & 175 & 12 \\ 10 & 189 & 17 \\ 12 & 280 & 15 \end{bmatrix} \end{array}$$

由上面的例子可以看到，对不同的问题可以用不同的数表来表示，我们将这些数表统称为矩阵。

有 $m \times n$ 个数，排列成 m 行 n 列，并以方括号（或圆括号）表示为

$$\begin{bmatrix} a_{11} & a_{12} & \cdots & a_{1n} \\ a_{21} & a_{22} & \cdots & a_{2n} \\ \vdots & \vdots & \ddots & \vdots \\ a_{m1} & a_{m2} & \cdots & a_{mn} \end{bmatrix}$$

我们将其称为 m 行 n 列矩阵，简称 $m \times n$ 矩阵，矩阵通常用大写字母 $A, B, C, \cdots$ 表示。记作

$$A = [a_{ij}]_{m \times n}$$

其中 $a_{ij}(i=1,2,\cdots,m; j=1,2,\cdots,n)$ 表示矩阵 A 的第 i 行第 j 列元素。特别地，当 $m=1$ 时，即

$$A = [a_{11} \quad a_{12} \quad \cdots \quad a_{1n}]$$

称其为行矩阵，又称为行向量。当 $n=1$ 时，即

$$A = \begin{bmatrix} a_{11} \\ a_{21} \\ \vdots \\ a_{m1} \end{bmatrix}$$

称其为列矩阵，又称为列向量。当 $m=n$ 时，即

$$A = \begin{bmatrix} a_{11} & a_{12} & \cdots & a_{1n} \\ a_{21} & a_{22} & \cdots & a_{2n} \\ \vdots & \vdots & \ddots & \vdots \\ a_{n1} & a_{n2} & \cdots & a_{nn} \end{bmatrix}$$

称其为 n 阶矩阵，或 n 阶方阵。

下面我们介绍两种特殊的矩阵形式。

（1）零矩阵。

零矩阵常常用于在算法中构建一个空矩阵，其形式为

$$O_{3\times 4} = \begin{bmatrix} 0 & 0 & 0 & 0 \\ 0 & 0 & 0 & 0 \\ 0 & 0 & 0 & 0 \end{bmatrix}$$

所有元素全为 0 的 $m\times n$ 矩阵称为零矩阵，记作 $O_{m\times n}$ 或 O。

（2）单位矩阵。

单位矩阵往往在运算中担任"1"的作用，其形式为

$$E_2 = \begin{bmatrix} 1 & 0 \\ 0 & 1 \end{bmatrix}, \quad E_3 = \begin{bmatrix} 1 & 0 & 0 \\ 0 & 1 & 0 \\ 0 & 0 & 1 \end{bmatrix}$$

对角线上的元素是 1，其余元素全部是 0 的 n 阶矩阵称为 n 阶单位矩阵，记作 I_n 或 I。

2）矩阵运算

（1）矩阵的相等。

如果两个矩阵 $A = [a_{ij}]_{m\times n}$ 和 $B = [b_{ij}]_{s\times p}$ 满足以下条件，则称矩阵 A 与矩阵 B 相等，记作 $A = B$。

① 行数、列数相同，即 $m = s$，$n = p$；

② 对应元素相等，即 $a_{ij} = b_{ij}(i = 1,2,\cdots,m; j = 1,2,\cdots,n)$。

另外，用等式表示两个 $m\times n$ 矩阵相等，等价于元素之间的 $m\times n$ 个等式，例如

$$A = \begin{bmatrix} a_{11} & a_{12} & a_{13} \\ a_{21} & a_{22} & a_{23} \end{bmatrix}$$

$$B = \begin{bmatrix} 3 & 0 & -5 \\ -2 & 1 & 4 \end{bmatrix}$$

那么 $A = B$，当且仅当

$a_{11} = 3$，$a_{12} = 0$，$a_{13} = -5$，$a_{21} = -2$，$a_{22} = 1$，$a_{23} = 4$

假设矩阵 C 为

$$C = \begin{bmatrix} c_{11} & c_{12} \\ c_{21} & c_{22} \end{bmatrix}$$

因为 B 和 C 这两个矩阵的列数不同，所以无论矩阵 C 中的元素 c_{11}、c_{12}、c_{21}、c_{22} 取什么数都不会与矩阵 B 相等。

（2）加法。

设 $A = [a_{ij}]_{m\times n}$ 和 $B = [b_{ij}]_{m\times n}$ 是两个 $m\times n$ 矩阵，则称矩阵

$$C = \begin{bmatrix} a_{11}+b_{11} & a_{12}+b_{12} & \cdots & a_{1n}+b_{1n} \\ a_{21}+b_{21} & a_{22}+b_{22} & \cdots & a_{2n}+b_{2n} \\ \vdots & \vdots & \ddots & \vdots \\ a_{m1}+b_{m1} & a_{m2}+b_{m2} & \cdots & a_{mn}+b_{mn} \end{bmatrix}$$

为 A 与 B 的和，记作

$$C = A + B = [a_{ij} + b_{ij}]$$

由定义可知，只有行数、列数分别相同的两个矩阵，才能进行加法运算。

同样地，可以定义矩阵的减法。

$$D = A - B = A + (-B) = [a_{ij} - b_{ij}]$$

我们称 D 为 A 与 B 的差。

（3）数乘。

设矩阵 $A = [a_{ij}]_{m \times n}$，$\lambda$ 为任意实数，若矩阵 $C = [c_{ij}]_{m \times n}$ 为 λ 与矩阵 A 的数乘，则有 $c_{ij} = \lambda a_{ij}(i = 1, 2, \cdots, m; j = 1, 2, \cdots, n)$，记作 $C = \lambda A$。

由定义可知，λ 乘一个矩阵 A，需要用 λ 去乘矩阵 A 的每一个元素。特别地，当 $\lambda = -1$ 时，$\lambda A = -A$，得到 A 的负矩阵。

（4）乘积。

设 $A = [a_{ij}]$ 是一个 $m \times s$ 矩阵，$B = [b_{ij}]$ 是一个 $s \times n$ 矩阵，则称 $m \times n$ 矩阵 $C = [c_{ij}]$ 为矩阵 A 与 B 的乘积，记作 $C = AB$。其中 $c_{ij} = a_{i1}b_{1j} + a_{i2}b_{2j} + \cdots + a_{is}b_{sj} = \sum_{k=1}^{s} a_{ik}b_{kj}(i = 1, 2, \cdots, m; j = 1, 2, \cdots, n)$。

由乘积定义可得出以下结论。

- 只有当左矩阵 A 的列数等于右矩阵 B 的行数时，A 和 B 才能进行乘法运算 AB。
- 两个矩阵的乘积 AB 也是矩阵，它的行数等于左矩阵 A 的行数，它的列数等于右矩阵 B 的列数。
- 乘积矩阵 AB 中的第 i 行第 j 列的元素等于 A 的第 i 行与 B 的第 j 列对应元素的乘积之和，因此简称其为行乘列的法则。

（5）转置。

将一个 $m \times n$ 矩阵的行和列按顺序互换得到的 $n \times m$ 矩阵称为 A 的转置矩阵，记作 A^T。

$$A = \begin{bmatrix} a_{11} & a_{12} & \cdots & a_{1n} \\ a_{21} & a_{22} & \cdots & a_{2n} \\ \vdots & \vdots & \ddots & \vdots \\ a_{m1} & a_{m2} & \cdots & a_{mn} \end{bmatrix}$$

$$A^T = \begin{bmatrix} a_{11} & a_{21} & \cdots & a_{m1} \\ a_{12} & a_{22} & \cdots & a_{m2} \\ \vdots & \vdots & \ddots & \vdots \\ a_{1n} & a_{2n} & \cdots & a_{mn} \end{bmatrix}$$

由定义可知，转置矩阵 A^T 的第 i 行第 j 列的元素，等于矩阵 A 的第 j 行第 i 列的元素，简记为

$$A^T \text{ 的 } (i, j) \text{ 元} = A \text{ 的 } (j, i) \text{ 元}$$

矩阵的转置满足下列运算规则：

$$(A^T)^T = A$$

$$(A + B)^T = A^T + B^T$$

$$(kA)^T = kA^T \quad (k \text{ 为实数})$$

$$(AB)^{\mathrm{T}} = B^{\mathrm{T}} A^{\mathrm{T}}$$

6．最优化理论

从本质上讲，人工智能的目标就是最优化：在复杂环境与多体交互中做出最优决策。几乎所有的人工智能问题最后都会归结为一个优化问题的求解，因而最优化理论同样是人工智能必备的基础知识。最优化理论研究的问题是判定给定目标函数的最大值（最小值）是否存在，并找到令目标函数取到最大值（最小值）的数值。如果把给定的目标函数看成一座山脉，最优化的过程就是判断顶峰的位置并找到到达顶峰路径的过程。

7．信息论

近年来的科学研究不断证实，不确定性就是客观世界的本质属性。不确定的世界只能使用概率模型来描述，这促成了信息论的诞生。信息论使用"信息熵"的概念，对单个信源的信息量和通信中传递信息的数量与效率等问题做出了解释，并在世界的不确定性和信息的可测量性之间搭建起一座桥梁。

换言之，信息论处理的是客观世界中的不确定性；条件熵和信息增益是分类问题中的重要参数；KL 散度用于描述两个不同概率分布之间的差异；最大熵原理是分类问题汇总的常用准则。

8．形式逻辑

通俗地说，理想的人工智能应该具有抽象意义上的学习、推理与归纳能力，其通用性将远远强于解决国际象棋或围棋等具体问题的算法。

如果将认知过程定义为对符号的逻辑运算，则人工智能的基础就是形式逻辑；谓词逻辑是知识表示的主要方法；基于谓词逻辑系统可以实现具有自动推理能力的人工智能；不完备性定理向"认知的本质是计算"这一人工智能的基本理念提出挑战。

1.2　为何用 Python

在众多的语言中，为什么用 Python 来介绍人工智能呢？其根本原因在于：Python 强大的功能与易于上手的特性。

1.2.1　选择 Python 的原因

引用开源运动的领袖人物 Eric Raymond 的说法：Python 语言非常干净，设计优雅，具有出色的模块化特性。其最出色的地方在于，鼓励清晰易读的代码，特别适合以渐进开发的方式构造项目。Python 的可读性使初学者也能看懂大部分代码，Python 庞大的社区和大量的开发文档更能使初学者快速地实现许多令人惊叹的功能。对于 Python 程序，人们有时会戏称其为"可执行的伪代码"，这凸显了它的清晰性和可读性。

与 Python 强大功能相对应的是 Python 的速度比较慢。然而比起 Python 开发环境提供的海量高级数据结构（如序列、列表、元组、字典、集合等）和数之不尽的第三方库，再加上调整的 CPU 和近代发展起来的 GPU 编程，速度的问题就显得不值一提了。况且 Python 还能通过各种途径使用 C/C++来编写核心代码，其强大的"胶水"功能使其速度与纯粹的 C/C++相比已经相差不远了。Python 有一个很特别的第三方库——NumPy，编写它的语言正是底层语言（C 和 FORTRAN），其支持向量、矩阵操作和具有优异的速度，使 Python 在科学计算这一领域大放异彩。

1.2.2　Python 的优势

除了 Python，确实存在诸如 MATLAB 和 Mathematica 这样的高效程序语言，它们对人工智能学习的支持也不错，MATLAB 甚至还自带许多人工智能学习的应用。但重要的一点是，像 MATLAB 这样的正版软件需要花费上千美元。而 Python 是开源项目，几乎所有必要的组件都是完全免费的。

前面提到 Python 的速度问题，但是如果使用更快、底层的语言，如 C 和 C++，学习机器学习，会不可避免地引发一个问题：即使实现一个非常简单的功能，也需要进行大量的代码编写和调试；在这期间，程序员很有可能忘记学习人工智能的初衷，迷失在代码的海洋中。

此外，使用 Python 来学习人工智能是和"不要过早优化"这句编程界的金句有着异曲同工之妙的。Python（几乎）唯一的缺陷就是速度，在初期进行快速检验算法、思想正误及开发时，速度算不上重要问题。如果解决问题的思想存在问题，那么即使拼命提高程序的运行效率，也只能使问题越来越大。先使用 Python 进行快速实现，必要时再用底层代码重写核心代码，从各方面来说这都是一个更好的选择。

1.2.3　Python 的安装

Windows 系统并非都默认安装了 Python，因此用户可能需要下载并安装它，同时需要下载并安装一个文本编辑器。

1．安装 Python

下载 Python 3.6.5（注意选择正确的操作系统）。下载后，安装界面如图 1-4 所示。
在图 1-4 中选择"Modify"命令，进行下一步。"Optional Features"界面如图 1-5 所示，可以看出 Python 包自带 pip 命令。
单击"Next"按钮，在弹出的界面中选择安装项及安装路径，如图 1-6 所示。
选择好安装项及安装路径后，单击"Install"按钮即可进行安装，安装完成界面如图 1-7 所示。
完成 Python 的安装后，再到 PowerShell 中输入 python，看到进入终端的命令提示，则代表 Python 安装成功。终端显示安装成功后的信息如图 1-8 所示。

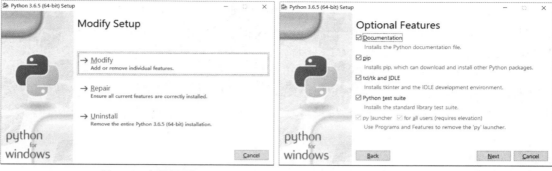

图 1-4　安装界面　　　　　　　　图 1-5　"Optional Features"界面

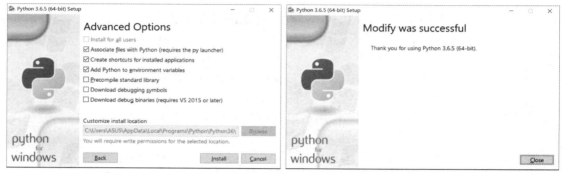

图 1-6　选择安装项及安装路径　　　　　图 1-7　安装完成界面

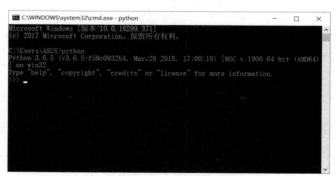

图 1-8　终端显示安装成功后的信息

2．安装文本编辑器

要下载 Windows Geany 安装程序，可访问 http://geany.org/，找到安装程序 geany-1.25_setup.exe 或类似文件。下载安装程序后，运行并接受所有的默认设置。

启动 Geany，执行"文件|另存为"菜单命令，将当前的空文件保存为"hello_world.py"，再在编辑窗口中输入代码：

```
print("hello world!")
```

效果如图 1-9 所示。

图 1-9　Windows 系统下的 Geany

执行"生成|设置生成命令"菜单命令，将看到文字 Compile 和 Execute，它们的旁边都有一个命令。默认情况下，这两个命令都是 python（全部小写），但 Geany 不知道这个命令位于系统的什么地方，需要添加启动终端会话时使用的路径。在编译命令和执行中，添加命令 python 所在的驱动器和文件夹。编译命令效果如图 1-10 所示。

图 1-10　编译命令效果

提示：务必确定空格和大小写都与图 1-10 中显示的完全相同。正确地设置这些命令后，单击"确定"按钮，即可成功运行程序。

在 Geany 中运行程序的方式有 3 种。为运行程序 hello_world.py，可执行"生成|Execute"命令、单击 按钮或按"F5"键。运行 hello_world.py 时，会弹出一个终端窗口，效果如图 1-11 所示。

图 1-11　运行效果

1.2.4 使用 pip 安装第三方库

pip 是 Python 安装各种第三方库（package）的工具。

对第三方库不太理解的读者，可以将库理解为供用户调用的代码组合。在安装某个库后，可以直接调用其中的功能，而不用自己编写代码来实现某个功能。这就像当我们需要为计算机杀毒时通常会选择下载一个杀毒软件一样，而不是自己写一个杀毒软件，直接使用杀毒软件中的杀毒功能来杀毒就可以了。这个例子中的杀毒软件就像是第三方库，杀毒功能就是第三方库中可以实现的功能。

下面例子介绍如何用 pip 安装第三方库 bs4，它可以使用其中的 BeautifulSoup 解析网页。

（1）首先，打开 cmd.exe。其在 Windows 中为 cmd，在 Mac 中为 terminal。在 Windows 中，cmd 命令是提示符，输入一些命令后，cmd.exe 可以执行对系统的管理。在"运行"对话框的"打开"文本框中输入"cmd"后按"Enter"键，系统会打开命令提示符窗口，如图 1-12 所示。在 Mac 中，可以直接在"应用程序"中打开 terminal 程序。

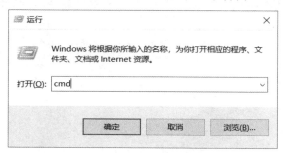

图 1-12 "运行"对话框

（2）安装 bs4 的 Python 库。在命令提示符窗口中输入 pip install bs4 后按"Enter"键，如果显示"successfull installed"，则表示安装成功，如图 1-13 所示。

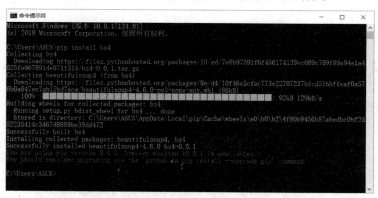

图 1-13 成功安装 bs4

除了 bs4 这个库，之后还会用到 requests 库、lxml 库等其他第三方库，它们可以帮助我们更好地使用 Python 实现机器学习。

1.2.5 Python 的变量

"变量"就像计算机内存中的一个盒子,其中可以存放一个值。如果程序稍后将用到一个已求值的表达式的结果,那么可以将它保存在一个变量中。

1. 赋值语句

使用"赋值语句"可以将值保存在变量中。赋值语句包含一个变量名、一个等号(称为赋值操作符),以及要存储的值。如果输入赋值语句 sp=40,那么名为 sp 的变量将保存一个整型值 40。

可以将变量看成一个带标签的盒子,值放入其中,如图 1-14 所示。

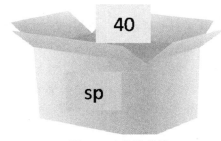

图 1-14 存储变量

例如,在交互式环境中输入以下内容:

```
>>> sp=42
>>> sp
42
>>> eg=3
>>> sp+eg
45
>>> sp+eg+sp
87
>>> sp= sp-eg+1
>>> sp
40
```

第一次存入一个值,变量就被"初始化"(或创建)。此后,可以在表达式中使用这个变量的值,以及其他变量的值。如果变量被赋了一个新值,旧值就被遗忘了。这就是为什么在示例结束时,sp 的值为 40,而不是 42。这个过程"覆写"了该变量。在交互式环境中输入以下代码,深度覆写一个字符串:

```
>>> sp='Python'
>>> sp
'Python'
```

```
>>> sp='Hello'
>>> sp
'Hello'
```

2．变量名

我们可以给变量取任何名字，只要它遵守以下 3 条规则。
（1）只能是一个词。
（2）只能包含字母、数字和下画线。
（3）不能以数字开头。

变量名是区分大小写的，这意味着 sp、sP、Sp 和 SP 是 4 个不同的变量。变量用小写字母开头是 Python 的惯例。好的变量名描述了它包含的数据。

1.3 第一个小程序

虽然交互式环境对一次运行一条 Python 代码很友好，但是要编写完整的 Python 程序，还是需要文本编辑器的。本书中的 Python 文本编辑器为 Geany。在交互式环境中，只要按下"Enter"键，就会执行 Python 程序。而文本编辑器允许输入许多代码，保存为文件，并运行该程序。下面是区别这两者的方法。

- 交互式环境窗口总有">>>"提示符。
- 文本编辑器窗口没有">>>"提示符。

利用 Geany 编写一个程序，界面如图 1-15 所示。

图 1-15　Geany 编写程序界面

在 Geany 文本编辑器中，输入代码后，可单击界面上方的"保存"按钮进行保存，保存后，可单击"运行"按钮执行程序。如果程序没出错的话，交互式环境中显示输出效果，如图 1-16 所示。

如果没有更多程序要执行，Python 程序就会"终止"。也就是说，它会停止运行，即"退出"了 Python 程序。

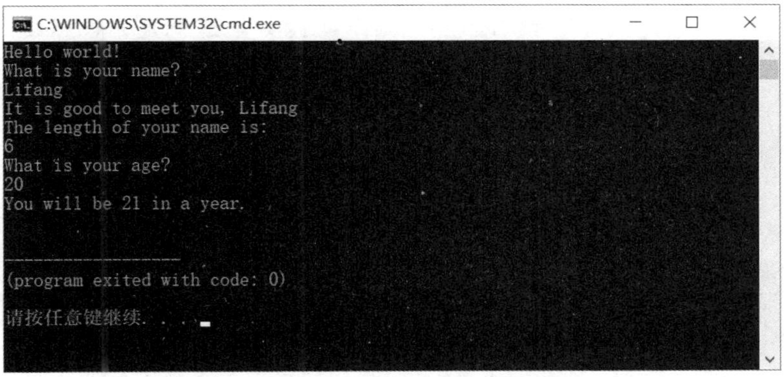

```
C:\WINDOWS\SYSTEM32\cmd.exe                    —    □    ×
Hello world!
What is your name?
Lifang
It is good to meet you, Lifang
The length of your name is:
6
What is your age?
20
You will be 21 in a year.


------------------------
(program exited with code: 0)

请按任意键继续. . .
```

图1-16 交互式环境中显示输出效果

可以通过单击窗口上部的"×"按钮关闭文本编辑器。若要重新加载一个已保存的程序，则可通过执行"文件|打开"菜单命令实现。

1.4 剖析程序

新程序在文本编辑器中打开后，逐一查看每行代码，看看它都用到了哪些 Python 代码。

1. 注释

下面这行称为"注释"：

```
#演示 Python 文本编辑器用法
```

Python 会忽略注释，我们可以用注释对程序进行说明。"#"标志之后的所有文本都是注释。

程序员在测试代码时，会在一行代码前加上"#"，临时删除它。在我们想弄清楚为什么程序不工作时，这样做可能有用。如果准备还原代码，去掉"#"即可。

Python 也会忽略注释之后的空行。在程序中，想加入空行时就可以加入，这会使代码更容易阅读，就像书中的段落一样。

2. print()

print()将括号内的字符串显示在屏幕上。如：

```
print('Hello world!')
print('What is your name?') #询问名字
```

代码行 print('Hello world!')表示打印出字符串"Hello world!"的文本。Python 执行到此处时，会调用 print()，并将字符串"传递"给函数。传递给函数的值称为"参数"。需要注意，引号没有打印到屏幕上。它们只用来表示字符串的起止，不是字符串的一部分。

也可以用这个函数在屏幕上打印出空行，只要调用 print()就可以了，括号内没有任何内容。

在输入函数时，末尾的左右括号表明它是一个函数。这就是为什么在本书中会看到 print()，而不是 print。

3. input()

input()等待用户在键盘上输入一些文本，并按下"Enter"键。

```
myName = input()
```

这个函数的值为一个字符串，即用户输入的文本。前面的代码行将这个字符串赋给变量 myName。

我们可以认为 input()调用的是一个表达式，它的值为用户输入的任何字符串。

4. 打印用户的名字

调用 print()，在括号间包含表达式'It is good to meet you, ' + myName。

```
print('It is good to meet you, ' + myName)
```

需要记住，表达式总是可以求值的。如果值'A1'是上一行代码保存在 myName 中的值，那么这个表达式的值为'It is good to meet you,A1'。这个字符串传给 print()，它将输出到屏幕上。

5. len()

我们可以向 len()传递一个字符串（或包含字符串的变量），该函数的值为一个整型值，即字符串中字符的个数。

```
print('The length of your name is:')
print(len(myName))
```

在交互式环境中输入以下内容。

```
>>> len('python')
6
>>> len('My very energetic monster just scarfed nachos.')
46
>>> len('')
0
>>>
```

就像这个例子，len(myName)的值为一个整数。然后它被传递给 print()，在屏幕上显示。请注意，print()允许传入一个整型值或字符串。但如果在交互式环境中输入以下内容，就会报错。

```
>>> print("I am"+28+"years old.")
Traceback (most recent call last):
  File "<stdin>", line 1, in <module>
TypeError: must be str, not int
```

导致错误的原因不在于 print()，而在于我们试图传递给 print()的表达式。如果在交互式环境中单独输入这个表达式，则会得到同样的错误提示。

```
>>> "I am"+28+"years old."
Traceback (most recent call last):
    File "<stdin>", line 1, in <module>
TypeError: must be str, not int
```

报错是因为，只能用"+"操作符加两个整数，或者连接两个字符串。不能让一个整数和一个字符串相加，这不符合 Python 的语法。可以使用字符串版本的整数，修改这个错误。

6．str()、int()和 float()

如果想要连接一个整数（如28）和一个字符串，再传递给 print()，就需要获得值'28'。它是 28 的字符串形式。str()可以传入一个整型值，函数值为它的字符串形式。例如：

```
>>> str(28)
'28'
>>> print("I am "+str(28)+" years old.")
I am 28 years old.
```

因为 str(28)的值为'28'，所以表达式"I am "+str(28)+" years old."的值为"I am "+'28'+" years old."，它又求值为'I am 28 years old. '。这就是传递给 print()的值。

str()、int()和 float()将传入值分别转换成字符串、整数和浮点数形式。下面我们尝试用这些函数在交互式环境中转换一些值，看看效果。

```
>>> str(0)
'0'
>>> str(-3.1415)
'-3.1415'
>>> int('314')
314
>>> int(-25)
-25
>>> int(1.35)
1
>>> int(1.68)
1
>>> int(1.98)
1
>>> float('3.14')
3.14
>>> float(8)
8.0
```

上面的例子调用了 str()、int()和 float()，向它们传入其他数据类型的值，得到了字符串、整型或浮点型的值。

如果想要将一个整数或浮点数与一个字符串连接起来，那么使用 str()就很方便。如果有一些字符串值将用于数学运算，则 int()也很有用。例如，input()总是返回一个字符串，即使用户输入的是一个数字。在交互式环境中输入 sp=input()，并输入文本 99。

```
>>> sp=input()
99
>>> sp
'99'
```

保存在 sp 中的值不是整数 99，而是字符串'99'。如果想要用 sp 中的值进行数学运算，就用 int()取得 sp 的整数形式，然后将这个新值存在 sp 中。

```
>>> sp=int(sp)
>>> sp
99
```

现在就能将 sp 变量作为整数，而不是字符串使用了。

```
>>> sp*10+5
995
```

注意，如果我们将一个不能求值为整数的值传递给 int()，则 Python 将显示出错信息：

```
>>> int('3.14')
Traceback (most recent call last):
  File "<stdin>", line 1, in <module>
ValueError: invalid literal for int() with base 10: '3.14'
>>> int('one')
Traceback (most recent call last):
  File "<stdin>", line 1, in <module>
ValueError: invalid literal for int() with base 10: 'one'
```

如果需要对浮点数进行取整运算，也可以用 int()。

```
>>> int(3.14)
3
>>> int(3.14)*10+2
32
```

在如图 1-15 所示的 Python 程序中，使用了 int()和 str()，以取得适当数据类型的值。

```
print('What is your age?')    #询问年龄
myAge=input()
print('You will be'+str(int(myAge)+1)+'in a year.')
```

myAge 变量包含了 input()返回的值。因为 input()总是返回一个字符串（即使用户输入的是数字），所以我们可以使用 int(myAge)返回字符串的整型值。这个整型值随后在表达式 int(myAge)+1 中与 1 相加。

相加的结果传递给 str(): str(int(myAge)+1)。然后，返回的字符串与字符串'You will be'和'in a year.'连接，所得值为一个更长的字符串。这个更长的字符串最终传递给 print()，并在屏幕上显示。

假定用户输入字符串'4'，保存在 myAge 中。字符串'4'被转换为一个整型数据，所以我们可以对它加 1。结果为 5。str()将这个结果转化为字符串，这样我们就可以将它与第二个字符串'in a year.'连接，创建最终的消息了。

1.5　NumPy 入门

NumPy 是一个 Python 包，它代表"Numeric Python"。它是一个由多维数组对象和用于处理数组的例程集合组成的库。

1.5.1　NumPy 的用法

简单地说，NumPy 可以看成附加了各种代数运算的列表（List），所以 NumPy 数组的定义、提取、更改等都很直观。

```python
#导入 NumPy 库以进行操作
import numpy as np
x=np.array([1,3,7])   #定义一个 1 维 3 元的 NumPy 数组
print(x[0])   #将输入第 1 个元素 1
x[0]=0 #x 将变为 np.array([0,3,7])
print(x)
```

运行程序，输出如下：

```
1
[0 3 7]
```

由于 NumPy 数组通常以高级数组的形式出现，所以除上例中通过简单下标提取元素的方法外，NumPy 还有针对性地设计了一套高效的、提取相应切片的索引方法（Indexing）。

【例 1-1】　以下实例获取了 4×3 数组中的 4 个角的元素。行索引是[0,0]和[3,3]，而列索引是[0,2]和[0,2]。

```python
import numpy as np

x = np.array([[  0,   1,   2],[  3,   4,   5],[  6,   7,   8],[  9,  10,  11]])
print ('我们的数组是：')
print (x)
print ('\n')
rows = np.array([[0,0],[3,3]])
cols = np.array([[0,2],[0,2]])
y = x[rows,cols]
```

```
print ('这个数组的 4 个角元素是：')
print (y)
```

运行程序，输出如下：

```
我们的数组是：
[[ 0  1  2]
 [ 3  4  5]
 [ 6  7  8]
 [ 9 10 11]]

这个数组的 4 个角元素是：
[[ 0  2]
 [ 9 11]]
```

对这一套索引方法进行深入、详尽的了解是非常有必要的。由于本书不是详细介绍 Python 软件的，而是应用 Python 软件解决人工智能问题的，所以关于这个方法，读者可参考官方文档（https://docs.scipy.org/doc/numpy/reference/arrays.indexing.html）加深理解。

由于在算法的编程任务中一般不会给定一个大矩阵，然后让程序员手动将矩阵的每个值输入计算机，所以一般会给定一个大矩阵的形状让程序进行相应的初始化（初始化为全 0、全 1 及随机数）。为此，NumPy 自带了许多有用的初始化方法。详细说明也可以参考官方文档（https://docs.scipy.org/doc/numpy/user/basics.creation.html#arrays-creation），此处仅介绍几个最常用的初始化方法。

```python
import numpy as np
"""全 0 矩阵"""
#默认为浮点数
y1 = np.zeros(5)
print(y1)
#设置类型为整数
y2 = np.zeros((5,), dtype = np.int)
print(y2)
#自定义类型
y3 = np.zeros((2,2), dtype = [('y1', 'i4'), ('y2', 'i4')])
print(y3)

"""全 1 矩阵"""
#默认为浮点数
o1 = np.ones(5)
print(o1)
#自定义类型
o2 = np.ones([2,2], dtype = int)
print(o2)
```

```
"""随机矩阵"""
#默认为浮点数
r1 = np.random.random((5))
print(r1)
#自定义类型
r2 = np.random.random((2,2))
print(r2)
```

运行程序，输出如下：

```
[0. 0. 0. 0. 0.]
[0 0 0 0 0]
[[(0, 0) (0, 0)]
 [(0, 0) (0, 0)]]
[1. 1. 1. 1. 1.]
[[1 1]
 [1 1]]
[0.88547205 0.91347709 0.3848795  0.61060055 0.75401146]
[[0.18528214 0.31285135]
 [0.18377961 0.37140497]]
```

接下来要说明的就是 NumPy 数组的加、减、乘、除了。

```
import numpy as np

a = np.arange(9, dtype = np.float_).reshape(3,3)
print ('第一个数组：')
print (a)
print ('\n')
print ('第二个数组：')
b = np.array([8,8,8])
print (b)
print ('\n')
print ('两个数组相加：')
print (np.add(a,b))
print ('\n')
print ('两个数组相减：')
print (np.subtract(a,b))
print ('\n')
print ('两个数组相乘：')
print (np.multiply(a,b))
print ('\n')
print ('两个数组相除：')
print (np.divide(a,b))
```

运行程序，输出如下：

```
第一个数组：
[[0. 1. 2.]
 [3. 4. 5.]
 [6. 7. 8.]]

第二个数组：
[8 8 8]

两个数组相加：
[[ 8.  9. 10.]
 [11. 12. 13.]
 [14. 15. 16.]]

两个数组相减：
[[-8. -7. -6.]
 [-5. -4. -3.]
 [-2. -1.  0.]]

两个数组相乘：
[[ 0.  8. 16.]
 [24. 32. 40.]
 [48. 56. 64.]]

两个数组相除：
[[0.    0.125 0.25 ]
 [0.375 0.5   0.625]
 [0.75  0.875 1.   ]]
```

除此之外，NumPy 支持一系列对高维数组的数学运算操作，这为算法的向量化打下了坚实的基础。所有 NumPy 支持的数学运算都可以在官方文档（https://docs.scipy.org/doc/numpy/reference/routines.math.html）中查到，下面展示几个比较典型的方法。

```python
import numpy as np
x=np.array([[1,2],[3,4]])
#对每个元素进行 e 的指数运算
print(np.exp(x))
#对每个元素取根号
print(np.sqrt(x))
#对第一个 axis 取均值
print(np.average(x,axis=0))
#对第二个 axis 取均值
print(np.average(x,axis=1))
```

运行程序，输出如下：

```
[[ 2.71828183  7.3890561 ]
 [20.08553692 54.59815003]]
[[1.         1.41421356]
 [1.73205081 2.        ]]
[2. 3.]
[1.5 3.5]
```

这里提到了 axis 的概念。直观地说，不同的 axis 其实可以视为不同深度的 for 循环所对应的数据，具体而言：

- 第一个 axis 对应第一层 for 循环所能达到的数据；
- 第二个 axis 对应第二层 for 循环所能达到的数据。

以此类推至第 n 个 axis 对应第 n 层 for 循环所能达到的数据。

1.5.2 广播

广播（Broadcast）是 NumPy 对不同形状（Shape）的数组进行数值计算的方式，对数组的算术运算通常在相应的元素上进行。

如果两个数组 a 和 b 形状相同，即满足 a.shape == b.shape，那么 a*b 的结果就是 a 与 b 数组对应位相乘。这要求维度相同，且各维度的长度相同。例如：

```
import numpy as np

a = np.array([1,4,3,4])
b = np.array([10,15,30,350])
c = a * b
print (c)
```

运行程序，输出如下：

```
[  10   60   90 1400]
```

当运算中 2 个数组的形状不同时，NumPy 将自动触发广播机制。例如：

```
import numpy as np

a = np.array([[ 0, 0, 0],
              [10,10,10],
              [20,20,20],
              [30,30,30]])
b = np.array([1,2,3])
print(a + b)
```

运行程序，输出结果为：

```
[[ 1  2  3]
```

```
 [11 12 13]
 [21 22 23]
 [31 32 33]]
```

图 1-17 展示了数组 b 是如何通过广播来与数组 a 兼容的。

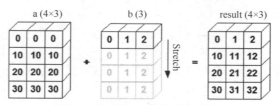

图 1-17　广播与数组兼容过程

4×3 的二维数组与长为 3 的一维数组相加,等效于把数组 b 在二维上重复 4 次再运算:

```
import numpy as np

a = np.array([[ 0, 0, 0],
              [10,10,10],
              [20,20,20],
              [30,30,30]])
b = np.array([1,2,3])
bb = np.tile(b, (4, 1))   #重复 b 的各个维度
print(a + bb)
```

运行程序,输出如下:

```
[[ 1  2  3]
 [11 12 13]
 [21 22 23]
 [31 32 33]]
```

需要记住的是广播的规则。

- 让所有输入数组都向其中形状最长的数组看齐,形状中不足的部分都通过在前面加 1 补齐。
- 输出数组的形状是输入数组形状的各个维度上的最大值。
- 如果输入数组的某个维度和输出数组的对应维度的长度相同或者其长度为 1 时,那么这个数组能够用来计算,否则出错。
- 当输入数组的某个维度的长度为 1 时,沿着此维度运算时都用此维度上的第一组值。

1.5.3　向量化与"升维"

NumPy 之所以能够将性能提升那么多,很大程度上依赖着由底层语言编写的线性代数运算库,而代数运算中的基础——矩阵运算自然是这么多年来被重点反复优化的算法之一。所以如果想要写出高效的算法,将算法进行向量化是必不可少的步骤。下面我们主要介绍以下两点思想。

- 将 for 循环替换成 NumPy 运算。
- 将难以直接向量化的算法所对应的数组进行"升维"。

先看第一点,该思想是向量化思维的基石。

```
x=np.random.random((1000,1000))
a1=np.zeros((1000,1000))
#计算 x+1 并将结果存放在 a1 中
#用 for 循环实现算法,算法较烦琐
for i,ro in enumerate(x):
    for j,elem in enumerate(row):
        a1[i][j]=elem+1
#利用 NumPy 运算直接实现
a1=x+1
#更快、更省内存的写法
np.add(x,1,a1)
```

就上述代码而言,第一种 for 循环实现耗时大约为 540ms,第二种利用 NumPy 运算实现耗时大约为 4.5ms,第三种利用 NumPy 函数实现耗时大约为 2.6ms。可以看出最快的方法比最慢的方法要快了 200 倍左右,由此可见向量化的效率。对于第二点,其实是对广播的高级应用,即升维的思想。

升维其实很简单:利用广播将某一段重复的运算向量化。例如,有如下两个数组:

$$\boldsymbol{x} = \begin{bmatrix} 1 & 2 & 3 \end{bmatrix}, \quad \boldsymbol{y} = \begin{bmatrix} 1 & 1 & 1 \\ 2 & 2 & 2 \\ 3 & 3 & 3 \end{bmatrix}$$

而我们希望计算出

$$\boldsymbol{z} = \begin{bmatrix} \boldsymbol{y}[0] - \boldsymbol{x} \\ \boldsymbol{y}[1] - \boldsymbol{x} \\ \boldsymbol{y}[2] - \boldsymbol{x} \end{bmatrix} = \begin{bmatrix} 1-1 & 1-2 & 1-3 \\ 2-1 & 2-2 & 2-3 \\ 3-1 & 3-2 & 3-3 \end{bmatrix} = \begin{bmatrix} 0 & -1 & -2 \\ 1 & 0 & -1 \\ 2 & 1 & 0 \end{bmatrix}$$

那么可以直接利用广播来进行实现:

```
import numpy as np

x=np.array([1,2,3])
y=np.array([[1,1,1],[2,2,2],[3,3,3]])
z=y-x
print(z)
```

运行程序,输出:

```
[[ 0 -1 -2]
 [ 1  0 -1]
 [ 2  1  0]]
```

但是，不难发现 y 中其实有大量重复的元素，这在实际问题中常常反映为当
$$x = \begin{bmatrix} 1 & 2 & 3 \end{bmatrix}, \quad y = \begin{bmatrix} 1 & 2 & 3 \end{bmatrix}$$
时，计算
$$z = \begin{bmatrix} 0 & -1 & -2 \\ 1 & 0 & -1 \\ 2 & 1 & 0 \end{bmatrix}$$
的结果，这可以通过两种方式完成。第一种方式就是把 y 直接写成开始时那种具有大量重复元素的矩阵形式，这可以通过 NumPy 自带的函数——np.tile 直接实现：

```
import numpy as np

x=y=np.array([1,2,3])
y=np.tile(y,[3,1]).T    #此时 y 变为[[1,1,1],[2,2,2],[3,3,3]]
print('y=',y)
z=y-x
print('z=',z)
```

运行程序，输出如下：

```
y= [[1 1 1]
 [2 2 2]
 [3 3 3]]
z= [[ 0 -1 -2]
 [ 1  0 -1]
 [ 2  1  0]]
```

第二种方式就是进行"升维"，利用 NumPy 的广播来帮助我们完成重复的运算，这种做法是更快、更省内存的。

```
import numpy as np

x=y=np.array([1,2,3])
z=y[:,None]-x
print('z=',z)
```

运行程序，输出如下：

```
z= [[ 0 -1 -2]
 [ 1  0 -1]
 [ 2  1  0]]
```

其中，y[:,None]的效果为
$$y = \begin{bmatrix} 1 & 2 & 3 \end{bmatrix} \rightarrow y = \begin{bmatrix} 1 \\ 2 \\ 3 \end{bmatrix}$$

即 y 从一维数组（1×3）变化为了二维数组（3×1）。如果用此时的 y 减去 x，由于 y 的

"宽度"仅为 1，而 x 的"宽度"为 3，所以 NumPy 的广播会在内部对 y 进行"扩张"以"适配" x 的宽度。

$$y - x = \begin{bmatrix} 1 \\ 2 \\ 3 \end{bmatrix} - \begin{bmatrix} 1 & 2 & 3 \end{bmatrix} \rightarrow \begin{bmatrix} 1 & 1 & 1 \\ 2 & 2 & 2 \\ 3 & 3 & 3 \end{bmatrix} - \begin{bmatrix} 1 & 2 & 3 \end{bmatrix}$$

由于这个扩张是在 NumPy 内部隐性进行的，所以比起第一种方法中的显性计算，它的性能会好许多。

1.5.4　NumPy 的应用思想

使用 NumPy 时，应该尽量避免不必要的复制。例如，在计算 a1=x+1 时，最快的实现方法是 np.add(x,1,a1)。这种写法比直接写 a1=x+1 更优的原因是，可以通过拆解运算过程来直观认知：

- 对于 np.add(x,1,a1)，在计算 x+1 时会将结果直接写进 a1；
- 对于 a1=x+1，会先将 x+1 的结果放进内存，再把内存中的结果赋给 a1。

这说明执行 a1=x+1 时我们进行了不必要的复制（将结果复制进内存）。这会引发 NumPy 数组复制操作，包括但不限于：

- x=x+1（建议使用 x+=1）；
- y=x.flatten()（建议使用 y=x.ravel()）；
- x=x.T（无替代方案，不过这告诉我们要尽量少用转置）。

除以上 3 种比较常见的操作外，还有一些数组的 reshape 操作也会引发 NumPy 的复制。总之，在发觉程序运行不如想象中的高效时，检查是否引发了不必要的复制是一个重要的应用思想。

第 2 章　人工智能背景下的科学计算

人工智能行业正在进行一场变革，而这场变革的基础正是数据科学。利用 Python 实现人工智能，先要介绍 Python 中几个常用的科学计算模块，它们分别是 Pandas、Matplotlib、SciPy 等。

2.1　Pandas 科学计算库

在数据分析工作中，Pandas 的使用频率是很高的。一方面是因为 Pandas 提供的基础数据结构 DataFrame 与 JSON 的契合度很高，转换起来很方便。另一方面，如果我们日常的数据清理工作不是很复杂的话，则使用 Pandas 代码就可以很方便地对数据进行规整。

2.1.1　初识 Pandas

Pandas 由 AQR Capital Management 于 2008 年开发，并于 2009 年年底开源发布，目前由专注于 Python 数据包开发的 PyData 开发团队继续开发和维护。

Pandas 是基于 NumPy 构建的含有更高级数据结构和分析能力的工具包。Pandas 的核心数据结构是 Series 和 DataFrame，它们分别代表着一维的序列和二维的表结构。基于这两种数据结构，Pandas 可以对数据进行导入、清洗、处理、统计和输出。它是支撑 Python 成为强大而高效的科学计算语言的重要因素之一。

由于 Pandas 是 Python 的第三方库，需要另外安装：

```
pip3 install pandas
```

安装完成后，我们来查看 Pandas 版本，代码如下：

```
>>> import pandas as pd
>>> print(pd.__version__)    #注意，__version__两边下画线为英文状态下的双下画线
0.23.4
```

下面我们通过一个例子来体验 Pandas 的操作，感受它的科学计算能力。

【例 2-1】　Pandas 基本操作。

```
import pandas as pd
import numpy as np

dates=pd.date_range("20200321",periods=6)
```

```
#随机数据,索引为日期,列为 ABCD
df=pd.DataFrame(np.random.rand(6,4),index=dates,columns=list("ABCD"))
"""获取数据"""
print("获取 df 数据:\n{}".format(df))
"""观察数据"""
print("获取前两行数据:\n{}".format(df.head(2)))
print("获取后两行数据:\n{}".format(df.tail(2)))
"""查访属性和原始 ndarray"""
print("获取数据结构中的索引".format(df.index))
print("获取维度基本属性:\n{}".format(df.shape))
print("获取数据结构中的实际数据:\n{}".format(df.values))
print("获取数据结构中 A 列的实际数据:\n{}".format(df[["A"]].values))
"""描述统计量"""
print("描述统计量:\n{}".format(df.describe()))
```

运行程序,输出如下:

```
获取 df 数据:
                    A         B         C         D
2020-03-21   0.817713  0.045090  0.306549  0.912524
2020-03-22   0.616835  0.510830  0.501123  0.725812
2020-03-23   0.701167  0.895895  0.471585  0.296785
2020-03-24   0.401112  0.143277  0.542892  0.660400
2020-03-25   0.763948  0.981683  0.797890  0.092256
2020-03-26   0.122634  0.714497  0.837457  0.215707
获取前两行数据:
                    A         B         C         D
2020-03-21   0.817713  0.04509   0.306549  0.912524
2020-03-22   0.616835  0.51083   0.501123  0.725812
获取后两行数据:
                    A         B         C         D
2020-03-25   0.763948  0.981683  0.797890  0.092256
2020-03-26   0.122634  0.714497  0.837457  0.215707
获取数据结构中的索引
获取维度基本属性:
(6, 4)
获取数据结构中的实际数据:
[[0.81771341 0.04508956 0.30654912 0.91252403]
 [0.61683528 0.51082991 0.5011233  0.72581167]
 [0.70116676 0.895895   0.47158509 0.29678457]
 [0.4011119  0.14327718 0.54289162 0.66039952]
 [0.76394802 0.98168295 0.79788991 0.09225601]
 [0.12263423 0.71449669 0.83745684 0.21570736]]
获取数据结构中 A 列的实际数据:
```

```
        [[0.81771341]
         [0.61683528]
         [0.70116676]
         [0.4011119 ]
         [0.76394802]
         [0.12263423]]
```
描述统计量：
```
              A         B         C         D
count  6.000000  6.000000  6.000000  6.000000
mean   0.570568  0.548545  0.576249  0.483914
std    0.263451  0.388570  0.203864  0.326716
min    0.122634  0.045090  0.306549  0.092256
25%    0.455043  0.235165  0.478970  0.235977
50%    0.659001  0.612663  0.522007  0.478592
75%    0.748253  0.850545  0.734140  0.709459
max    0.817713  0.981683  0.837457  0.912524
```

在例 2-1 中，利用 NumPy 构建了一个 Pandas 库下的 DataFrame 对象，并对其进行了一些基本操作，以方便读者对 Pandas 进行理解。由结果可看出，Pandas 在数据预处理与数据挖掘过程中起着非常重要的作用。

2.1.2 Pandas 的相关操作

1. 数据结构

目前，Pandas 中的数据结构有 3 种，分别为 Series、DataFrame 和 Panel，如表 2-1 所示。

表 2-1 Pandas 中的 3 种数据结构

数据结构	维度	轴标签
Series	一维	index（唯一的轴）
DataFrame	二维	index（行）和 columns（列）
Panel	三维	items、major_axis 和 minor_axis

2. Series 结构

Series 是 Pandas 中最基本的对象，它定义了 NumPy 的 ndarry 对象的接口 array()，因此可以利用 NumPy 的数组处理函数直接处理 Series 对象。一个 Series 是一个一维的数据对象，其中每一个元素都有一个标签，标签可以是数字或字符串。Series 对象具有列表和字典的属性（字典的属性由索引赋予）。

Series 的基本创建方式为：

```
pd.Series(data=None,index=None)
```

其中：
- data：传入数据，可以传入多种类型。
- index：索引，在不指定 index 的情况下，默认数值索引 range(0,len(data))。

【例 2-2】 创建 Series。

```python
import pandas as pd
import numpy as np
"""Series 定义"""
x1 = pd.Series([1,2,3,4])
x2 = pd.Series(data=[1,2,3,4], index=['a', 'b', 'c', 'd'])
print("Series 定义 x1:\n",x1)
print("Series 定义 x2:\n",x2)
"""ndarray 数组创建，必须是一维数组"""
arr = np.arange(10,0,-1)
s5 = pd.Series(arr,index=np.arange(10,110,10))
print("ndarray 数组创建:\n",s5)
"""支持切片访问"""
se8 = pd.Series([10,20,30,40,50],index=list('abcde'))
print("左闭右闭:\n",se8['a':'d'])#左闭右闭
print("左闭右开:\n",se8[0:4]) #左闭右开
"""访问最后一个元素"""
print("两种方式访问最后一个元素：")
print(se8['e'])
print(se8[-1])
```

运行程序，输出如下：

```
Series 定义 x1:
0    1
1    2
2    3
3    4
dtype: int64
Series 定义 x2:
a    1
b    2
c    3
d    4
dtype: int64
ndarray 数组创建:
10    10
20     9
30     8
```

```
40      7
50      6
60      5
70      4
80      3
90      2
100     1
dtype: int32
左闭右闭:
a    10
b    20
c    30
d    40
dtype: int64
左闭右开:
a    10
b    20
c    30
d    40
dtype: int64
两种方式访问最后一个元素:
50
50
```

3. DataFrame 结构

DataFrame（数据框）是表格型的二维数据结构，特点如下。

- 列内的元素同类型，不同的列之间可以不相同。
- 索引有两个轴向：axis=0 或'index'行，axis=1 或'columns'列。分别用 df.index（行名）与 df.columns（列名）调用。

在数据处理中，使用数据框是非常便捷的；而系列（Series）我们却很少使用。DataFrame 的基本创建方式为：

```
pd. DataFrame(data=None,index=None,columns=None)
```

- data：传入数据，可以传入多种类型数据。
- index：列索引，不指定自动数值索引填充。
- columns：行索引，不指定自动数值索引填充。

【例 2-3】 创建 DataFrame。

```
#coding:utf-8
import pandas as pd
import numpy as np

df1=pd.DataFrame(np.random.randn(4,4),index=list('ABCD'),columns=list('ABCD'))
```

```
print("显示所创建的数据框,行列索引号都为ABCD\n",df1)
print("=="*30)
print("ndim 查看 DataFrame 的轴,轴为2,即为 2 维\n",df1.ndim)
print("=="*30)
print("size 查看 DataFrame 的数据量,16 个数据\n",df1.size)
print("=="*30)
print("shape 查看 DataFrame 的类型,即 4 行 4 列\n",df1.shape)
```

运行程序,输出如下:

```
显示所创建的数据框,行列索引号都为 ABCD
        A          B          C          D
A    0.503437   -1.118694   0.415143   -0.194587
B    0.155548   -0.209717   0.766501    0.220747
C    0.654845    1.281909   1.401031    0.990393
D   -1.623260   -1.271576  -0.236159    1.141665
============================================================
ndim 查看 DataFrame 的轴,轴为2,即 2 维
 2
============================================================
size 查看 DataFrame 的数据量,16 个数据
 16
============================================================
shape 查看 DataFrame 的类型,即 4 行 4 列
 (4, 4)
```

还可以使用字典创建 DataFrame。例如:

```
#coding:utf-8
import pandas as pd
import numpy as np
dic1 = {
    'name': ['小芳', '小文', '铁头', '明发'],
    'age': [18, 20, 10, 30],
    'gender': ['女', '男', '男', '男']
}
df3 = pd.DataFrame(dic1,)
print(df3)
```

运行程序,输出如下:

```
    name  age  gender
0   小芳    18    女
1   小文    20    男
2   铁头    10    男
3   明发    30    男
```

4. Panel 结构

Panel 创建的是三维的表，其创建方式为：

```
pandas.Panel(data, items, major_axis, minor_axis)
```

其中：
- items：坐标轴 0，索引对应的元素是一个 DataFrame。
- major_axis：坐标轴 1，DataFrame 里的行标签。
- minor_axis：坐标轴 2，DataFrame 里的列标签。

【例 2-4】 创建三维数组，分别对应相应的 item、major_axis 和 minor_axis。

```
import pandas as pd
import numpy as np

df = pd.Panel(np.random.rand(2,3,4),
              items=["aa","bb"],major_axis=["a","b","c"],minor_axis=["q","w","e","f"])
print (df)
print("选择项目\n",df["aa"])
print("选择主轴\n",df.major_xs("b"))
print("选择次轴\n",df.minor_xs("q"))
print("选择某元素",df["aa","b","q"])
```

运行程序，输出如下：

```
<class 'pandas.core.panel.Panel'>
Dimensions: 2 (items) x 3 (major_axis) x 4 (minor_axis)
Items axis: aa to bb
Major_axis axis: a to c
Minor_axis axis: q to f
选择项目
          q         w         e         f
a  0.029026  0.742983  0.506401  0.877809
b  0.224074  0.868606  0.060459  0.184274
c  0.264667  0.649941  0.947523  0.347851
选择主轴
         aa        bb
q  0.224074  0.156794
w  0.868606  0.611266
e  0.060459  0.751013
f  0.184274  0.753670
选择次轴
         aa        bb
a  0.029026  0.660726
b  0.224074  0.156794
c  0.264667  0.868378
```

选择某元素 0.22407411168133795

通过前面的介绍,可以初步了解 Pandas 在内存中的基本操作。需要注意,数据的行列信息(index、columns)。同时 Pandas 也支持本地读取文件,如 pd.to_csv 读取 csv 文件等,具体如表 2-2 所示。

表 2-2 Pandas 读取文件

函 数	说 明
read_csv()	从 csv 格式的文本文件读取数据
read_excel()	从 Excel 文件读取数据
HDFStore()	使用 HDFS 文件读写数据
read_sql()	从 SQL 数据库的查询结果载入数据
read_pickle()	读入 pickle() 序列化后的数据

5. 数据的选取与清洗

对 DataFrame 进行选择,要从 3 个层次考虑:行列、区域和单元格。

(1)使用方括号[]选取行列。

使用方括号[]选取,返回的是一维数组——行维度。输入要求是整数切片、标签切片、布尔数组,具体规则如表 2-3 所示。

表 2-3 使用方括号[]选取行列规则

选 取 行	选 择 列
整数切片、标签切片、布尔数组 • 整数,如 6 • 整数列表或数组,如[0,2,7] • int 1:7 的 slice 对象 • 单个标签,如 6 或'a'(6 被解释为索引的标签) • 标签的列表或数组['a', 'b', 'c'] • 具有标签'a': 'f'的切片对象(注意,与通常的 Python 切片相反,包括开始和停止) • 一个布尔数组	标签索引、标签列表、标签相关的 Callable • 单个标签,如 6 或'a'(6 被解释为索引的标签) • 标签的列表或数组['a', 'b', 'c'] • 具有标签'a': 'f'的切片对象(与通常的 Python 切片相反,包括开始和停止) • 一个布尔数组 • 具有一个参数(调用 Series、DataFrame 或 Panel)的 callback 函数,并返回有效的索引输出(上述之一)
示例: #前 3 行(布尔数组长度等于行数) df[:3] df['a':'c'] df[[True,True,False,False,False]] df[df['A']>0] #A 列值大于 0 的行 #A 列值大于 0,或 B 列值大于 0 的行 df[(df['A']>0)|(df['B']>0)] #A 列值大于 0,并且 C 列值大于 0 的行 df[(df['A']>0)&(df['C']>0)]	示例: df['A'] #返回的是 Series,与 df.A 效果相同 df[["A"]] #返回的是 DataFrame df[['A','B']] df[lambda df:df.columns] #Callable

（2）df.loc[]用于标签定位，[]内为行和列的名称，下面直接通过一个例子来演示其用法。

【例2-5】 df.loc[]的用法。

```
import pandas as pd
data = [[1,2,3],[4,5,6]]
index1 = [0,1]
index2 = ['d','e']
columns=['a','b','c']
"""loc[1]表示索引的是第 1 行（index 是整数）"""
df1 = pd.DataFrame(data=data, index=index1, columns=columns)
print(" loc[1]表示索引的是第 1 行（index 是整数）:\n",df1.loc[1])
"""loc['d']表示索引的是第'd'行（index 是字符）"""
df2 = pd.DataFrame(data=data, index=index2, columns=columns)
print("loc['d']表示索引的是第'd'行（index 是字符）:\n",df2.loc['d'])
"""loc 可以获取多行数据"""
print("loc 可以获取多行数据:\n",df2.loc['d':])
"""loc 扩展——索引某行某列"""
print("loc 扩展——索引某行某列:\n",df2.loc['d',['b','c']])
"""loc 扩展——索引某列"""
print("loc 扩展——索引某列:\n",df2.loc[:,['c']])
"""如果想索引列数据，像这样做会报错"""
print("如果想索引列数据，像这样做会报错:")
print(df2.loc['a'])
```

运行程序，输出如下：

```
loc[1]表示索引的是第 1 行（index 是整数）:
a    4
b    5
c    6
Name: 1, dtype: int64
loc['d']表示索引的是第'd'行（index 是字符）:
a    1
b    2
c    3
Name: d, dtype: int64
loc 可以获取多行数据:
   a  b  c
d  1  2  3
e  4  5  6
loc 扩展——索引某行某列:
b    2
c    3
```

```
Name: d, dtype: int64
loc 扩展——索引某列：
    c
d   3
e   6
如果想索引列数据，像这样做会报错：
KeyError: 'the label [a] is not in the [index]'
```

当然，获取某列数据最直接的方式是 df.[列标签]，但是当列标签未知时可以通过这种方式获取列数据。

需要注意的是，dataframe 的索引[1:3]是包含 1、2、3 的，与平时的不同。

（3）df.iloc[]可通过行号获取行数据。下面通过一个例子来演示其用法。

【例 2-6】 df.iloc[]的用法。

```
import pandas as pd

data = [[1,2,3],[4,5,6]]
index = ['d','e']
columns=['a','b','c']
"""想要获取哪一行就输入该行数字"""
df = pd.DataFrame(data=data, index=index, columns=columns)
print("获取第一行的数据：\n",df.iloc[1])
"""通过行号可以索引多行"""
print("通过行号可以索引多行:\n",df.iloc[0:])
"""iloc 索引列数据"""
print("iloc 索引列数据:\n",df.iloc[:,[1]])
"""通过行标签索引会报错"""
df = pd.DataFrame(data=data, index=index, columns=columns)
print("通过行标签索引会报错:")
print(df.iloc['a'])
```

运行程序，输出如下：

```
获取第一行的数据：
a    4
b    5
c    6
Name: e, dtype: int64
通过行号可以索引多行:
   a  b  c
d  1  2  3
e  4  5  6
iloc 索引列数据:
   b
d  2
```

e   5

通过行标签索引会报错:

TypeError: cannot do positional indexing on <class 'pandas.core.indexes.base.Index'> with these indexers [a] of <class 'str'>

（4）df.ix[]是 iloc 和 loc 的合体。下面通过一个例子来演示其用法。

【例 2-7】 df.ix[]的用法。

```
import pandas as pd
data = [[1,2,3],[4,5,6]]
index = ['d','e']
columns=['a','b','c']
"""通过行号索引"""
df = pd.DataFrame(data=data, index=index, columns=columns)
print("通过行号索引:\n",df.ix[1])
"""通过行标签索引"""
print("通过行标签索引:\n",df.ix['e'])
```

运行程序，输出如下：

```
通过行号索引:
a    4
b    5
c    6
Name: e, dtype: int64
通过行标签索引:
a    4
b    5
c    6
Name: e, dtype: int64
```

6. 数据清洗

无论是数据挖掘工程师、机器学习工程师，还是深度学习工程师，都非常了解数据真实性的重要性，数据真实性决定特征维度的选择规则。数据准备阶段（包含数据的抽取、清洗、转换和集成）的工作量常常占据全部工作的 50%左右。而在数据准备的过程中，数据质量差又是最常见而且最令人头痛的问题之一。本节针对缺失值和特殊值这种数据质量问题提出了推荐的处理方法。

【例 2-8】 构建 DataFrame。

```
import pandas as pd
import numpy as np

df=pd.DataFrame(np.random.randint(1,10,[5,3]),index=['a','c','e','f','h'],columns=['one','two','three'])
df.loc["a","one"]=np.nan
df.loc["c","two"]=-100
```

```
df.loc["c","three"]=-100
df.loc["a","two"]=-101
df['four']='hist'
df['five']=df['one']>0
df2=df.reindex(['a','b','c','d','e','f','g','h'])
print(df2)
```

运行程序，输出如下：

	one	two	three	four	five
a	NaN	-101.0	4.0	hist	False
b	NaN	NaN	NaN	NaN	NaN
c	5.0	-100.0	-100.0	hist	True
d	NaN	NaN	NaN	NaN	NaN
e	2.0	8.0	5.0	hist	True
f	3.0	9.0	4.0	hist	True
g	NaN	NaN	NaN	NaN	NaN
h	8.0	6.0	5.0	hist	True

利用 dropna()可以实现对缺失值的处理，下面的代码实现了对 df2 缺失值的处理：

```
#丢弃缺失值 dropna()
print("删除缺失值所在行（axis=0）或列（axis=1），默认值 axis=0,df2.dropna(axis=0)=\n{}".format(df.dropna(axis=0)))
```

删除缺失值所在行（axis=0）或列（axis=1），默认值 axis=0,df2.dropna(axis=0)=

	one	two	three	four	five
c	3.0	-100	-100	hist	True
e	4.0	3	7	hist	True
f	5.0	8	9	hist	True
h	2.0	4	7	hist	True

```
print("一行中全部为 NaN 的，才丢弃该行 df2.dropna(how='all')=\n{}".format(df2.dropna(how='all')))
```

一行中全部为 NaN 的，才丢弃该行 df2.dropna(how='all')=

	one	two	three	four	five
a	NaN	-101.0	7.0	hist	False
c	7.0	-100.0	-100.0	hist	True
e	1.0	4.0	8.0	hist	True
f	6.0	5.0	8.0	hist	True
h	6.0	6.0	9.0	hist	True

```
print("移除所有行字段中有值属性小于 4 的行,df2.dropna(thresh=4)=\n{}".format(df2.dropna(thresh=4)))
```

至少具有 4 个非 NaN 值才保留行，df2.dropna(thresh=4)=

```
     one    two     three   four   five
a    NaN   -101.0   3.0     hist   False
c    7.0   -100.0   -100.0  hist   True
e    2.0   5.0      9.0     hist   True
f    6.0   4.0      6.0     hist   True
h    6.0   2.0      7.0     hist   True
```

print("移除指定列为空的所在行数据，df.dropna(subset=['one','five'])=\n{}".format(df2.dropna(subset=['one','five'])))
移除指定列为空的所在行数据，df.dropna(subset=['one','five'])=
```
     one    two     three   four   five
c    4.0   -100.0   -100.0  hist   True
e    5.0   7.0      8.0     hist   True
f    5.0   7.0      6.0     hist   True
h    3.0   3.0      9.0     hist   True
```

"""fillna()实现缺失值填充"""
print("缺失值以 0 填充，df2.fillna(0)=\n{}".format(df2.fillna(0)))
缺失值以 0 填充，df2.fillna(0)=
```
     one    two     three   four   five
a    0.0   -101.0   5.0     hist   False
b    0.0   0.0      0.0     0      0
c    2.0   -100.0   -100.0  hist   True
d    0.0   0.0      0.0     0      0
e    8.0   5.0      2.0     hist   True
f    4.0   1.0      9.0     hist   True
g    0.0   0.0      0.0     0      0
h    3.0   3.0      5.0     hist   True
```

print("指定列空值赋值=\n{}".format(df2.fillna({"one":0,"two":0.6,"five":8})))
指定列空值赋值=
```
     one    two     three   four   five
a    0.0   -101.0   5.0     hist   False
b    0.0   0.6      NaN     NaN    8
c    1.0   -100.0   -100.0  hist   True
d    0.0   0.6      NaN     NaN    8
e    5.0   6.0      9.0     hist   True
f    7.0   5.0      3.0     hist   True
g    0.0   0.6      NaN     NaN    8
h    1.0   1.0      7.0     hist   True
```

print("向前填充值,df2.fillna(method='ffill')=\n{}".format(df2.fillna(method='ffill')))

向前填充值,df2.fillna(method='ffill')=

	one	two	three	four	five
a	NaN	-101.0	5.0	hist	False
b	NaN	-101.0	5.0	hist	False
c	6.0	-100.0	-100.0	hist	True
d	6.0	-100.0	-100.0	hist	True
e	4.0	2.0	9.0	hist	True
f	8.0	6.0	8.0	hist	True
g	8.0	6.0	8.0	hist	True
h	9.0	6.0	1.0	hist	True

可用的填充方法如表 2-4 所示。

表 2-4 可用的填充方法

方 法	说 明
pad/ffill	向前填充值
bfill/backfill	向后填充值

注意：处理时间序列数据，使用 pad/ffill 十分常见，因此"最后已知值"在每个时间点都可用。ffill()等效于 fillna(method= 'ffill')，bfill()等效于 fillna(method= 'bfill')。

print("以列均值来替换列中的空值，df2.fillna(df2.mean()['one':'three'])=\n{}".format(df2.fillna(df2.mean()['one':'three'])))

以列均值来替换列中的空值，df2.fillna(df2.mean()['one':'three'])=

	one	two	three	four	five
a	3.75	-101.0	5.0	hist	False
b	3.75	-36.4	-16.0	NaN	NaN
c	5.00	-100.0	-100.0	hist	True
d	3.75	-36.4	-16.0	NaN	NaN
e	1.00	9.0	6.0	hist	True
f	8.00	7.0	4.0	hist	True
g	3.75	-36.4	-16.0	NaN	NaN
h	1.00	3.0	5.0	hist	True

通常我们想用其他值替换任意值。在 Series/DataFrame 中可以使用 replace()，它提供了一种高效而灵活的方法来执行此类替换。

【例 2-9】 利用 replace()对例 2-8 中的数据进行替换。

...
print("使用另一个值替换单个值或值列表,df2.replace(-100,100)=\n{}".format(df2.replace(-100,100)))

使用另一个值替换单个值或值列表,df2.replace(-100,100)=

	one	two	three	four	five
a	NaN	-101.0	5.0	hist	False
b	NaN	NaN	NaN	NaN	NaN

```
c    6.0     100.0   100.0   hist    True
d    NaN     NaN     NaN     NaN     NaN
e    8.0     4.0     9.0     hist    True
f    8.0     1.0     4.0     hist    True
g    NaN     NaN     NaN     NaN     NaN
h    9.0     5.0     2.0     hist    True
```

```
print("指定单列替换, df2[['two']].replace(-100,100)=\n{}".format(df2[['two']].replace(-100,100)))
指定单列替换, df2[['two']].replace(-100,100)=
       two
a    -101.0
b     NaN
c     100.0
d     NaN
e     4.0
f     6.0
g     NaN
h     7.0
"""等价于 df2.replace([-100,-101],[100,101]), 使用值列表替换值列表"""
print("指定映射 dict=\n{}".format(df2.replace({-100:100,-101:101})))
指定映射 dict=
     one    two     three   four    five
a    NaN    101.0   4.0     hist    False
b    NaN    NaN     NaN     NaN     NaN
c    7.0    100.0   100.0   hist    True
d    NaN    NaN     NaN     NaN     NaN
e    1.0    2.0     4.0     hist    True
f    2.0    1.0     1.0     hist    True
g    NaN    NaN     NaN     NaN     NaN
h    7.0    3.0     2.0     hist    True
```

通常，在数据预处理时，如果数据特征维度比较大，则我们会丢弃一些弱特征。如果在 DataFrame 中需要标识和删除重复行，那么有两种有效的方法：duplicated 和 drop_duplicates。每种方法都将以标识重复行的列作为参数。

- duplicated：返回布尔向量，其长度为行数，并指示行是否重复。
- drop_duplicates：删除重复的行。

在默认情况下，重复集的第一个观察到的行被认为是唯一的，但每个方法都有一个 keep 参数来指定要保留的目标。

- kepp='first'（默认）：除第一次出现外，标记/删除重复项。
- kepp='last'：标记/删除除了最后一次出现的副本。
- kepp='False'：标记/删除重复项。

【例 2-10】 对例 2-8 中的数据进行标识和删除重复行。

```
...
        print("每行完全一样才算重复，返回布尔向量，重复返回 True，不重复返回 False，结果为 Series 类型")
        print(df2.duplicated())
每行完全一样才算重复，返回布尔向量，重复返回 True，不重复返回 False，结果为 Series 类型
        a    False
        b    False
        c    False
        d    True
        e    False
        f    False
        g    True
        h    False
        dtype: bool

        print("针对'one'列，除第一次出现外，以后出现均做标记，返回 True")
        print(df2.duplicated('one',keep='first'))
        针对'one'列，除第一次出现外，以后出现均做标记，返回为 True
        a    False
        b    True
        c    False
        d    True
        e    False
        f    False
        g    True
        h    False
        dtype: bool

        print("针对'one'列，除第一次出现外，以后出现删除重复项")
        print(df2.drop_duplicates('one',keep='first'))
        针对'one'列，除第一次出现外，以后出现删除重复项
             one    two     three    four   five
        a    NaN   -101.0    4.0     hist   False
        c    2.0   -100.0   -100.0   hist   True
        e    5.0    8.0      4.0     hist   True
        f    3.0    3.0      2.0     hist   True
        h    1.0    7.0      9.0     hist   True

        print("针对'one'列，删除了最后一次出现的重复项")
        print(df2.drop_duplicates('one',keep='last'))
```

针对'one'列，删除了最后一次出现的重复项
```
     one    two    three   four   five
c    9.0    -100.0 -100.0  hist   True
e    5.0    9.0    2.0     hist   True
g    NaN    NaN    NaN     NaN    NaN
h    3.0    9.0    4.0     hist   True
```

```
print("针对'one'列，删除所有重复项")
print(df2.drop_duplicates('one',keep=False))
```
针对'one'列，删除所有重复项
```
     one    two    three   four   five
f    6.0    9.0    9.0     hist   True
h    7.0    7.0    5.0     hist   True
```

2.2　Matplotlib 可视化库

在做完数据分析后，有时需要将分析结果展示出来，这便离不开 Python 可视化工具。Matplotlib 是 Python 中的一个 2D 绘图工具，是另外一个绘图工具 Seaborn 的基础包。

2.2.1　初识 Matplotlib

Matplotlib 最早是为可视化癫痫病人脑皮层电图的相关信号而研发的，因为它在函数的设计上参考了 MATLAB，所以叫作 Matplotlib。在开源社区的推动下，当前各科学计算领域基于 Python 的 Matplotlib 都得到了广泛应用。Matplotlib 的原作者 John D. Hunter 博士是一名神经生物学家，2012 年不幸因癌症去世。

由于 Matplotlib 也是 Python 的第三方库，因此需要另外安装：

```
pip3 install matplotlib
```

安装完成后，我们来查看 Matplotlib 版本，代码如下：

```
>>> import matplotlib
>>> print(matplotlib.__version__)
2.2.2
```

通过 Matplotlib，开发者仅需要几行代码，便可以生成绘图，如折线图、散点图、柱状图、饼图、直方图、子图等。Matplotlib 使用 NumPy 进行数组运算，并调用一系列其他的 Python 库来实现硬件交互。

【例 2-11】 Matplotlib 基本操作。

```
import numpy as np
import matplotlib.pyplot as plt
```

```python
#数据
x=[1,4,7,9]
y=[3,6,8,11]
plt.subplot(241)        #划分为2×4个，共8个子图，从上到下，从左到右，排列为1,2,…
plt.plot(x,y)
plt.title("plot")
plt.subplot(242)        #子图2
plt.scatter(x,y)        #散点图
plt.title("scatter")
plt.subplot(243)        #子图3
plt.pie(y)              #饼图
plt.title("pie")
plt.subplot(244)        #子图4
plt.bar(x,y)            #柱状图
plt.title("bar")
plt.subplot(245)        #子图5
plt.boxplot(y,sym='p')  #盒子图
plt.title("boxplot")
plt.subplot(246)        #子图6
t=np.arange(0.,5.0,.2)
#蓝色的破折号，红色的正方形和绿色的三角形，读者可自行运行代码观察
plt.plot(t,t,'b--',t,t**2,'rs',t,t**3,'g^')
plt.title("Pyplot Three")
delta=0.025
cx=cy=np.arange(-3.0,3.0,delta)
X,Y=np.meshgrid(cx,cy)
Z=Y**2+X**2
plt.subplot(247)        #子图7
plt.contour(X,Y,Z)      #等高线
plt.colorbar()          #设置颜色映射
#读图，其中imshow.png是加载本地图片
import matplotlib.image as mpimg
img=mpimg.imread('face.png')
plt.subplot(248)        #子图8
plt.imshow(img)
plt.title("imshow")
plt.show()              #显示图形
```

运行程序，效果如图2-1所示。

提示：Matplotlib 还提供了一个名为 pylab 的模块，其中包括许多 NumPy 和 pyplot 模块中的对象，每个 Axes(ax)对象都是一个拥有自己坐标系统的绘图区域，Matplotlib 对象如图2-2所示。

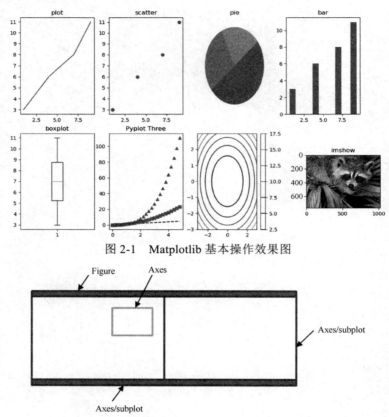

图 2-1　Matplotlib 基本操作效果图

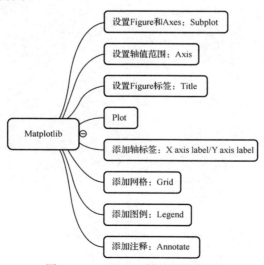

图 2-2　Matplotlib 对象

如图 2-2 所示，整个图像是 Figure（fig）对象。我们的绘图中只有一个坐标系区域，也就是 Axes（ax）。每个 ax 对象都是一个拥有自己坐标系统的绘图区域。如图 2-3 所示为 Matplotlib 的绘图结构图。

图 2-3　Matplotlib 的绘图结构图

表 2-5 为图像内部各个组件的内容。

表 2-5　图像内部各个组件的内容

组　件	说　　明
Figure	整个图像
Axes	坐标系、灵活的子图
Grid	网格
Title	标题
Legend	图例
Line	图像中的线
Makers	图像中的点
Spines	连接轴刻度标记的线，而且标明了数据区域的边界
Major tick	主刻度
Minor tick	分刻度
Major tick label	主刻度标签
Y axis label	Y 轴标签
Minor tick label	分刻度标签
X axis label	X 轴标签

注意：我们可以把 fig 想象成 Windows 的桌面，桌面可以有多个。这样，Axes 就是桌面上的图标，Subplot 也是图标，它们的区别在于 Axes 是自由摆放的图标，甚至可以相互重叠，而 Subplot 是"自动对齐到网格"的图标。但它们本质上都是图标，也就是说，Subplot 内部其实也调用 Axes，只不过规范了各个 Axes 的排列罢了。

小技巧：Matplotlib 中文显示。

使用 Matplotlib 时我们会发现，有时图例等设置无法正常显示中文，原因是 Matplotlib 库中没有中文字体。添加如下代码即可实现中文显示。

```
plt.rcParams['font.sans-serif'] =['SimHei']    #显示中文标签
plt.rcParams['axes.unicode_minus'] =False  #正常显示负号
```

2.2.2　Matplotlib 经典应用

利用 NumPy 与 Matplotlib，绘制两个高斯分布。

【例 2-12】　绘制两个高斯分布。

```
import numpy as np
import matplotlib.pyplot as plt
from matplotlib.font_manager import FontProperties

plt.rcParams['font.sans-serif'] =['SimHei']                    #显示中文标签
```

```
plt.rcParams['axes.unicode_minus'] =False        #正常显示负号

plt.style.use('ggplot')
num1, num2, sigama = 20, 50, 10
#构造符合均值为 20 的正态分布,以及均值为 50 的正态分布
x1 = num1 + sigama * np.random.randn(10000)   #10000 为构造随机数的个数
x2 = num2 + sigama * np.random.randn(10000)

fig = plt.figure()   #初始化画板
ax1 = fig.add_subplot(1, 2, 1)
ax1.hist(x1, bins=50, color='yellow')    #bins=50 表示分成 50 份,即会有 50 个直方图组成正态分布大图

ax2 = fig.add_subplot(122)
ax2.hist(x2, bins=50, color='green')

#fontweight 为字体粗细,bol 为粗体,fontproperties 为字体属性
fig.suptitle('两个高斯分布', fontweight='bold',fontsize=15)
ax1.set_title('均值为 20 的正态分布图')
ax2.set_title('均值为 50 的正态分布图')
plt.show()
```

运行程序,效果如图 2-4 所示。

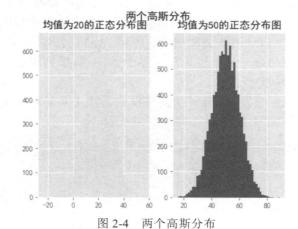

图 2-4　两个高斯分布

下面尝试绘制饼状图,当前存在 3 种动物数据,分别为鸭、狗、猪,各自占比为 27%、20%和 53%。在数据分析中往往不能只简单地绘制表格,为了更好地观察数据,需要将数据进行可视化展示。

【例 2-13】 绘制饼状图。

```
#使用 Matplotlib 绘制饼状图
import numpy as np
import matplotlib.pyplot as plt
```

```python
#设置全局字体
plt.rcParams['font.sans-serif'] = ['SimHei']
#解决"-"表现为方块的问题
plt.rcParams['axes.unicode_minus'] = False
data = {
    '鸭':(27, '#7199cf'),
    '狗':(20, '#4fc4aa'),
    '猪':(53, '#ffff10'),
}
#设置绘图对象的大小
fig = plt.figure(figsize=(8,8))
cities = data.keys()
values = [x[0] for x in data.values()]
colors = [x[1] for x in data.values()]
ax1 = fig.add_subplot(111)
ax1.set_title('饼状图')
labels = ['{}:{}'.format(city, value) for city, value in zip(cities,values)]
#设置饼状图的凸出显示
explode = [0, 0.1, 0 ]
#画饼状图,并指定标签和对应的颜色
#指定阴影效果
ax1.pie(values, labels = labels, colors=colors, explode=explode, shadow=True)
plt.savefig('pie.jpg')
plt.show()
```

运行程序,效果如图 2-5 所示。

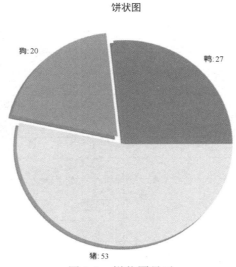

图 2-5 饼状图显示

除基本的饼状图外,此演示还显示了一些可选功能,如切片标签、自动标记百分比、用"爆炸"来偏移切片、下拉阴影,以及自定义起始角度功能。

2.3 SciPy 科学计算库

SciPy 库在 NumPy 库的基础上增加了众多的数学、科学及工程计算中常用的库函数。

2.3.1 初识 SciPy

SciPy 库依赖 NumPy 库,提供了便捷且快速的 n 维数组操作。SciPy 库与 NumPy 数组一起工作,并提供了许多友好和高效的处理方法。例如线性代数、常微分方程数值求解、信号处理、图像处理、稀疏矩阵、常微分方差的求解等,功能十分强大。

由于 SciPy 也是 Python 的第三方库,需要另外安装:

```
pip3 install scipy
```

安装完成后,我们来查看 SciPy 版本,代码如下:

```
>>> import scipy
>>> print(scipy.__version__)
1.0.1
```

SciPy 被组织覆盖成不同科学计算领域的子包,其模块功能如表 2-6 所示。

表 2-6 SciPy 模块功能

模块	功能
scipy.cluster	矢量量化/K-means
scipy.constants	物理和数学常数
scipy.fftpack	傅里叶变换
scipy.intergrate	积分
scipy.interpolate	插值
scipy.io	数据输入和输出
scipy.linalg	线性代数程序
scipy.ndimage	n 维图像包
scipy.odr	正交距离回归
scipy.optimize	优化
scipy.signal	信号处理
scipy.sparse	稀疏矩阵
scipy.spatial	空间数据结构和算法
scipy.special	任何特殊的数学函数
scipy.stats	统计

2.3.2 SciPy 经典应用

SciPy 功能强大，下面举例说明 SciPy 在各领域的应用，以便学习。

1. 积分

积分学不仅推动了数学的发展，而且也极大地推动了天文学、力学、物理学、化学、生物学、工程学、经济学等自然科学，以及社会科学及应用科学各个分支的发展，并在这些学科中有越来越广泛的应用。特别是计算机的出现，更有助于这些应用的不断发展。scipy.integration 提供了多种积分模块，主要分为以下两类：一种是对给定的函数对象积分，如表 2-7 所示；另一种是对给定固定样本的函数积分。我们一般关注对数值积分的 trapz 函数和 cumtrapz 函数。trapz()使用复合梯形规则沿给定轴线进行积分，cumtrapz()使用复合梯形法则累计积分。

表 2-7 积分函数（给定的函数对象）

函 数	说 明
quad(func,a,b[,args,full_output,…])	计算定积分
dblquad(func,a,b,gfun,hfun[,args,…])	计算二重积分
tplquad(func,a,b,gfun,hfun,qfun,rfun)	计算三重积分
nquad(func,ranges[,args,opts,full_output])	多变量积分

下面通过例子演示利用 SciPy 求解积分问题。

【例 2-14】 利用 quad()计算定积分 $\int_b^a f(x)\mathrm{d}x$。

```
import scipy.integrate
from numpy import exp
f= lambda x:exp(-x**2)   #lambda 表达式定义函数
i = scipy.integrate.quad(f, 0, 1)
print (i)
```

运行程序，输出如下：

```
(0.7468241328124271, 8.291413475940725e-15)
```

四元函数返回两个值，其中第一个数值是积分值，第二个数值是积分值绝对误差的估计值。

注意：由于 quad()需要函数作为第一个参数，因此不能直接将 exp 作为参数传递。quad 函数接受正和负无穷作为限制。

【例 2-15】 求解双重积分 $\int_0^{1/2}\mathrm{d}y\int_0^{\sqrt{1-4y^2}}16xy\mathrm{d}x$。

解析：使用 lambda 表达式定义函数 f, g 和 h。请注意，即使 g 和 h 是常数，它们可能在很多情况下必须定义为函数。

```
import scipy.integrate
from numpy import exp
from math import sqrt
f = lambda x, y : 16*x*y
g = lambda x : 0
h = lambda y : sqrt(1-4*y**2)
i = scipy.integrate.dblquad(f, 0, 0.5, g, h)
print (i)
```

运行程序，输出如下：

(0.5, 1.7092350012594845e-14)

2．插值

插值是在直线或曲线上的两点之间找到值的过程。这种插值工具不仅适用于统计学，而且在科学、商业或需要预测两个现有数据点内的值时也很有用。

在 SciPy 中可通过 interp1d() 来完成数据的插值，其语法格式为：

interpolate.interp1d(x, y, kind='linear', axis=-1, copy=True, bounds_error=None, fill_value=nan, assume_sorted=False)

用 x 和 y 来逼近指定函数 f：y=f(x)。interp1d() 返回一个函数，调用该方法可使用插值来查找新点的值。

函数的参数含义如下。

- x：一维数组；
- y：插值函数中 x 对应值；
- kind：插值的类型，包含"linear""nearest""zero""slinear""quadratic""cubic" "previous""next"等。

【例 2-16】 实现数据的插值。

```
import matplotlib.pyplot as plt
import numpy as np
from scipy import interpolate
#创建数据
x = np.arange(0, 10)
y = np.exp(-x/3.0)
f = interpolate.interp1d(x, y)
xnew = np.arange(0, 9, 0.1)
ynew = f(xnew)        #使用线性插值方法返回 xnew 对应的插值
plt.plot(x, y, 'o', xnew, ynew, 'r-')
plt.show()
```

运行程序，效果如图 2-6 所示。

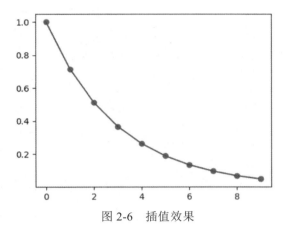

图 2-6　插值效果

3．峰度

峰度（Kurtosis）是指次数分布曲线顶峰的尖平程度，是次数分布的重要特征。在统计分析上，常以正态分布曲线为标准，观察比较某一次数分布曲线的顶端或平顶及尖平程度的大小。

峰度的测定，一般是采用统计动差方法，即以 4 阶中心动差 V_4 为测定依据，将 V_4 除以其标准差的 4 次方 σ^4，以消除单位量纲的影响，便于不同次数分布曲线的峰度比较，从而得到以无名数表示的相对数，即峰度的测定值（β）。计算公式为

$$\beta = \frac{V_4}{\sigma^4} = \frac{\dfrac{\sum (X_{\bar{X}})^4 f}{\sum f}}{\sigma^4}$$

在 SciPy 中，通过 stats.kurtosis() 计算峰度。

【例 2-17】　计算一随机数的峰度。

```
import numpy as np
from scipy import stats
import matplotlib.pyplot as plt

arr = stats.norm.rvs(size=900)
(mean,std) = stats.norm.fit(arr)
print('平均值',mean)                    #mean 平均值
print('std 标准差',std)                 #std 标准差
(skewness,pvalue1) = stats.skewtest(arr)
print('偏度值')
print(skewness)
print('符合正态分布数据的概率为')
print(pvalue1)
(Kurtosistest,pvalue2) = stats.kurtosistest(arr)
print('Kurtosistest',Kurtosistest)       #峰度
```

```
print('pvalue2',pvalue2)
(Normltest,pvalue3) = stats.normaltest(arr)
print('Normltest',Normltest)              #服从正态分布
print('pvalue3',pvalue3)
num = stats.scoreatpercentile(arr,95)     #某一百分比处的数值
print('在95%处的数值：')                   #某一百分比处的数值
print (num)
indexPercent = stats.percentileofscore(arr,1)#某一数值处的百分比
print ('在数值1处的百分比：')              #某一数值处的百分比
print (indexPercent)
plt.hist(arr)                              #设置直方图
plt.show()                                 #显示图
```

运行程序，输出如下，效果如图2-7所示。

```
平均值  0.016567143307570115
std 标准差  0.9899817415151598
偏度值
-0.701168344513788
符合正态分布数据的概率为
0.4831979625557544
Kurtosistest 0.7791461554113478
pvalue2 0.4358936240210609
Normltest 1.0987057788404901
pvalue3 0.5773232815323056
在95%处的数值：
1.6239012246403428
在数值1处的百分比：
84.66666666666667
```

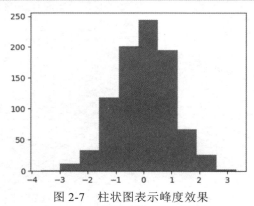

图2-7　柱状图表示峰度效果

4．最小二乘拟合

假设有一组实验数据 (x_i, y_i)，它们之间的函数关系为 $y_i = f(x_i)$，通过这些已知信息，

需要确定函数中的一些参数项。例如，如果 f 是一个线性函数 $f(x)=kx+b$，那么参数 k 和 b 就是我们需要确定的值。如果将这些参数用 p 表示，那么我们要找到一组 p 值，使得如下公式中的 S 函数最小：

$$S(p) = \sum_{i=1}^{m}[y_i - f(x_i, p)]^2$$

这种算法被称为最小二乘拟合（Least-square Fitting）。

在 SciPy 中的子函数库 optimize 已经提供了实现最小二乘拟合算法的函数 leastsq。

【例 2-18】 SciPy 实现最小二乘拟合。

```
import   numpy as np
from scipy.optimize import leastsq
import pylab as pl
from pylab import mpl
mpl.rcParams['font.sans-serif'] = ['KaiTi']        #解决中文乱码问题
mpl.rcParams['axes.unicode_minus'] = False         #解决负号显示为方框的问题
def func(x,p):
    #数据拟合所用的函数：  A*sin(2*pi*k*x + theta)
    A,k,theta  = p
    return A*np.sin(2*np.pi*k*x + theta)
def residuals(p,y,x):
    #实验数据 x,y 和拟合函数之间的差，p 为拟合需要找到的系数
    return y - func(x,p)
x = np.linspace(0, -2*np.pi, 100)                  #创建等差数列，100 表示数据点个数
A,k,theta = 10, 0.34 , np.pi/6                     #真实数据的函数参数
y0 = func(x, [A,k,theta])                          #真实数据
y1 = y0 + 2* np.random.randn(len(x))               #加入噪声后的实验数据
p0 = [8,0.25,0]                                    #第一次猜测的函数拟合参数
plsq = leastsq(residuals,p0,args = (y1,x))
"""
    调用 leastsq 进行数据拟合,其中参数含义为：
    residuals 为计算误差的函数
    p0 为拟合参数的初始值
    args 为需要拟合的实验数据
"""
print(u"真实参数：", [A,k,theta])
print(u"拟合参数：", plsq[0])                       #实验数据拟合后的参数
#作图
pl.plot(x, y0,'r-.' ,label = u'真实数据')
pl.plot(x, y1,'b--', label = u'带噪声的实验数据')
pl.plot(x, func(x,plsq[0]) , label = u"拟合数据")
pl.legend()
pl.show()
```

运行程序，输出如下，效果如图 2-8 所示。

```
真实参数：    [10, 0.34, 0.5235987755982988]
拟合参数：    [9.96630326 0.34375561 0.57481058]
```

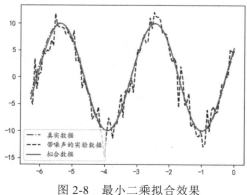

图 2-8　最小二乘拟合效果

由结果可以看出，由于正弦函数的周期性，拟合参数规律走势和真实数据实际上是一致的。

5．图像处理

图像识别是计算机对图像进行处理、分析和理解的过程，以识别各种不同模式的目标和对象。识别过程包括图像预处理、图像分割、特征提取和判断匹配。简单地说，图像识别就是要让计算机像人一样读懂图片的内容。借助图像识别技术，我们不仅可以通过图像搜索更快地获取信息，还可以产生一种新的与外部世界交互的方式，甚至会让外部世界更加智能地运行。

SciPy 可实现对图像的基本操作，如裁剪、翻转、旋转、图像滤镜等，使用整个 NumPy 把图像处理成数组，如图 2-9 所示。

图 2-9　图像处理成数组

【例 2-19】　利用 SciPy 实现图像处理。

```
"""图像处理"""
import numpy as np
from matplotlib import pyplot as plt
from scipy import ndimage

from pylab import mpl
```

```
mpl.rcParams['font.sans-serif'] = ['KaiTi']    #解决中文乱码问题
#创建图像
from scipy import misc
#用 ascent 创建图片
image=misc.ascent()
"""划分区域——plt.subplot()"""
plt.subplot(221)    #划分 2 行 2 列  占据第一格
plt.title("原始图像")
plt.imshow(image)
plt.axis("off")    #元组单独显示坐标,不在图上显示
"""中值滤波——ndimage.median_filter"""
plt.subplot(222)
plt.title("中值滤波")
filter=ndimage.median_filter(image,size=10)
plt.imshow(filter)
plt.axis("off")
"""旋转——ndimage.rotate()"""
plt.subplot(223)
plt.title("图像旋转")
rotate=ndimage.rotate(image,100)
plt.imshow(rotate)
plt.axis("off")
"""边缘检测——ndimage.prewitt()"""
plt.subplot(224)
plt.title("边缘检测")
prewitt=ndimage.prewitt(image)
plt.imshow(prewitt)
plt.axis("off")
plt.show()
```

运行程序,图像处理效果如图 2-10 所示。

原始图像

中值滤波

图像旋转

边缘检测

图 2-10　图像处理效果

第 3 章　人工神经网络

人工智能是仿生学的一种,即模仿人类的大脑,其中涉及一个很重要的概念,就是人工神经网络。人工神经网络在人工智能领域是一个十分重要的技术。

3.1　人工神经网络的概念

人工神经网络是一种进行分布式并行信息处理的算法数学模型,模仿动物神经网络行为特征。这种网络通过调整内部大量节点之间相互连接的关系,达到处理信息的目的,系统的复杂程度非常高。人工神经网络是由大量处理单元互联组成的非线性、自适应的信息处理系统。它是在现代神经科学研究成果的基础上被提出来的,试图通过模拟大脑神经网络处理、记忆信息的方式进行信息处理。

3.1.1　神经元

神经网络由神经处理单元（Neural Processing Unit）组成,这些单元通过一种层级结构互相连接。这些神经处理单元被称为人工神经元（Artificial Neuron）,它们像人类大脑的轴突一样工作。

生物神经元通常由以下几个部分组成:细胞核、细胞体、树突、轴突、突触和轴突末梢。一个神经元通常具有多个树突,主要用来接收信息;而轴突只有一条,轴突尾端有许多轴突末梢,可以给其他神经元传递信息,如图 3-1 所示。

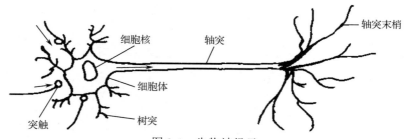

图 3-1　生物神经元

人工神经元在工作原理上与生物神经元拥有基本相同的逻辑,它从周围神经元接收输入信号,输入信号根据与神经元的输入连接关系按比例叠加在一起。最终,叠加的输入信号被传递给一个激活函数,而激活函数的输出则被传递至下一层的神经元,人工神经元的结构如图 3-2 所示。

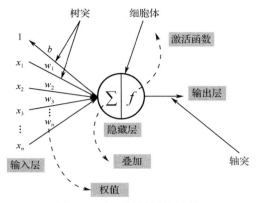

图 3-2 人工神经元的结构

下面我们来看一下人工神经网络的结构，如图 3-3 所示。

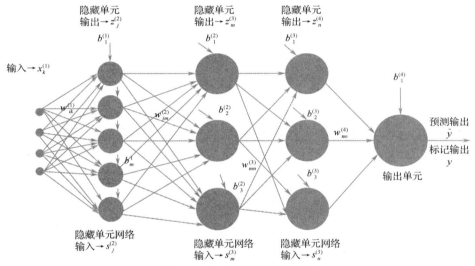

图 3-3 人工神经网络的结构

输入 $x_k \in R^N$ 穿过以分层方式排列的多层连续的神经元。每层的每个神经元从前一层的神经元接收输入，并根据它们之间连接的权重衰减或放大信号。权值 $w_{ij}^{(l)}$ 对应第 l 层第 i 个神经元与第 $l+1$ 层第 j 个神经元的连接权重。而且，每个神经元 i 在第 l 层都有一个对应的偏置（Bias），即 $b_i^{(l)}$。这个神经网络针对输入 $x_k \in R^N$，预测输出 $\hat{y}$。如果数据的实际标签是 y（标记输出），那么神经网络通过最小化预测误差 $(y-\hat{y})^2$ 来学习权重和偏置。当然，误差应该是针对所有标签数据点的最小化：$\hat{y}(x_i, y_i), \forall i \in 1,2,\cdots,m$。

如果将权重和偏置用一个共同的向量 W 表示，且预测的总误差用 C 表示，那么在这个训练的过程中，估计值 $\hat{W}$ 可用下面的公式表示。

$$\hat{W} = \underset{W}{\arg\min}\, C = \underset{W}{\arg\min} \sum_i (y_i - \hat{y}_i)^2$$

同理，预测输出 $\hat{y}$ 可通过输入 x 的权重向量 W 组成的函数表示。

$$\hat{y} = f_W(x)$$

像这样预测连续数值输出的公式被称为回归问题。

对于一个包含两个类别的二元分类，通常会最小化交叉熵损失，而不是平方差损失，并且网络输出的是正确类别的概率。交叉熵损失函数为

$$C = -\sum_i [y_i \log p_i + (1 + y_i) \log(1 - p_i)]$$

在此，给定输入 x，p_i 是输出类别的预测概率，而且可以由输入 x 和权值向量组成的函数来表示。

$$p = P(y = 1/x; W) = f_W(x)$$

总而言之，对于多个类别的分类问题，交叉熵损失函数为

$$C = -\sum_i y_i^{(j)} \log(p_i^j)$$

此处，$y_i^{(j)}$ 是第 i 个数据的第 j 个类别的输出标签。

3.1.2 人工神经网络的基本特征

人工神经网络具有 4 个基本特征：非线性、非常定性、非凸性、非局限性。

（1）非线性是自然界的普遍特性。大脑的智慧就是非线性的。人工神经元处于激活或抑制两种不同的状态，在数学上表现为一种非线性关系。具有阈值的神经元构成的网络具有更好的性能，可以提高容错性和存储容量。

（2）非常定性就是人工神经网络具有自适应、自组织、自学习的能力。不但神经网络处理的信息可以有各种变化，而且在处理信息的同时，非线性动力系统本身也在不断变化之中，经常采用迭代过程描写动力系统的演化过程。

（3）非凸性就是一个系统的演化方向，其在一定条件下取决于某个特定的状态函数。非凸性是指这种函数有多个极值，故系统具有多个较稳定的平衡态，这将导致系统演化具有多样性。这种特性让人工智能更加丰富。

（4）非局限性是指一个神经网络通常由多个神经元广泛连接而成。一个系统的整体行为不仅取决于单个神经元的特征，而且可能由单元之间的相互作用、相互联系所决定。通过单元之间的大量连接模拟大脑的非局限性。

在人工智能中，人工神经网络采用的是并行分布式系统，同时也采用了与传统人工智能和信息处理技术完全不同的机理，并且具有自适应、自组织和实时学习的特点。认识和了解这些内容，可以使我们建立更加完整的机器学习体系。

3.2 神经激活函数

取决于不同的架构和问题，人工神经网络中存在几种不同的神经激活函数。本节将讨论最常用的激活函数，因为这些函数决定了网络的架构和性能。线性激活函数和

Sigmoid 激活函数曾经在人工神经网络中使用较多,直到 Hinton 等人发明了修正线性单元(Rectified Linear Unit,ReLU),ReLU 使人工神经网络的性能产生了翻天覆地的变化。

3.2.1 线性激活函数

线性激活函数神经元输出的是总输入对神经元的衰减,如图 3-4 所示。

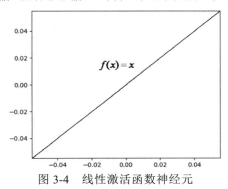

图 3-4 线性激活函数神经元

如果 x 是线性激活函数神经元的总输入,那么输出 y 如下所示。

$$y = f(x) = x$$

3.2.2 Sigmoid 激活函数

Sigmoid 激活函数简称 Sigmoid 函数,也被称为 S 型函数。它可以将整个实数区间映射到(0,1)区间,因此经常被用来计算概率。它也是传统人工神经网络中经常被使用的一种激活函数。

Sigmoid 函数的公式定义为

$$f(x) = \frac{1}{1+e^{-x}}$$

Sigmoid 函数曲线如图 3-5 所示,其中,x 的范围可以是正无穷到负无穷,但是对应 y 的范围为 0~1,所以经过 Sigmoid 函数输出的值都会落在 0~1 的区间里,即 Sigmoid 函数能够把输入的值"压缩"到 0~1。

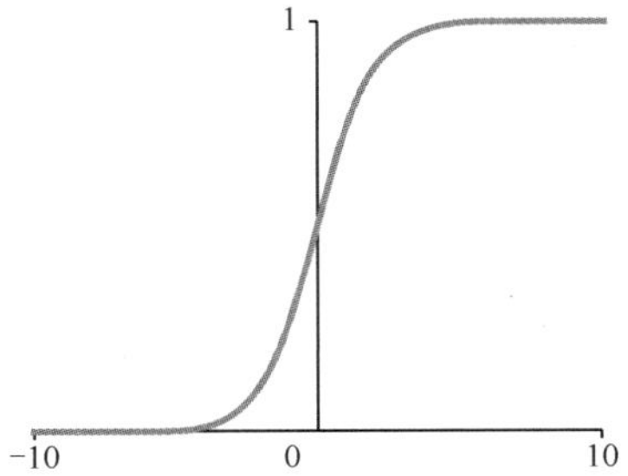

对于自然界中的各种复杂过程,输入与输出的关系通常是非线性的,因此,我们需要使用非线性激活函数通过神经网络来对它们建模。一个二元分类问题的神经网络,它的输出概率由 Sigmoid 神经元的输出给出,因为它的输出范围是 0~1。输出概率可表示为

$$\hat{p} = \frac{1}{1+e^{-x}}$$

图 3-5 Sigmoid 函数曲线

此处，x 表示输出层中的 Sigmoid 神经元的总输入。

【例 3-1】 利用 Python 绘制 Sigmoid 激活函数。

```python
import matplotlib.pyplot as plt
import mpl_toolkits.axisartist as axisartist
import numpy as np
fig = plt.figure(figsize=(6, 6))   #设置图形窗口的大小
ax = axisartist.Subplot(fig, 111)
fig.add_axes(ax)
ax.axis[:].set_visible(False)      #隐藏坐标轴
#添加坐标轴
ax.axis['x'] = ax.new_floating_axis(0, 0)
ax.axis['y'] = ax.new_floating_axis(1, 0)
#x 轴添加箭头
ax.axis['x'].set_axisline_style('-|>', size=1.0)
ax.axis['y'].set_axisline_style('-|>', size=1.0)
#设置坐标轴刻度显示方向
ax.axis['x'].set_axis_direction('top')
ax.axis['y'].set_axis_direction('right')
plt.xlim(-10, 10)
plt.ylim(-0.1, 1.2)
#x 轴添加箭头
x = np.arange(-10, 10, 0.1)
y = 1/(1+np.exp(-x))
#绘图并在图例中设置 Sigmoid 公式
plt.plot(x, y, label=r"Sigmoid=$\frac{1}{1+e^{-x}}$", c='r')
plt.legend()    #显示图例
plt.show()
```

运行程序，效果如图 3-6 所示。

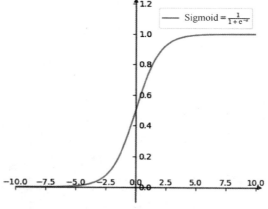

图 3-6 Python 绘制的 Sigmoid 激活函数

3.2.3 双曲正切激活函数

双曲正切激活函数（Hyperbolic Tangent Activation Function）又被称为 tanh 函数。它将整个实数区间映射到（-1,1），tanh 函数也具有软饱和性。它的输出以 0 为中心，tanh 函数的收敛速度比 Sigmoid 函数快。由于存在软饱和性，所以 tanh 函数也存在梯度消失的问题。

tanh 函数的公式定义为

$$\tanh x = f(x) = \frac{e^x - e^{-x}}{e^x + e^{-x}}$$

如图 3-7 所示，tanh 函数输出值的范围是[-1,1]。

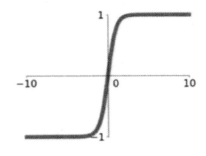

图 3-7　tanh 函数

值得注意的是，Sigmoid 函数和 tanh 函数在一个小范围内是线性的，在此范围之外则输出趋于饱和。在饱和区间，激活函数（相对输入）的梯度非常小或趋于零，这意味着它们很容易产生梯度消失问题。之后可以看到，人工神经网络可以从反向传播方法学习，其中每一层的梯度由下一层激活函数的梯度决定，直到最终的输出层。因此，如果单元中的激活函数处于饱和区间，那么极少数的误差会被反向传播至之前的神经网络层。通过利用梯度，神经网络最小化预测误差来学习权重和偏置（W）。这意味着，如果梯度太小或趋于零，那么神经网络将无法有效地学习这些权重。

【例 3-2】 利用 Python 绘制 tanh 函数。

```python
import matplotlib.pyplot as plt
import mpl_toolkits.axisartist as axisartist
import numpy as np
fig = plt.figure(figsize=(6, 6))
ax = axisartist.Subplot(fig, 111)
fig.add_axes(ax)
ax.axis[:].set_visible(False)     ##隐藏坐标轴
#添加坐标轴
ax.axis['x'] = ax.new_floating_axis(0, 0)
ax.axis['y'] = ax.new_floating_axis(1, 0)
#x 轴添加箭头
ax.axis['x'].set_axisline_style('-|>', size=1.0)
```

```
ax.axis['y'].set_axisline_style('-|>', size=1.0)
#设置坐标轴刻度显示方向
ax.axis['x'].set_axis_direction('top')
ax.axis['y'].set_axis_direction('right')
plt.xlim(-10, 10)
plt.ylim(-1, 1)
x = np.arange(-10, 10, 0.1)
y = (np.exp(x)-np.exp(-x))/(np.exp(x)+np.exp(-x))
#绘图并在图例中设置 tanh 公式
plt.plot(x, y, 'r', label=r"tanh=$\frac{e^{x}-e^{-x}}{e^{x}+e^{-x}}$")
plt.legend()
plt.show()      #显示图形
```

运行程序，效果如图 3-8 所示。

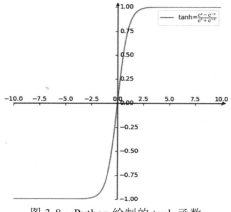

图 3-8 Python 绘制的 tanh 函数

3.2.4 修正线性激活函数

当神经元的总输入大于零的时候，修正线性单元（ReLU）的输出是线性的；当总输入为负数时，输出为零。这个简单的激活函数为神经网络提供了非线性变换，同时，它为总输入提供了一个恒定的梯度。这个恒定的梯度可帮助人工神经网络避免其他激活函数（如 Sigmoid 函数和 tanh 函数）出现梯度消失问题。ReLU 函数的输出为

$$f(x) = \max(0, x)$$

ReLU 函数如图 3-9 所示。

ReLU 函数是目前比较火的一个激活函数，相比 Sigmoid 函数和 tanh 函数，它有以下优点：

（1）在输入为正数的时候，不存在梯度饱和问题。

（2）计算速度要快很多。ReLU 函数只有线性关系，不

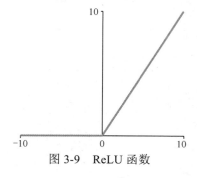

图 3-9 ReLU 函数

管是前向传播还是反向传播,都比 Sigmoid 函数和 tanh 函数要快很多(Sigmoid 函数和 tanh 函数要计算指数,计算速度会比较慢)。

当然,缺点也是有的:

(1)当输入是负数的时候,ReLU 函数是完全不被激活的,这表明一旦输入负数,ReLU 函数就会失效。这在前向传播过程中,还不算什么问题,因为有的区域是敏感的,有的区域是不敏感的。但是在反向传播过程中,输入负数,梯度就会完全到 0,这个和 Sigmoid 函数、tanh 函数有一样的问题。

(2)ReLU 函数的输出要么是 0,要么是正数,这也就是说,ReLU 函数也不是以 0 为中心的函数。

【例 3-3】 Python 绘制 ReLU 函数。

```python
import matplotlib.pyplot as plt
import mpl_toolkits.axisartist as axisartist
import numpy as np
fig = plt.figure(figsize=(6, 6))
ax = axisartist.Subplot(fig, 111)
fig.add_axes(ax)
ax.axis[:].set_visible(False) #隐藏坐标轴
#添加坐标轴
ax.axis['x'] = ax.new_floating_axis(0, 0)
ax.axis['y'] = ax.new_floating_axis(1, 0)
#x 轴添加箭头
ax.axis['x'].set_axisline_style('-|>', size=1.0)
ax.axis['y'].set_axisline_style('-|>', size=1.0)
#设置坐标轴刻度显示方向
ax.axis['x'].set_axis_direction('top')
ax.axis['y'].set_axis_direction('right')
plt.xlim(-10, 10)
plt.ylim(-0.1, 10)
x_1 = np.arange(0, 10, 0.1)
y_1 = x_1
x_axis = np.arange(-10, 10, 0.2)
y_axis = np.arange(-0, 1, 0.2)
#绘图并在图例中设置 ReLU 公式
plt.plot(x_1, y_1, 'r-', label=r'ReLU=$\{\stackrel{1, x>=0}{0, x<0}$')
x_2 = np.arange(-5, 0, 0.1)
y_2 = x_2 - x_2
plt.plot(x_2, y_2, 'r-')
plt.legend()
plt.show()
```

运行程序,效果如图 3-10 所示。

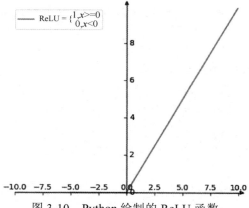

图 3-10 Python 绘制的 ReLU 函数

3.2.5 PReLU 激活函数

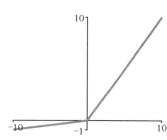

图 3-11 PReLU 函数

ReLU 函数的一个缺点是它对负数输入的零梯度。这可能会降低训练的速度，尤其是在初始阶段。在这种情况下，带参数的修正线性单元（PReLU）激活函数（简称 PReLU 函数，见图 3-11）会很有用，对于负数的输入，输出和梯度都不是零。PReLU 函数为

$$f(x) = \begin{cases} x, & x > 0 \\ ax, & x \leq 0 \end{cases}$$

PReLU 函数是针对 ReLU 函数的一个改进函数，在负数区域内，PReLU 函数有一个很小的斜率，这样也可以避免 ReLU 函数失效。相比 ReLU 函数，PReLU 函数在负数区域内进行线性运算，斜率虽然小，但是不会趋于 0。

在 PReLU 函数公式中，参数 a 一般取 0~1 的数，而且取值比较小，如零点零几。当 $a=0.01$ 时，我们称 PReLU 函数为 Leaky ReLU 函数，是 PReLU 函数的一种特殊情况。

【例 3-4】 利用 Python 绘制 PReLU 函数。

```
import matplotlib.pyplot as plt
import mpl_toolkits.axisartist as axisartist
import numpy as np
fig = plt.figure(figsize=(6, 6))
ax = axisartist.Subplot(fig, 111)
fig.add_axes(ax)
ax.axis[:].set_visible(False)    #隐藏坐标轴
#添加坐标轴
ax.axis['x'] = ax.new_floating_axis(0, 0)
ax.axis['y'] = ax.new_floating_axis(1, 0)
```

```
#x 轴添加箭头
ax.axis['x'].set_axisline_style('-|>', size=1.0)
ax.axis['y'].set_axisline_style('-|>', size=1.0)
#设置坐标轴刻度显示方向
ax.axis['x'].set_axis_direction('top')
ax.axis['y'].set_axis_direction('right')
plt.xlim(-10, 10)
plt.ylim(-10, 10)
x_1 = np.arange(0, 10, 0.1)
y_1 = x_1
x_axis = np.arange(-10, 10, 0.2)
y_axis = np.arange(-0, 1, 0.2)
#绘图并在图例中设置 PReLU 公式
plt.plot(x_1, y_1, 'r-', label=r'PReLU=$\{\stackrel{x,x>=0}{\alpha x, x<0}$')
x_2 = np.arange(-10, 0, 0.1)
y_2 = 0.3*x_2
plt.plot(x_2, y_2, 'r-')
plt.legend()
plt.show()
```

运行程序，效果如图 3-12 所示。

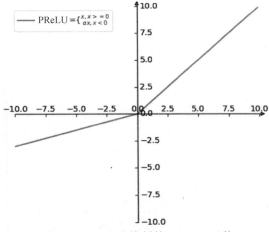

图 3-12 Python 绘制的 PReLU 函数

3.2.6 softmax 激活函数

softmax 激活函数常被用于多分类问题，其输出为不同类别的概率。假设我们需要处理一个包含 n 个类别的分类问题，那么所有类别的总输入可用下面的公式表示。

$$\boldsymbol{x} = [x^{(1)} x^{(2)} \cdots x^{(n)}]^{\mathrm{T}}$$

在这种情况下，可以通过 softmax 激活函数给出第 k 个类别的输出概率。

$$p^{(k)} = \frac{e^{x^{(k)}}}{\sum_{i=1}^{n} e^{x^{(i)}}}$$

还有很多其他激活函数，通常是这些基本激活函数的变形形式。

softmax 激活函数在机器学习中有非常广泛的应用，下面利用 softmax 激活函数对 MNIST 数据进行分类，演示 softmax 激活函数对分类的处理效果。

【例 3-5】 对 MNIST 数据进行分类处理。

```
import input_data
mnist = input_data.read_data_sets("/tmp/data/", one_hot=True)
import tensorflow as tf
#x 是一个 N×784 的矩阵，784 指的是 28×28 的图片拉伸为一行
x = tf.placeholder(tf.float32, [None, 784])
#用于存放真实标签
y_ = tf.placeholder("float", [None,10])
#Variable 是可以被修改的变量
W = tf.Variable(tf.zeros([784,10]))
b = tf.Variable(tf.zeros([10]))
#实现 softmax 激活函数的前向传播，y 是预测输出
y = tf.nn.softmax(tf.matmul(x,W) + b)
#训练模型，此处用的是交叉熵
cross_entropy = -tf.reduce_sum(y_*tf.log(y))
#用梯度下降法优化交叉熵，0.01 指的是学习率
train_step = tf.train.GradientDescentOptimizer(0.01).minimize(cross_entropy)
#启动 Session，初始化变量
init = tf.initialize_all_variables()
sess = tf.Session()
sess.run(init)
#训练模型
for i in range(1000):
    batch_xs, batch_ys = mnist.train.next_batch(100)
    sess.run(train_step, feed_dict={x: batch_xs, y_: batch_ys})
correct_prediction = tf.equal(tf.argmax(y,1), tf.argmax(y_,1))
#把布尔值转换成浮点数，然后取平均值
accuracy = tf.reduce_mean(tf.cast(correct_prediction, "float"))
#将预测集输入并输出准确率
print(sess.run(accuracy, feed_dict={x: mnist.test.images, y_: mnist.test.labels}))
```

运行程序，输出如下：

0.9182

3.3 反向传播

在反向传播方法中，采用梯度下降学习方法训练神经网络，其中混合权重向量 W 经过多次迭代更新，公式为

$$W^{(t+1)} = W^{(t)} - \eta \nabla C(W^{(t)})$$

式中，η 是学习率，$W^{(t+1)}$ 和 $W^{(t)}$ 分别是第 $t+1$ 和第 t 次迭代时的权重向量；$\nabla C(W^{(t)})$ 为损失函数（Cost Function）或残差函数（Error Function）针对权值矩阵 W 在第 t 次迭代时的梯度。权重或偏置 $w \in W$ 的算法可表示为

$$w^{(t+1)} = w^{(t)} - \eta \frac{\partial C(w^{(t)})}{\partial w}$$

通过公式可看到，梯度下降学习方法的核心依赖针对每个权值对损失函数或残差函数的梯度计算。

由微分链式法则可知，如果 $y = f(x)$，$z = f(x)$，那么下面的公式成立。

$$\frac{\partial z}{\partial x} = \frac{\partial z}{\partial y} \frac{\partial y}{\partial x}$$

这个公式可以扩展用于任意个数的变量。现在，来看一个非常简单的神经网络来理解反向传播算法，反向传播网络如图 3-13 所示。

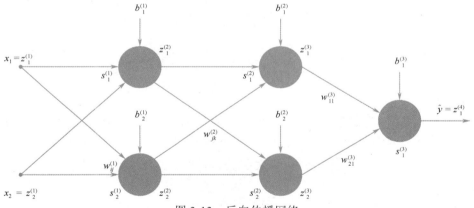

图 3-13　反向传播网络

假设网络的输入是一个二维向量 $\boldsymbol{x} = [x_1\ x_2]^T$，对应的标记输出和预测输出分别为 y 和 $\hat{y}$。同时，假设这个神经网络中的所有激活函数都是 Sigmoid。设连接第 $l-1$ 层的第 i 个单元和第 l 层的第 j 个单元的权值为 $w_{ij}^{(l)}$，第 l 层的第 i 个单元的偏置为 $b_i^{(l)}$。下面推导一个数据点的梯度；总梯度可以对训练（或者一个小批量）中使用的所有数据点求和得到。如果输出值是连续的，那么损失函数 C 可以选择使用预测误差的平方表示。

$$C = \frac{1}{2}(y - \hat{y})^2$$

神经网络中的权值和偏置（累积表示为向量 W）可以通过最小化损失函数得到。

$$\hat{W} = \arg\min_{W} C(W)$$

为了通过梯度下降迭代得到最小化损失函数，需要计算损失函数相对于每个权值 $w \in W$ 的梯度。

$$w^{(t+1)} = w^{(t)} - \eta \frac{\partial C(W)}{\partial w} | W = W^{(t)}$$

现在有了所需的一切，下面来计算损失函数 C 相对于权重 $w_{21}^{(3)}$ 的梯度。根据微分的链式法则，得到

$$\frac{\partial C}{\partial w_{21}^{(3)}} = \frac{\partial C}{\partial \hat{y}} \frac{\partial \hat{y}}{\partial s_1^{(3)}} \frac{\partial s_1^{(3)}}{\partial w_{21}^{(3)}}$$

我们来看一下这个公式：

$$\frac{\partial C}{\partial \hat{y}} = -(y - \hat{y}) = (\hat{y} - y)$$

由前面的公式可以发现，导数仅仅是预测的误差。在通常情况下，对于回归问题，输出单元的激活函数是线性的，因此下面的等式成立：

$$\frac{\partial \hat{y}}{\partial s_1^{(3)}} = 1$$

因此，如果要计算损失函数相对于总输入的梯度，它会是 $\frac{\partial \hat{y}}{\partial s_1^{(3)}}$。这依然等价于输出的预测误差。输出单元的总输入作为输入的权值和激活函数，可以表示为

$$s_1^{(3)} = w_{11}^{(3)} z_1^{(3)} + w_{21}^{(3)} z_2^{(3)} + b_1^{(3)}$$

这意味着，$\frac{\partial s_1^{(3)}}{\partial w_{21}^{(3)}} = z_2^{(3)}$ 和损失函数对权重 $w_{21}^{(3)}$ 的导数通过以下公式作为输出层的输入。

$$\frac{\partial C}{\partial w_{21}^{(3)}} = (\hat{y} - y) z_2^{(3)}$$

可以看出，在计算损失函数相对于最终输出层上一层权重的导数过程中，误差被反向传播。当计算损失函数相对于泛化权重 $w_{jk}^{(2)}$ 的梯度的时候，这一过程将会更加明显。当使用 $j=1$ 和 $k=2$ 的权值（$w_{12}^{(2)}$）时，损失函数 C 相对于这个权值的梯度为

$$\frac{\partial C}{\partial w_{12}^{(2)}} = \frac{\partial C}{\partial s_2^{(2)}} \frac{\partial s_2^{(2)}}{\partial w_{12}^{(2)}}$$

现在，$\frac{\partial s_2^{(2)}}{\partial w_{12}^{(2)}} = z_1^{(2)}$，这意味着 $\frac{\partial C}{\partial w_{12}^{(2)}} = \frac{\partial C}{\partial s_2^{(2)}} z_1^{(2)}$。

因此，如果计算出损失函数相对于神经元总输入的梯度为 $\frac{\partial C}{\partial s}$，则可以通过简单乘以该权重关联的激活函数 z 来得到影响总输入 s 的任意权重 w 的梯度。

损失函数相对于总输入 $s_2^{(2)}$ 的梯度可通过链式法则推导如下：

$$\frac{\partial C}{\partial s_2^{(2)}} = \frac{\partial C}{\partial s_1^{(3)}} \frac{\partial s_1^{(3)}}{\partial z_2^{(2)}} \frac{\partial z_2^{(2)}}{\partial s_2^{(2)}}$$

由于神经网络中的所有单元（除了输出单元）都是 Sigmoid 激活函数，因此下面的公式成立：

$$\frac{\partial z_2^{(3)}}{\partial s_2^{(2)}} = z_2^{(3)}(1 - z_2^{(3)})$$

$$\frac{\partial s_1^{(3)}}{\partial z_2^{(3)}} = w_{21}^{(3)}$$

结合以上公式，可得

$$\frac{\partial C}{\partial s_2^{(2)}} = \frac{\partial C}{\partial s_1^{(3)}} \frac{\partial s_1^{(3)}}{\partial z_2^{(3)}} \frac{\partial z_2^{(3)}}{\partial s_2^{(2)}} = (\hat{y} - y)w_{21}^{(3)}z_2^{(3)}(1 - z_2^{(3)})$$

在推导的梯度公式中可以看出，预测的误差 $(\hat{y} - y)$ 与对应的激活函数和权值组合，以计算每一层权值的梯度被反向传播。这就是反向传播算法名称的由来。

【例 3-6】 利用 Python 实现反向传播神经网络。

```python
import math
import random
random.seed(0)
def rand(a, b):
    """创建一个满足 a <= rand < b 的随机数"""
    return (b - a) * random.random() + a
def makeMatrix(I, J, fill=0.0):
    """创建一个矩阵（可以考虑用 NumPy 来加速）
    I: 行数；J: 列数；fill: 填充元素的值
    """
    m = []
    for i in range(I):
        m.append([fill] * J)
    return m
def randomizeMatrix(matrix, a, b):
    """随机初始化矩阵"""
    for i in range(len(matrix)):
        for j in range(len(matrix[0])):
            matrix[i][j] = random.uniform(a, b)
def sigmoid(x):
    """sigmoid 函数, 1/(1+e^-x)"""
    return 1.0 / (1.0 + math.exp(-x))
def dsigmoid(y):
    """sigmoid 函数的导数"""
    return y * (1 - y)
class NN:
    def __init__(self, ni, nh, no):
        #输入、隐藏和输出节点的数量
```

```python
        """构造神经网络
        ni:输入单元数量；nh:隐藏单元数量；no:输出单元数量
        """
        self.ni = ni + 1    #+1 是为了偏置节点
        self.nh = nh
        self.no = no
        #激活值（输出值）
        self.ai = [1.0] * self.ni
        self.ah = [1.0] * self.nh
        self.ao = [1.0] * self.no
        #权重矩阵
        self.wi = makeMatrix(self.ni, self.nh)   #输入层到隐藏层
        self.wo = makeMatrix(self.nh, self.no)   #隐藏层到输出层
        #将权重矩阵随机化
        randomizeMatrix(self.wi, -0.3, 0.3)
        randomizeMatrix(self.wo, -3.0, 3.0)
        #权重矩阵的上次梯度
        self.ci = makeMatrix(self.ni, self.nh)
        self.co = makeMatrix(self.nh, self.no)
    def runNN(self, inputs):
        """前向传播进行分类
        inputs:输入
        返回:类别
        """
        if len(inputs) != self.ni - 1:
            print ('输入错误数')
        for i in range(self.ni - 1):
            self.ai[i] = inputs[i]
        for j in range(self.nh):
            sum = 0.0
            for i in range(self.ni):
                sum += ( self.ai[i] * self.wi[i][j] )
            self.ah[j] = sigmoid(sum)
        for k in range(self.no):
            sum = 0.0
            for j in range(self.nh):
                sum += ( self.ah[j] * self.wo[j][k] )
            self.ao[k] = sigmoid(sum)
        return self.ao
    def backPropagate(self, targets, N, M):
        """后向传播算法
        targets: 实例的类别
```

```
            N: 本次学习率
            M: 上次学习率
            返回:最终的误差平方和的一半
            """
            #计算输出层 deltas
            output_deltas = [0.0] * self.no
            for k in range(self.no):
                error = targets[k] - self.ao[k]
                output_deltas[k] = error * dsigmoid(self.ao[k])
            #更新输出层权值
            for j in range(self.nh):
                for k in range(self.no):
                    change = output_deltas[k] * self.ah[j]
                    self.wo[j][k] += N * change + M * self.co[j][k]
                    self.co[j][k] = change
            #计算隐藏层 deltas
            hidden_deltas = [0.0] * self.nh
            for j in range(self.nh):
                error = 0.0
                for k in range(self.no):
                    error += output_deltas[k] * self.wo[j][k]
                hidden_deltas[j] = error * dsigmoid(self.ah[j])
            #更新输入层权值
            for i in range(self.ni):
                for j in range(self.nh):
                    change = hidden_deltas[j] * self.ai[i]
                    self.wi[i][j] += N * change + M * self.ci[i][j]
                    self.ci[i][j] = change
            #计算误差平方和
            error = 0.0
            for k in range(len(targets)):
                error = 0.5 * (targets[k] - self.ao[k]) ** 2
            return error
        def weights(self):
            """打印权值矩阵"""
            print( '输入权值:')
            for i in range(self.ni):
                print (self.wi[i])
            print()
            print ('输出权值:')
            for j in range(self.nh):
                print (self.wo[j])
```

```python
            print( '')
        def test(self, patterns):
            """测试
            param patterns:测试数据
            """
            for p in patterns:
                inputs = p[0]
                print ('输入:', p[0], '-->', self.runNN(inputs), '\t 目标', p[1])
        def train(self, patterns, max_iterations=1000, N=0.5, M=0.1):
            """训练
            patterns:训练集；max_iterations:最大迭代次数
            N:本次学习率；M:上次学习率
            """
            for i in range(max_iterations):
                for p in patterns:
                    inputs = p[0]
                    targets = p[1]
                    self.runNN(inputs)
                    error = self.backPropagate(targets, N, M)
                if i % 40 == 0:
                    print ('组合误差', error)
            self.test(patterns)
def main():
    pat = [
        [[0, 0], [1]],
        [[0, 1], [1]],
        [[1, 0], [1]],
        [[1, 1], [0]]   ]
    myNN = NN(2, 2, 1)
    myNN.train(pat)
if __name__ == "__main__":
    main()
```

运行程序，输出如下：

```
组合误差 0.19510300405084938
组合误差 0.16662016008343455
组合误差 0.10563899647971951
组合误差 0.062172273261800706
……
组合误差 0.0020263323002026263
组合误差 0.0018939312951278286
组合误差 0.0017764722344546366
组合误差 0.0016716486589227512
```

```
输入: [0, 0] --> [0.9984681893846706]      目标 [1]
输入: [0, 1] --> [0.9663071658244655]      目标 [1]
输入: [1, 0] --> [0.96444942945217]        目标 [1]
输入: [1, 1] --> [0.055981194858572524]    目标 [0]
```

3.4 卷积神经网络

卷积神经网络（Convolutional Neural Network，CNN）是一种前馈神经网络，它利用卷积计算从带有拓扑结构的数据中提取有用的信息。它对图像和音频数据的处理效果最好。输入的图像经过一个卷积层时，会产生多个输出图像，它们被称为输出特征图，用于检测特征。初始的卷积层中的输出特征图可以学习检测基本特征，如边缘和颜色组成变换。

第二个卷积层可以检测更复杂的特征，如正方形、圆形或其他几何形状。神经网络的层数越深，卷积层可以学习的特征越复杂。例如，如果一个 CNN 可以将图像分类为鸡或鸭，那么神经网络底部的卷积层也许可以学会检测诸如头或腿之类的特征。

图 3-14 为一个全连接神经网络与卷积神经网络的结构对比图。

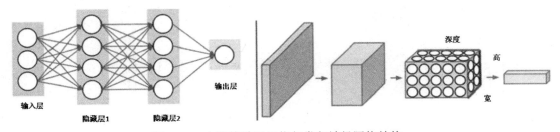

图 3-14　全连接神经网络与卷积神经网络结构

图 3-14 的左图为全连接神经网络（平面），由输入层、隐藏层（1、2）、输出层组成。图 3-14 的右图为卷积神经网络（立体），由输入层、卷积层、池化层、全连接层组成。在卷积神经网络中有一个重要的概念——深度。下面对卷积神经网络的卷积层与池化层进行简单介绍。

1．卷积层

卷积是指在原始的输入上进行特征提取。特征提取简言之就是在原始输入的一个小区域内进行特征的提取。如图 3-15 所示，左边方块是输入层，是尺寸为 32×32 的 3 通道图像。右边的小方块是 filter（过滤器），尺寸为 5×5，深度为 3。

将输入层划分为多个区域，用 filter 这个固定尺寸助手，在输入层做运算，最终得到一个深度为 1 的特征图。图 3-16 表示使用多个 filter 分别进行卷积，最终得到多个特征图。

图 3-17 使用了 6 个 filter 分别进行卷积特征提取，最终得到 6 个特征图。将这 6 层叠在一起就得到了卷积层的输出结果。

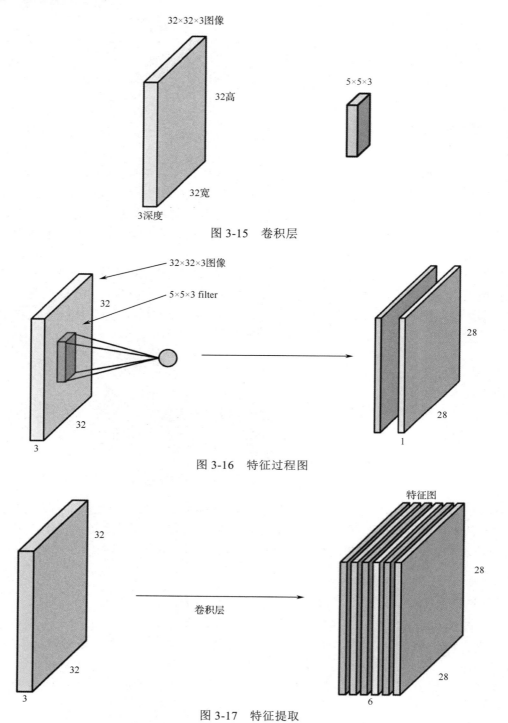

图 3-15 卷积层

图 3-16 特征过程图

图 3-17 特征提取

通常来说,一个卷积层后面跟着一个池化层,池化层汇总了由池的可接收字段决定邻域输出特征图的激活情况。下面来介绍池化层。

2. 池化层

如图 3-18 所示，池化就是对特征图进行特征压缩，池化也叫作下采样。选择原来某个区域的最大值（max）或平均值（mean）代替那个区域，整体就浓缩了。

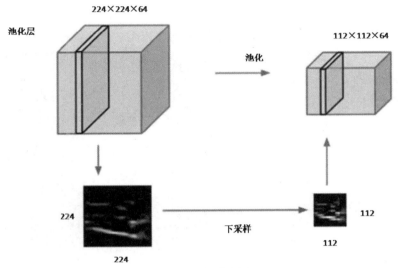

图 3-18　池化过程

图 3-19 演示了 pooling（池化）操作，需要指定一个 filter 的尺寸、stride（步长）、pooling 方式（max 或 mean）。

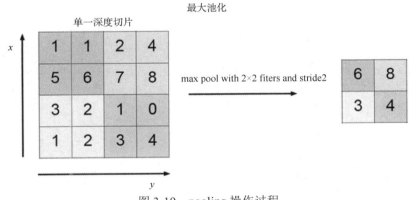

图 3-19　pooling 操作过程

需要注意的是，卷积操作减少了每一层需要学习的权重数量。例如，大小为 224×224 的输入图像输出到下一层的维度应该是 224×224，那么对于一个传统的全连接神经网络，需要学习的权重个数为 224×224×224×224。对于一个拥有同样输入和输出维度的卷积层，我们只需要学习滤波核函数的权值。因此，如果我们使用一个 3×3 的滤波核函数，则只需要学习 9 个权重，而不是 224×224×224×224 个权重。因为图像和音频的结构在局部空间中有高度的相关性，这个简化操作的效果很好。

输入图像会经过多层卷积和池化操作。随着网络层数的增加，特征图的个数也不断增加，同时图像的空间分辨率不断减小。在卷积-池化层的最后，特征图被传入全连接网络，最后是输出层。

输出单元依赖具体的任务。如果是回归问题，则输出单元的激活函数是线性的。如果是二元分类问题，则输出单元是 Sigmoid 类型的。对于多分类问题，输出单元是 softmax 类型的。

【例 3-7】 CNN 利用 Python 实现 MNIST 手写体识别。

```python
import numpy as np
"""数据加载器基类
28×28 的图片对象，每个图片对象根据需求判断是否转化成长度为 784 的行向量
每个对象的标签为 0~9 的数字，one-hot 编码成 10 维的向量
"""
class Loader(object):
    #初始化加载器
    def __init__(self, path, count):
        self.path = path       #path 为数据文件路径
        self.count = count     #count 为文件中的样本个数
    #读取文件内容
    def get_file_content(self):
        print(self.path)
        f = open(self.path, 'rb')
        content = f.read()     #读取字节流
        f.close()
        return content         #字节数组
"""图像数据加载器"""
class ImageLoader(Loader):
    """内部函数，从文件字节数组中获取第 index 个图像数据。文件中包含所有样本图片的数据。"""
    def get_picture(self, content, index):
        #文件头 16 字节，后面每 28×28 个字节为一个图片数据
        start = index * 28 * 28 + 16
        picture = []
        for i in range(28):
            picture.append([]) #图片添加一行像素
            for j in range(28):
                byte1 = content[start + i * 28 + j]
                picture[i].append(byte1)
        return picture         #图片为[[x,x,x...][x,x,x...][x,x,x...][x,x,x...]]的列表
    """将图像数据转化为 784 行向量的形式"""
    def get_one_sample(self, picture):
        sample = []
        for i in range(28):
```

```
            for j in range(28):
                sample.append(picture[i][j])
        return sample
    """加载数据文件，获得全部样本的输入向量。onerow 表示是否将每张图片转化为行向量，to2 表示是否转化为 0,1 矩阵"""
    def load(self,onerow=False):
        content = self.get_file_content()    #获取文件字节数组
        data_set = []
        for index in range(self.count):     #遍历每一个样本
            #从样本数据集中获取第 index 个样本的图片数据，返回的是二维数组
            onepic =self.get_picture(content, index)
            #将图像转化为一维向量形式
            if onerow: onepic = self.get_one_sample(onepic)
            data_set.append(onepic)
        return data_set
"""标签数据加载器"""
class LabelLoader(Loader):
    """加载数据文件，获得全部样本的标签向量"""
    def load(self):
        content = self.get_file_content()     #获取文件字节数组
        labels = []
        for index in range(self.count):     #遍历每一个样本
            onelabel = content[index + 8]    #文件头有 8 个字节
            onelabelvec = self.norm(onelabel) #one-hot 编码
            labels.append(onelabelvec)
        return labels
    """内部函数，one-hot 编码,将一个值转换为 10 维标签向量"""
    def norm(self, label):
        label_vec = []
        label_value = label
        for i in range(10):
            if i == label_value:
                label_vec.append(1)
            else:
                label_vec.append(0)
        return label_vec
"""获得训练数据集。onerow 表示是否将每张图片转化为行向量"""
def get_training_data_set(num,onerow=False):
    #参数为文件路径和加载的样本数量
    image_loader = ImageLoader('train-images.idx3-ubyte', num)
    #参数为文件路径和加载的样本数量
    label_loader = LabelLoader('train-labels.idx1-ubyte', num)
```

```python
            return image_loader.load(onerow), label_loader.load()
"""获得测试数据集。onerow 表示是否将每张图片转化为行向量"""
def get_test_data_set(num,onerow=False):
        #参数为文件路径和加载的样本数量
        image_loader = ImageLoader('t10k-images.idx3-ubyte', num)
        #参数为文件路径和加载的样本数量
        label_loader = LabelLoader('t10k-labels.idx1-ubyte', num)
        return image_loader.load(onerow), label_loader.load()
"""将一行 784 的行向量，打印成图形的样式"""
def printimg(onepic):
        onepic=onepic.reshape(28,28)
        for i in range(28):
                for j in range(28):
                        if onepic[i,j]==0: print('  ',end='')
                        else: print('* ',end='')
                print('')
if __name__=="__main__":
        #加载训练样本数据集和 one-hot 编码后的样本标签数据集
        train_data_set, train_labels = get_training_data_set(100)
        train_data_set = np.array(train_data_set)    #将图片简化为黑白图片
        train_labels = np.array(train_labels)
        onepic = train_data_set[12]    #取一个样本
        printimg(onepic)    #打印这一行所显示的图像
        print(train_labels[12].argmax())    #打印样本标签
```

运行程序，输出如下：

```
train-images.idx3-ubyte
train-labels.idx1-ubyte
            * * * * * * * * * * *
          * * * * * * * * * * * * *
          * * * * * * * * * * * * *
          * * * * *           * * * *
                              * * * * *
                            * * * * * *
                          * * * * * *
                        * * * * * * *
                      * * * * * * * *
                    * * * * * * * * *
                  * * * * * * * * * *
                * * * * * * * * * *
                              * * * * * * *
                                * * * * * *
                                  * * * * *
              * * *            * * * * * *
```

3.5 循环神经网络

循环神经网络（Recurrent Neural Network，RNN）在处理顺序或时间数据时十分有效，在特定时间或位置的这些数据与上一个时间或位置的数据强相关。

3.5.1 普通循环神经网络

RNN 在处理文本数据方面非常成功，因为给定位置的单词与它前一个单词有很大的相关性。在 RNN 的每一个时间步长内（Time Step）都执行相同的处理操作，因此用循环对 RNN 命名。如图 3-20 所示为 RNN 架构图。

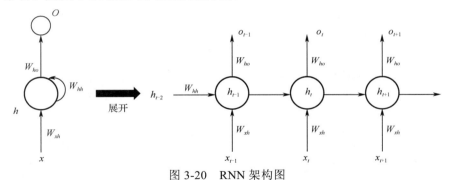

图 3-20　RNN 架构图

在每个给定的时间步长 t 上，根据之前在第 $t-1$ 步的状态 h_{t-1} 和输入 x_t 计算得出记忆状态 h_t。新的状态 h_t 用来预测第 t 步的输出 o_t。RNN 的核心公式为

$$h_t = f_1(W_{hh}h_{t-1} + W_{xh}x_t + b^{(1)})$$
$$o_t = f_2(W_{ho}h_t + b^{(2)})$$

如果预测一个句子的下一个单词，那么函数 f_2 通常是针对词汇表中所有单词的一个 softmax 函数。函数 f_1 可以是任意的激活函数。

在 RNN 中，第 t 步的输出误差试图通过传递前几步 $k \in 1,2,\cdots,t-1$ 的误差来修正前一步的预测。这有助于 RNN 学习距离较远单词之间的长度依赖关系。在现实中，由于梯度消失和梯度爆炸问题，很难通过 RNN 学习这么长的依赖关系。

我们已经知道，神经网络通过梯度下降进行学习，对于在第 t 个时间步长上的单词与在之前第 k 个时间步长上的单词之间的关系，可以通过记忆状态 $h_t^{(i)}$ 相对记忆状态 $h_k^{(i)}$（$\forall i$）的梯度来学习，如式（3-1）所示。

$$\frac{\partial h_t^{(i)}}{\partial h_k^{(i)}} = \prod_{g=k+1}^{t} \frac{\partial h_g^{(i)}}{\partial h_{g-1}^{(i)}} = \frac{\partial h_{k+1}^{(i)}}{\partial h_k^{(i)}} \frac{\partial h_{k+2}^{(i)}}{\partial h_{k+1}^{(i)}} \cdots \frac{\partial h_t^{(i)}}{\partial h_{t-1}^{(i)}} \qquad (3-1)$$

对于连接第 k 步记忆状态 $h_k^{(i)}$ 和第 $k+1$ 步记忆状态 $h_{k+1}^{(i)}$ 的权值 $u_{ii} \in W_{hh}$，等式（3-2）成立。

$$\frac{\partial h_{k+1}^{(i)}}{\partial h_k^{(i)}} = u_{ii} \frac{\partial f_2(s_{k+1}^{(i)})}{h_{k+1}^{(i)}} \qquad (3-2)$$

在上面的公式中，$s_{k+1}^{(i)}$ 是记忆状态在第 $k+1$ 步的总输入，如式（3-3）所示。

$$s_{k+1}^{(i)} = W_{hh}[i,:]h_k + W_{xh}[i,:]x_{i+1} = u_{ii}h_k^{(i)} + \sum_{j \neq i} u_{ij}h_k^{(j)} + W_{xh}[i,:]x_{i+1} \qquad (3-3)$$

到此很容易看出为什么梯度消失问题会发生在一个 CNN 里面。从式（3-1）和式（3-2）可以得出

$$\frac{\partial h_t^{(i)}}{\partial h_k^{(i)}} = (u_{ii})^{t-k} \prod_{k=1}^{t-1} \frac{\partial f_2(s_{k+1}^{(i)})}{\partial s_{k+1}^{(i)}} \qquad (3-4)$$

对于 RNN 而言，函数 f_2 通常是 Sigmoid 函数或 tanh 函数，这两个函数的输入在超过一定范围后会有很低的梯度，即出现饱和问题。现在，由于 f_2 的导数相乘，如果激活函数的输入在饱和区，即便 $t-k$ 的值不大，那么梯度 $\frac{\partial h_t^{(i)}}{\partial h_k^{(i)}}$ 也可能会变成零。即使函数 f_2 不在饱和区，函数 f_2 对 Sigmoid 函数的梯度也会总是小于 1，因此很难学习到一个序列中单词之间的远程距离依赖关系。相似地，$u_{ii}^{(t-k)}$ 可能会引起梯度爆炸问题。假设第 t 步和第 k 步之间的距离大约是 10，而权值 u_{ii} 的值大约是 2，在这种情况下，梯度会被放大（$2^{10}=1024$），从而导致梯度爆炸问题。

【例 3-8】 用 RNN 学习二进制加法，实现：（1）学习当前位的加法；（2）学习前一位的进位。

```
#导入必要的库
import copy,numpy as np
#初始化随机种子
np.random.seed(0)
def sigmoid(inX):
    return 1/(1+np.exp(-inX))
def sigmoid_output_to_derivative(output):
    return output*(1-output)
int2binary={}   #字典格式
binary_dim=8    #二进制最多 8 位，即 2 的 8 次方
#二进制和十进制的对应
largest_number=pow(2,binary_dim )
binary = np.unpackbits(np.array([range(largest_number)],dtype=np.uint8).T,axis=1)
#unpackbits 函数可以把整数转化成二进制数
for i in range(largest_number ):
    int2binary[i]=binary[i]
#对网络进行初始化
```

```python
alpha=0.12
input_dim=2    #两个数相加
hidden_dim=16
output_dim=1
#权重值的初始化操作
synapse_0=2*np.random.random((input_dim, hidden_dim))-1
synapse_1=2*np.random.random((hidden_dim, output_dim))-1
synapse_h=2*np.random.random((hidden_dim, hidden_dim))-1
#反向传播更新的参数保存在这里
synapse_0_update=np.zeros_like(synapse_0)
synapse_1_update=np.zeros_like(synapse_1)
synapse_h_update=np.zeros_like(synapse_h)

#10000 次迭代
for j in range(10000):
    #实现 a+b=c
    a_int=np.random.randint(largest_number/2)
    a=int2binary[a_int]
    b_int = np.random.randint(largest_number / 2)
    b = int2binary[b_int]
    c_int=a_int+b_int
    c=int2binary[c_int]       #是 label 值
    d=np.zeros_like(c)        #保存预测值
    overallError = 0          #保存损失值
    layer_2_deltas=list()
    layer_1_values=list()    #上一个阶段的值
    layer_1_values.append(np.zeros(hidden_dim))
    for position in range(binary_dim ):
        x=np.array([[a[binary_dim -position-1],b[binary_dim -position-1]]])
        y=np.array([[c[binary_dim -position-1]]])
        layer_1=sigmoid(np.dot(x,synapse_0)+np.dot(layer_1_values[-1],synapse_h))
        """
        dot()返回的是两个数组的点积（dot product）
        如果处理的是一维数组，则得到的是两数组的内积
        如果是二维数组（矩阵）之间的运算，则得到的是矩阵积"""
        layer_2=sigmoid(np.dot(layer_1,synapse_1 ))
        layer_2_error=y-layer_2
        layer_2_deltas.append((layer_2_error)*sigmoid_output_to_derivative(layer_2))
        overallError += np.abs(layer_2_error[0])
        d[binary_dim-position-1]=np.round(layer_2[0][0])
        #函数原型是：round(flt, ndig=0),其中 ndig 是小数点的后面几位（默认为 0），然后
对原浮点数进行四舍五入的操作
```

```
            layer_1_values.append(copy.deepcopy(layer_1))
            future_layer_1_delta=np.zeros(hidden_dim)    #循环结构传下来的
            for position in range(binary_dim):
                x=np.array([[a[position],b[position]]])
                layer_1=layer_1_values[-position-1]
                prev_layer_1=layer_1_values[-position-2]
                layer_2_delta=layer_2_deltas[-position-1]
layer_1_delta=(future_layer_1_delta.dot(synapse_h.T)+layer_2_delta .dot(synapse_1 .T))*sigmoid_output_to
_derivative(layer_1)
                #参数更新
                synapse_1_update +=np.atleast_2d(layer_1).T.dot(layer_2_delta)
                #维度改变:atleast_xd 支持将输入数据直接视为 x 维。这里的 x 可以表示：1,2,3
                synapse_h_update +=np.atleast_2d(prev_layer_1).T.dot(layer_1_delta)
                synapse_0_update +=x.T.dot(layer_1_delta)
                future_layer_1_delta =layer_1_delta

            synapse_0 +=synapse_0_update *alpha
            synapse_1 +=synapse_1_update *alpha
            synapse_h +=synapse_h_update *alpha
            synapse_0_update *=0
            synapse_1_update *=0
            synapse_h_update *=0

            if(j%1000 == 0):
                print("Error:", str(overallError))
                print("Pred:", str(d))
                print("True", str(c))
                out = 0
                for index,x in enumerate(reversed(d)):
                    out += x * pow(2, index)
                print(str(a_int)+"+ " +   str(b_int)+"="+str(out))
                print("------------------------------")
```

运行程序，输出如下：

```
Error: [3.45638663]
Pred: [0 0 0 0 0 0 0 1]
True [0 1 0 0 0 1 0 1]
9+ 60=1
------------------------------
Error: [3.60040844]
Pred: [1 1 1 1 1 1 1 1]
True [0 0 1 1 1 1 1 1]
```

```
28+ 35=255
-----------------------------
Error: [3.8613427]
Pred: [0 1 0 0 1 0 0 0]
True [1 0 1 0 0 0 0 0]
116+ 44=72
-----------------------------
Error: [3.27826927]
Pred: [0 1 0 1 1 1 1 1]
True [0 1 0 0 1 1 0 1]
4+ 73=95
-----------------------------
Error: [2.73385976]
Pred: [0 1 0 1 1 0 0 0]
True [0 1 0 1 0 0 1 0]
71+ 11=88
-----------------------------
```

3.5.2 长短期记忆单元

梯度消失问题在一定程度上可以通过一个改进版本的 RNN 解决，它叫长短期记忆（Long Short-Term Memory，LSTM）单元。长短期记忆单元的架构如图 3-21 所示。

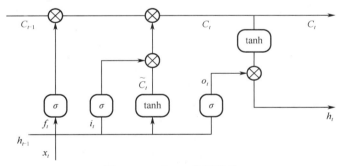

图 3-21 LSTM 单元架构

除了在学习 RNN 时知道的记忆状态 h_t，LSTM 单元还引入了单元状态 C_t。单元状态由 3 个门控制：遗忘门、更新门和输出门。遗忘门决定了从之前的单元状态 C_{t-1} 保留多少信息，它的输出为

$$f_t = \sigma(U_f h_{t-1} + W_f x_t) \qquad (3\text{-}5)$$

更新门的输出为

$$i_t = \sigma(U_i h_{h-t} + W_i x_t) \qquad (3\text{-}6)$$

潜在的候选新单元状态 $\tilde{C}_t$ 可以表示为

$$\tilde{C}_t = \tanh(U_c h_{t-1} + W_o x_t) \qquad (3\text{-}7)$$

根据之前的单元状态和当前的潜在单元状态，更新后的单元状态输出可以从式（3-8）得到。

$$C_i = f_t \times C_{t-1} + i_t \times \tilde{C}_t \tag{3-8}$$

单元状态的所有信息不会全部被遗传至下一步，而由输出门决定单元状态的多少信息可以输出到下一步。输出门的输出为

$$o_t = \sigma(U_o h_{t-1} + W_o x_t) \tag{3-9}$$

基于当前的单元状态和输出门，更新后的记忆状态被传递到下一步。

$$h_t = o_t \times \tanh(C_t)$$

现在存在一个问题：LSTM 单元如何避免梯度消失的问题。在 LSTM 单元中，$\dfrac{\partial h_t^{(i)}}{\partial h_k^{(i)}}$ 等价于 $\dfrac{\partial C_t^{(i)}}{\partial C_k^{(i)}}$，后者可以用式（3-10）的乘积形式表达。

$$\frac{\partial C_t^{(i)}}{\partial C_k^{(i)}} = \prod_{g=k+1}^{t} \frac{\partial C_g^{(i)}}{\partial C_{g-1}^{(i)}} = \frac{\partial C_{k+1}^{(i)}}{\partial C_k^{(i)}} \frac{\partial C_{k+2}^{(i)}}{\partial C_{k+1}^{(i)}} \cdots \frac{\partial C_t^{(i)}}{\partial C_{t-1}^{(i)}} \tag{3-10}$$

此时，单元状态中的循环为

$$C_t^{(i)} = f_t^{(i)} C_{t-1}^{(i)} + i_t^{(i)} \tilde{C}_t^{(i)} \tag{3-11}$$

从上面的公式可以得到

$$\frac{\partial C_t^{(i)}}{\partial C_{t-1}^{(i)}} = f_t^{(i)} \tag{3-12}$$

结果，梯度表达式 $\dfrac{\partial C_t^{(i)}}{\partial C_k^{(i)}}$ 变成式（3-13）的形式

$$\frac{\partial C_t^{(i)}}{\partial C_k^{(i)}} = \prod_{g=k+1}^{t} \frac{\partial C_g^{(i)}}{\partial C_{g-1}^{(i)}} = \prod_{g=k+1}^{t} f_g^{(i)} \tag{3-13}$$

可以看到，如果我们保持遗忘单元状态接近 1，那么梯度将几乎没有衰减，因此 LSTM 单元不会导致梯度消失问题。

【例 3-9】 利用 Python 实现单层和多层 LSTM 单元。

```
import tensorflow as tf
import numpy as np
from tensorflow.contrib import rnn
from tensorflow.examples.tutorials.mnist import input_data

#设置 GPU 按需增长
config = tf.ConfigProto()
config.gpu_options.allow_growth = True
sess = tf.Session(config=config)
#首先导入数据，看一下数据的形式
mnist = input_data.read_data_sets('MNIST_data', one_hot=True)
print(mnist.train.images.shape)
```

```python
"""首先设置好模型用到的各个超参数"""
lr = 1e-3
input_size = 28          #每个时刻的输入特征是28维的,就是每个时刻输入一行,一行有 28 个像素
timestep_size = 28       #时序持续长度为28,即每做一次预测,需要先输入28 行
hidden_size = 256        #隐藏层的数量
layer_num = 2            #LSTM layer 的层数
class_num = 10           #最后输出分类类别数量,如果是回归预测则应该是 1
_X = tf.placeholder(tf.float32, [None, 784])
y = tf.placeholder(tf.float32, [None, class_num])
#在训练和测试的时候,我们想用不同的 batch_size,所以采用占位符的方式
batch_size = tf.placeholder(tf.int32, [])   #注意类型必须为 tf.int32, batch_size = 128
keep_prob = tf.placeholder(tf.float32, [])

"""开始搭建 LSTM 模型"""
#RNN 的输入 shape = (batch_size, timestep_size, input_size)
X = tf.reshape(_X, [-1, 28, 28])
#创建多层 LSTM
def lstm_cell():
    cell = rnn.LSTMCell(hidden_size, reuse=tf.get_variable_scope().reuse)
    return rnn.DropoutWrapper(cell, output_keep_prob=keep_prob)
mlstm_cell = tf.contrib.rnn.MultiRNNCell([lstm_cell() for _ in range(layer_num)], state_is_tuple = True)
#用全零来初始化 state
init_state = mlstm_cell.zero_state(batch_size, dtype=tf.float32)
#通过调用__call__(),展开实现 LSTM 单元按时间步长迭代
outputs = list()
state = init_state
with tf.variable_scope('RNN'):
    for timestep in range(timestep_size):
        if timestep > 0:
            tf.get_variable_scope().reuse_variables()
        #这里的 state 保存了每一层 LSTM 单元的状态
        (cell_output, state) = mlstm_cell(X[:, timestep, :],state)
        outputs.append(cell_output)
h_state = outputs[-1]

"""最后设置 loss function 和优化器,展开训练并完成测试"""
#开始训练和测试
W = tf.Variable(tf.truncated_normal([hidden_size, class_num], stddev=0.1), dtype=tf.float32)
bias = tf.Variable(tf.constant(0.1,shape=[class_num]), dtype=tf.float32)
```

```
y_pre = tf.nn.softmax(tf.matmul(h_state, W) + bias)
#损失和评估函数
cross_entropy = -tf.reduce_mean(y * tf.log(y_pre))
train_op = tf.train.AdamOptimizer(lr).minimize(cross_entropy)
correct_prediction = tf.equal(tf.argmax(y_pre,1), tf.argmax(y,1))
accuracy = tf.reduce_mean(tf.cast(correct_prediction, "float"))
sess.run(tf.global_variables_initializer())
for i in range(2000):
    _batch_size = 128
    batch = mnist.train.next_batch(_batch_size)
    if (i+1)%200 == 0:
        train_accuracy = sess.run(accuracy, feed_dict={
            _X:batch[0], y: batch[1], keep_prob: 1.0, batch_size: _batch_size})
        #已经迭代完成的 epoch 数: mnist.train.epochs_completed
        print ("Iter%d, step %d, training accuracy %g" % ( mnist.train.epochs_completed, (i+1), train_accuracy))
    sess.run(train_op, feed_dict={_X: batch[0], y: batch[1], keep_prob: 0.5, batch_size: _batch_size})
#计算测试数据的准确率
print ("test accuracy %g"% sess.run(accuracy, feed_dict={_X: mnist.test.images, y: mnist.test.labels, keep_prob: 1.0, batch_size:mnist.test.images.shape[0]}))
```

运行程序，输出如下：

```
Extracting MNIST_data\train-images-idx3-ubyte.gz
Extracting MNIST_data\train-labels-idx1-ubyte.gz
Extracting MNIST_data\t10k-images-idx3-ubyte.gz
Extracting MNIST_data\t10k-labels-idx1-ubyte.gz
(55000, 784)
Iter0, step 200, training accuracy 0.914062
Iter0, step 400, training accuracy 0.929688
Iter1, step 600, training accuracy 0.984375
Iter1, step 800, training accuracy 0.960938
Iter2, step 1000, training accuracy 0.960938
Iter2, step 1200, training accuracy 0.984375
Iter3, step 1400, training accuracy 0.96875
Iter3, step 1600, training accuracy 0.992188
Iter4, step 1800, training accuracy 0.984375
Iter4, step 2000, training accuracy 0.976562
test accuracy 0.9821
```

3.6 生成对抗网络

生成对抗网络（Generative Adversarial Network，GAN）是通过生成器 G 来学习特定概率分布的生成模型。生成器 G 与判别器 D 进行一个零和极小极大博弈，同时二者均随时间进化，直到达到纳什均衡（Nash Equilibrium）。生成器 G 尝试产生与给定的概率分布 $P(x)$ 相似的样例，判别器 D 试图从原始的分布中区分生成器 G 产生的假样例。生成器 G 尝试转换从一个噪声分布 $P(z)$ 中提取的样例 z，来产生与 $P(x)$ 相似的样例。判别器 D 学习标记生成器 G 生成的假样例为 $G(z)$，将真样例标记为 $P(x)$。在极小极大博弈的均衡中，生成器会学习产生与 $P(x)$ 相似的样例，因此下面的表达式成立。

$$P(G(z)) \sim P(x)$$

图 3-22 展示了一个学习 MNIST 数字概率分布的 GAN 网络。

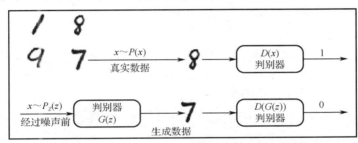

图 3-22　学习 MNIST 数字概率分布的 GAN 网络

判别器最小化的损失函数是二元分类问题的交叉熵，用于区分概率分布 $P(x)$ 中的真实数据和生成器（即 $G(z)$）产生的假数据。

$$U(G,D) = -E_{x\sim P(x)}[\log D(x)] - E_{G(z)\sim P(G(z))}[\log(1-D(G(z)))] \quad (3\text{-}14)$$

生成器将尝试最大化给出同一个损失函数。这意味着，这个最优化问题可以通过效用函数（Utility Function）$U(G,D)$ 表示成一个极小极大博弈。

$$\min_D \max_G U(G,D) = \min_D \max_G \{-E_{x\sim P(x)}[\log D(x)] - E_{G(z)\sim P(G(z))}[\log(1-D(G(z)))]\} \quad (3\text{-}15)$$

通常来说，可以用 f 散度（f-Divergence）来计算两个概率分布的距离，如 Kullback-Leibler（KL）散度、Jensen Shannon 散度及 Bhattacharyya 散度。可以通过以下公式表示两个概率分布 P 和 Q 相对 P 的 KL 散度（KLD）。

$$\text{KLD}(P\|Q) = E_p \log \frac{P}{Q}$$

相似地，P 和 Q 之间的 Jensen Shannon 散度（JSD）用如下公式表示。

$$\text{JSD}(P\|Q) = E_p \log \frac{P}{\frac{P+Q}{2}} + E_Q \log \frac{Q}{\frac{P+Q}{2}}$$

因此，式（3-15）可以改写为

$$\min_D \max_G U(G,D) = \min_D \max_G \{-E_{x \sim P(x)}[\log D(x)] - E_{x \sim G(x)}[\log(1-D(x))]\} \quad (3\text{-}16)$$

这里，$G(x)$是生成器的概率分布。通过将它的期望结果展开为积分形式，可以得到

$$U(G,D) = -\int_{x \sim P(x)} P(x)[\log D(x)] = \mathrm{d}x - \int_{x \sim G(x)} [\log(1-D(x))] = \mathrm{d}x \quad (3\text{-}17)$$

对于固定的生成器分布$G(x)$，当式（3-18）为真时，效用函数的值最小。

$$D(x) = \hat{D}(x) = \frac{P(x)}{P(x) + G(x)} \quad (3\text{-}18)$$

将式（3-18）中的$D(x)$替换至式（3-16），可以得到

$$V(G,\hat{D}) = -E_{x \sim P(x)} \log \frac{P(x)}{P(x)+G(x)} - E_{x \sim G(x)} \log \frac{G(x)}{P(x)+G(x)} \quad (3\text{-}19)$$

现在，生成器的任务是最大化效用$V(G,\hat{D})$，或最小化效用$-V(G,\hat{D})$，后者的表达式可被整理为

$$-V(G,\hat{D}) = E_{x \sim P(x)} \log \frac{P(x)}{P(x)+G(x)} + E_{x \sim G(x)} \log \frac{G(x)}{P(x)+G(x)}$$

$$= -\log 4 + E_{x \sim P(x)} \log \frac{P(x)}{\frac{P(x)+G(x)}{2}} + E_{x \sim G(x)} \log \frac{G(x)}{\frac{P(x)+G(x)}{2}}$$

$$= -\log 4 + \mathrm{JSD}(P \| G)$$

因此，生成器最小化$-V(G,\hat{D})$等价于真实分布$P(x)$和生成器G（即$G(x)$）产生样例的分布之间的Jensen Shannon散度的最小化。

【例 3-10】 演示 Python 实现对抗生成网络。

```
import tensorflow as tf
import numpy as np
import pickle
import matplotlib.pyplot as plt
from tensorflow.examples.tutorials.mnist import input_data
from matplotlib.font_manager import FontProperties

plt.rcParams['font.sans-serif'] =['SimHei']   #显示中文标签
mnist = input_data.read_data_sets('/data')
'''真实数据和噪声数据'''
def get_inputs(real_size, noise_size):
    real_img = tf.placeholder(tf.float32, [None, real_size])
    noise_img = tf.placeholder(tf.float32, [None, noise_size])
    return real_img, noise_img
''' 创建生成器'''
def get_generator(noise_img, n_units, out_dim, reuse=False, alpha=0.01):
    with tf.variable_scope("generator", reuse=reuse):
        #隐藏层
        hidden1 = tf.layers.dense(noise_img, n_units)
```

```python
            #ReLU 激活
            hidden1 = tf.maximum(alpha * hidden1, hidden1)
            #dropout
            hidden1 = tf.layers.dropout(hidden1, rate=0.2)
            #分对数和输出
            logits = tf.layers.dense(hidden1, out_dim)
            outputs = tf.tanh(logits)
            return logits, outputs
'''创建判别器'''
def get_discriminator(img, n_units, reuse=False, alpha=0.01):
    with tf.variable_scope("discriminator", reuse=reuse):
        #隐藏层
        hidden1 = tf.layers.dense(img, n_units)
        hidden1 = tf.maximum(alpha * hidden1, hidden1)
        #logits 与输出
        logits = tf.layers.dense(hidden1, 1)
        outputs = tf.sigmoid(logits)
        return logits, outputs
'''网络参数定义'''
img_size = mnist.train.images[0].shape[0]
noise_size = 100
g_units = 128
d_units = 128
learning_rate = 0.001
alpha = 0.01
##构建网络
tf.reset_default_graph()
real_img, noise_img = get_inputs(img_size, noise_size)
#生成器
g_logits, g_outputs = get_generator(noise_img, g_units, img_size)
#判别器
d_logits_real, d_outputs_real = get_discriminator(real_img, d_units)
d_logits_fake, d_outputs_fake = get_discriminator(g_outputs, d_units, reuse=True)
'''目标函数：
（1）对于生成网络，要使得生成结果通过判别网络为真
（2）对于判别网络，要使得输入为真实图像时判别为真，输入为生成图像时判别为假
'''
#判别器的损失函数，识别真实图片
d_loss_real = tf.reduce_mean(tf.nn.sigmoid_cross_entropy_with_logits(logits=d_logits_real,
                                            labels=tf.ones_like(d_logits_real)))
#识别生成的图片
d_loss_fake = tf.reduce_mean(tf.nn.sigmoid_cross_entropy_with_logits(logits=d_logits_fake,
```

```python
                             labels=tf.zeros_like(d_logits_fake)))
    #总体损失函数
    d_loss = tf.add(d_loss_real, d_loss_fake)
    #生成器的损失函数
    g_loss = tf.reduce_mean(tf.nn.sigmoid_cross_entropy_with_logits(logits=d_logits_fake,
                             labels=tf.ones_like(d_logits_fake)))
    ##优化器
    train_vars = tf.trainable_variables()
    #生成器
    g_vars = [var for var in train_vars if var.name.startswith("generator")]
    #判别器
    d_vars = [var for var in train_vars if var.name.startswith("discriminator")]
    #优化
    d_train_opt = tf.train.AdamOptimizer(learning_rate).minimize(d_loss, var_list=d_vars)
    g_train_opt = tf.train.AdamOptimizer(learning_rate).minimize(g_loss, var_list=g_vars)
    ##训练
    batch_size = 64      #batch 大小
    #训练迭代轮数
    epochs = 300
    #抽取样本数
    n_sample = 25
    #存储测试样例
    samples = []
    #存储损失函数
    losses = []
    #保存生成器变量
    saver = tf.train.Saver(var_list = g_vars)
    #开始训练
    with tf.Session() as sess:
        sess.run(tf.global_variables_initializer())
        for e in range(epochs):
            for batch_i in range(mnist.train.num_examples//batch_size):
                batch = mnist.train.next_batch(batch_size)

                batch_images = batch[0].reshape((batch_size, 784))
                #对图像像素进行 scale，这是因为 tanh 函数输出的结果介于(-1,1)，real 和 fake
图片共享判别器的参数
                batch_images = batch_images*2 - 1
                #生成器的输入噪声
                batch_noise = np.random.uniform(-1, 1, size=(batch_size, noise_size))
                #运行优化
```

```python
            _ = sess.run(d_train_opt, feed_dict={real_img: batch_images, noise_img: batch_noise})
            _ = sess.run(g_train_opt, feed_dict={noise_img: batch_noise})
        #每一轮结束计算损失函数
        train_loss_d = sess.run(d_loss,
                                feed_dict = {real_img: batch_images,
                                             noise_img: batch_noise})
        #真实图像算损失函数
        train_loss_d_real = sess.run(d_loss_real,
                                     feed_dict = {real_img: batch_images,
                                                  noise_img: batch_noise})
        #假的图像算损失函数
        train_loss_d_fake = sess.run(d_loss_fake,
                                     feed_dict = {real_img: batch_images,
                                                  noise_img: batch_noise})
        #生成器算损失函数
        train_loss_g = sess.run(g_loss,
                                feed_dict = {noise_img: batch_noise})
        print("Epoch {}/{}...".format(e+1, epochs),
              "判别器损失: {:.4f}(判别真实的: {:.4f} + 判别生成的: {:.4f})...".format(train_loss_d, train_loss_d_real, train_loss_d_fake),
              "生成器损失: {:.4f}".format(train_loss_g))

        losses.append((train_loss_d, train_loss_d_real, train_loss_d_fake, train_loss_g))
        #保存样本
        sample_noise = np.random.uniform(-1, 1, size=(n_sample, noise_size))
        gen_samples = sess.run(get_generator(noise_img, g_units, img_size, reuse=True),
                               feed_dict={noise_img: sample_noise})
        samples.append(gen_samples)
        saver.save(sess, './checkpoints/generator.ckpt')
#保存到本地
with open('train_samples.pkl', 'wb') as f:
    pickle.dump(samples, f)
##loss 迭代曲线
fig, ax = plt.subplots(figsize=(20,7))
losses = np.array(losses)
plt.plot(losses.T[0], label='判别器总损失')
plt.plot(losses.T[1], label='判别真实损失')
plt.plot(losses.T[2], label='判别生成损失')
plt.plot(losses.T[3], label='生成器损失')
plt.title("生成对抗网络")
ax.set_xlabel('epoch')
```

```python
plt.legend()
plt.show()
##生成结果
#在训练时从生成器中加载样本
with open('train_samples.pkl', 'rb') as f:
    samples = pickle.load(f)
#samples 是保存的结果,epoch 是第多少次迭代
def view_samples(epoch, samples):
    fig, axes = plt.subplots(figsize=(7,7), nrows=5, ncols=5, sharey=True, sharex=True)
    for ax, img in zip(axes.flatten(), samples[epoch][1]): #这里 samples[epoch][1]代表生成的图像结果,而[0]代表对应的 logits
        ax.xaxis.set_visible(False)
        ax.yaxis.set_visible(False)
        im = ax.imshow(img.reshape((28,28)), cmap='Greys_r')
    return fig, axes
_ = view_samples(-1, samples)     #显示最终的生成结果
##显示整个生成过程图片
epoch_idx = [15, 35, 65, 95, 125, 155, 185, 215, 245, 295] ##指定要查看的轮次
show_imgs = []
for i in epoch_idx:
    show_imgs.append(samples[i][1])
rows, cols = 10, 25     #指定图片形状
fig, axes = plt.subplots(figsize=(30,12), nrows=rows, ncols=cols, sharex=True, sharey=True)
idx = range(0, epochs, int(epochs/rows))
for sample, ax_row in zip(show_imgs, axes):
    for img, ax in zip(sample[::int(len(sample)/cols)], ax_row):
        ax.imshow(img.reshape((28,28)), cmap='Greys_r')
        ax.xaxis.set_visible(False)
        ax.yaxis.set_visible(False)
###生成新的图片
saver = tf.train.Saver(var_list=g_vars) #加载我们的生成器变量
with tf.Session() as sess:
    saver.restore(sess, tf.train.latest_checkpoint('checkpoints'))
    sample_noise = np.random.uniform(-1, 1, size=(25, noise_size))
    gen_samples = sess.run(get_generator(noise_img, g_units, img_size, reuse=True),
                           feed_dict={noise_img: sample_noise})
_ = view_samples(0, [gen_samples])
```

运行程序,输出如下,效果如图 3-23 所示。

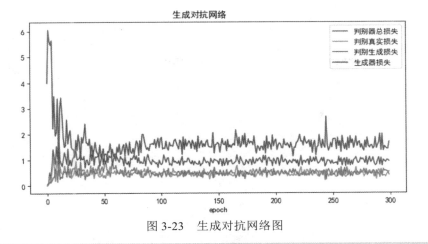

图 3-23 生成对抗网络图

　　　　Epoch 1/300... 判别器损失: 0.0583(判别真实的: 0.0090 + 判别生成的: 0.0492)... 生成器损失: 3.6256

　　　　Epoch 2/300... 判别器损失: 0.7584(判别真实的: 0.2299 + 判别生成的: 0.5285)... 生成器损失: 2.3583

　　　　Epoch 3/300... 判别器损失: 2.9231(判别真实的: 1.0314 + 判别生成的: 1.8917)... 生成器损失: 1.3476

　　　　……

　　　　Epoch 298/300... 判别器损失: 0.8820(判别真实的: 0.4957 + 判别生成的: 0.3863)... 生成器损失: 1.7100

　　　　Epoch 299/300... 判别器损失: 0.9507(判别真实的: 0.6000 + 判别生成的: 0.3506)... 生成器损失: 1.5599

　　　　Epoch 300/300... 判别器损失: 0.8177(判别真实的: 0.4307 + 判别生成的: 0.3870)... 生成器损失: 1.7543

3.7 强化学习

　　强化学习（Reinforcement Learning）是机器学习的一个分支，它可以让机器或者机器人在特定的情景下通过执行特定的动作来最大化某种形式的奖励。强化学习与监督学习和非监督学习不同，强化学习在博弈论、控制系统、机器人和其他新兴的人工智能领域中被广泛应用。图 3-24 描绘了强化学习模型中机器人和环境的交互。

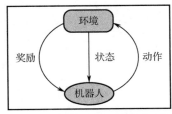

图 3-24　强化学习模型中机器人和环境的交互

3.7.1 Q 学习

下面我们来看一下强化学习领域的常用学习算法，称为 Q 学习（Q-Learning）。Q 学习用于在一个给定的有限马尔可夫决策过程中得到最优的动作选择策略。一个马尔可夫决策过程（Markov Decision Process）由以下几项定义：状态空间 S、动作空间 A、立即奖励集合 R、从当前状态 $S^{(t)}$ 到下一个状态 $S^{(t+1)}$ 的概率 $P(S^{(t+1)}/S^{(t)};r^{(t)})$、当前的动作 $a^{(t)}$ 和一个折扣因子 γ。图 3-25 描述了一个马尔可夫决策过程，其中下一个状态依赖当前状态和当前状态采取的动作。

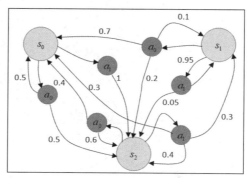

图 3-25　马尔可夫决策过程

假设我们有一系列状态、动作和对应的奖励，如

$$s^{(1)},a^{(1)},r^{(1)},s^{(2)},a^{(2)},r^{(2)},\cdots,s^{(t)},a^{(t)},r^{(t)},s^{(t+1)},\cdots,s^{(T)},a^{(T)},r^{(T)}$$

如果考虑长期奖励，即在第 t 步的奖励 R_t，那么它等于从第 t 步到最后每一步的立即奖励之和。

$$R_t = r_t + r_{t+1} + \cdots + r_T$$

由于马尔可夫决策过程是一个随机过程，根据每次的状态 $S^{(t)}$ 和动作 $a^{(t)}$ 无法得到相同的下一步状态 $S^{(t+1)}$，因此，对未来的奖励使用一个折扣因子 γ。这意味着，长期奖励最好表示为

$$R_t = r_t + \gamma r_{t+1} + \gamma^2 r_{t+2} + \cdots + \gamma^{(T-t)} r_T = r_t + \gamma(r_{t+1} + \gamma r_{t+2} + \cdots + \gamma^{(T-t-1)} r_T) = r_t + \gamma R_{t+1}$$

由于在第 t 步的立即奖励已经被实现，因此为了最大化长期奖励，需要在第 $t+1$ 步选择最优的动作来最大化长期奖励（即 R_{t+1}）。在状态 $S^{(t)}$ 执行动作 $a^{(t)}$ 所期望的最大化长期奖励可以通过下面的 Q 函数（Q-Function）来表示。

$$Q(s^{(t)}, a^{(t)}) = \max R_t = r_t + \gamma \max R_{t+1} = r_t + \gamma \max_a Q(s^{(t+1)}, a) \tag{3-20}$$

每个状态 $s \in S$，Q 学习中的机器人都会尝试通过执行动作 $a \in A$ 来最大化它的长期奖励。Q 学习的算法过程是一个迭代过程，其更新规则为

$$Q(s^{(t)}, a^{(t)}) = (1-a)Q(s^{(t)}, a^{(t)}) + \alpha(r^{(t)} + \gamma \max_a Q(s^{(t+1)}, a)) \tag{3-21}$$

可以看到，这个算法受式（3-20）中提到的长期奖励的启发。

在状态 $s^{(t)}$ 时执行动作 $a^{(t)}$ 的全部累积奖励 $Q(s^{(t)}, a^{(t)})$ 依赖立即奖励 $r^{(t)}$ 和希望在新状态 $s^{(t+1)}$ 时最大化的长期奖励。在马尔可夫决策过程中，新状态 $s^{(t+1)}$ 随机依赖当前状态 $s^{(t+1)}$

和依据概率密度函数 $P(S^{(t+1)}/S^{(t)};r^{(t)})$ 执行的动作 $a^{(t)}$。

该算法根据值 a 计算旧的期望和新的长期奖励的加权平均值，来持续更新期望的长期积累奖励。

一旦通过这个迭代算法构建出函数 $Q(s,a)$，那么在状态 s 玩这个游戏时，就能执行最优动作 $\hat{a}$ 来最大化 Q 函数。

$$\pi(s) = \hat{a} = \arg\max_a Q(s,a)$$

3.7.2　Q 学习经典应用

本节将训练一个线性神经网络来实践 CartPole-v0 环境，目标是平衡小车上的杆子，观测状态由 4 个连续的参数组成：推车位置[-2.4, 2.4]、车速[−∞,∞]、杆子角度[-41.8°, 41.8°]与杆子末端速度[−∞,∞]。

通过向左或向右推车能够实现平衡，所以动作空间由两个动作组成，图 3-26 就是 CartPole-v0 环境空间。

图 3-26　CartPole-v0 环境空间

对于 Q 学习，需要找到一种方法来量化连续的观测状态值。这里使用 FeatureTransformer 类来实现，首先生成观测空间中的 20000 个随机样本，然后用 Sci-Kit 的 StandardScaler 类将样本标准化，RBFSampler 用不同的方差来覆盖观测空间不同的部分。FeatureTransformer 类是用随机的观测空间样本实例化的，然后用 fit_transform 函数训练 RBFSampler。

上述过程执行结束之后，调用 transform 函数将连续观测空间转换为特征表示：

```
class FeatureTransformer:
    def __init__(self, env):
        #obs_examples = np.array([env.observation_space.sample() for x in range(20000)])
        
        obs_examples = np.random.random((20000, 4))
        print(obs_examples.shape)
        scaler = StandardScaler()
        scaler.fit(obs_examples)
        
        #用于将一种状态转化为一种使表征饱和的状态
        #我们使用不同方差的 RBF 内核来覆盖空间的不同部分
        featurizer = FeatureUnion([
```

```
        ("cart_position", RBFSampler(gamma=0.02, n_components=500)),
        ("cart_velocity", RBFSampler(gamma=1.0, n_components=500)),
        ("pole_angle", RBFSampler(gamma=0.5, n_components=500)),
        ("pole_velocity", RBFSampler(gamma=0.1, n_components=500))
        ])
    feature_examples = featurizer.fit_transform(scaler.transform(obs_examples))
    print(feature_examples.shape)
    self.dimensions = feature_examples.shape[1]
    self.scaler = scaler
    self.featurizer = featurizer

def transform(self, observations):
    scaled = self.scaler.transform(observations)
    return self.featurizer.transform(scaled)
```

具体实现步骤如下。

(1) 导入必要的模块。除常用的 TensorFlow、NumPy 和 Matplotlib 外,还需导入 Gym 并从 Sci-Kit 导入一些类。

```
import numpy as np
import tensorflow as tf
import gym
import matplotlib.pyplot as plt
from sklearn.pipeline import FeatureUnion
from sklearn.preprocessing import StandardScaler
from sklearn.kernel_approximation import RBFSampler
```

(2) 在 Q 学习中使用神经网络作为函数逼近器来估计值函数。定义一个线性 NeuralNetwork 类,把转换后的观测空间作为输入,并预测 Q 学习估计值。由于有两种可能的动作,需要两个不同的神经网络对象获得预测的状态-动作值。类中包括训练单个神经网络和预测输出的方法。

```
class NeuralNetwork:
    def __init__(self, D):
        eta = 0.1
        self.W = tf.Variable(tf.random_normal(shape=(D, 1)), name='w')
        self.X = tf.placeholder(tf.float32, shape=(None, D), name='X')
        self.Y = tf.placeholder(tf.float32, shape=(None,), name='Y')
        #做成本预测
        Y_hat = tf.reshape(tf.matmul(self.X, self.W), [-1])
        err = self.Y - Y_hat
        cost = tf.reduce_sum(tf.pow(err,2))
        self.train_op = tf.train.GradientDescentOptimizer(eta).minimize(cost)
        self.predict_op = Y_hat
```

```
            #启动会话并初始化参数
            init = tf.global_variables_initializer()
            self.session = tf.Session()
            self.session.run(init)

        def train(self, X, Y):
            self.session.run(self.train_op, feed_dict={self.X: X, self.Y: Y})
        def predict(self, X):
            return self.session.run(self.predict_op, feed_dict={self.X: X})
```

(3)下一个重要的类是 Agent 类,使用 NeuralNetwork 类创建智能体。实例化的智能体有两个线性神经网络,每个有 2000 个输入神经元和 1 个输出神经元(实质上,这意味着智能体有 2 个神经元,每个神经元有 2000 个输入,因为神经网络的输入层不做任何处理)。Agent 类中定义了预测两个神经网络输出和更新两个神经网络权重的方法。

```
class Agent:
    def __init__(self, env, feature_transformer):
        self.env = env
        self.agent = []
        self.feature_transformer = feature_transformer
        for i in range(env.action_space.n):
            nn = NeuralNetwork(feature_transformer.dimensions)
            self.agent.append(nn)

    def predict(self, s):
        X = self.feature_transformer.transform([s])
        return np.array([m.predict(X)[0] for m in self.agent])
    def update(self, s, a, G):
        X = self.feature_transformer.transform([s])
        self.agent[a].train(X, [G])
    def sample_action(self, s, eps):
        if np.random.random() < eps:
            return self.env.action_space.sample()
        else:
            return np.argmax(self.predict(s))
```

(4)定义一个函数来执行一个步骤,现在使用 Q 学习来更新智能体的权重。用 env.reset()重置环境来开始这个步骤,然后直到游戏完成(最大迭代次数,以确保程序结束)。像以前一样,智能体基于当前的观测状态(obs)选择一个动作并在环境中执行(env.step(action))。

更新权重,从而可以预测出与动作对应的准确期望值。为了获得更好的稳定性,此处修改了奖励——每当杆子落下时,智能体将得到-400 的奖励,否则每一步都会得到+1 的奖励。

```python
def play_one(env, agent, eps, gamma):
    obs = env.reset()
    done = False
    totalreward = 0
    iters = 0
    while not done and iters < 2000:
        action = agent.sample_action(obs, eps)
        prev_obs = obs
        obs, reward, done, info = env.step(action)
        env.render()

        if done:
            reward = -400

        #更新模型
        next = agent.predict(obs)
        assert(len(next.shape) == 1)
        G = reward + gamma*np.max(next)
        agent.update(prev_obs, action, G)

        if reward == 1:
            totalreward += reward
        iters += 1
    return totalreward
```

（5）所有的函数和类已经准备好，现在定义智能体和环境（本例中是'CartPole-v0'）。该智能体总共进行 1000 次游戏，并通过价值函数与环境交互来学习。

```python
if __name__ == '__main__':
    env_name = 'CartPole-v0'
    env = gym.make(env_name)
    ft = FeatureTransformer(env)
    agent = Agent(env, ft)
    gamma = 0.97

    N = 1000
    totalrewards = np.empty(N)
    running_avg = np.empty(N)
    for n in range(N):
        eps = 1.0 / np.sqrt(n + 1)
        totalreward = play_one(env, agent, eps, gamma)
        totalrewards[n] = totalreward
        running_avg[n] = totalrewards[max(0, n - 100):(n + 1)].mean()
        if n % 100 == 0:
            print("episode: {0}, total reward: {1} eps: {2} avg reward (last 100): {3}".format
(n,totalreward,eps,  running_avg[n]), )

    print("avg reward for last 100 episodes:", totalrewards[-100:].mean())
```

```
print("total steps:", totalrewards.sum())

plt.plot(totalrewards)
plt.xlabel('episodes')
plt.ylabel('Total Rewards')
plt.show()

plt.plot(running_avg)
plt.xlabel('episodes')
plt.ylabel('Running Average')
plt.show()
env.close()
```

运行程序，输出如下：

```
(20000, 4)
(20000, 2000)
episode: 0, total reward: 18.0 eps: 1.0 avg reward (last 100): 18.0
episode: 100, total reward: 135.0 eps: 0.09950371902099892 avg reward (last 100): 123.43564356435644
episode: 200, total reward: 83.0 eps: 0.07053456158585983 avg reward (last 100): 167.22772277227722
……
episode: 900, total reward: 199.0 eps: 0.03331483023263848 avg reward (last 100): 188.64356435643563
avg reward for last 100 episodes: 191.82
total steps: 176999.0
```

图 3-27 是智能体在游戏中学习获得的总奖励，图 3-28 为平均奖励。根据 CartPole 在 Wiki 上的表述，奖励 200 意味着智能体在训练 1000 次后获胜了一次，而这里的智能体在训练 100 次时就达到了平均奖励 195.7，这是非常不错的。

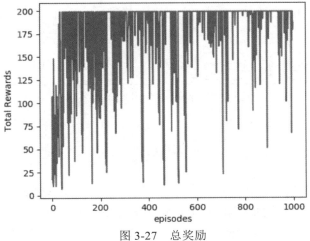

图 3-27　总奖励

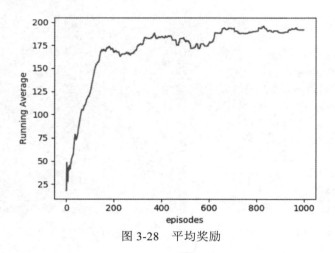

图 3-28　平均奖励

3.7.3　深度 Q 学习

在 Q 学习中，通常状态和动作是有限的。这意味着，表格足以保存 Q 值和奖励。但是，在实际应用中，状态和适用的动作通常是无限的，因此需要更好的 Q 函数近似表达方式来表示和学习 Q 函数。由于深度神经网络是通用的函数近似表达，因此它们可以用来帮助解决问题。可以将 Q 函数表示为一个神经网络，输入是状态和动作，输出是对应的 Q 值；或者可以训练一个只使用状态作为输入的神经网络，而输出与所有动作对应的 Q 值。两种情况都如图 3-29 所示，即深度 Q 学习近似网络。由于 Q 值是奖励，所以这两个网络处理的都是回归问题。

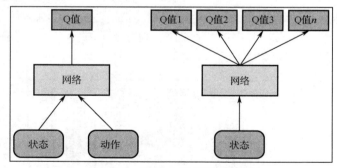

图 3-29　深度 Q 学习近似网络

3.7.4　形式化损失函数

如图 3-29 所示，假设神经网络已经训练完成，给神经网络输入一个状态值，很容易计算这个状态下每一个动作的预测 Q 值。随着智能体与环境的不断交互，得到的状态值和即时奖励值可以用于学习 Q 函数，每个训练数据是一个元组 $(s^{(t)}, a^{(t)}, r^{(t)}, s^{(t+1)})$。事实上，网络可以通过最小化状态 s 下所有动作 $[a_i]_{i=1}^n$ 对应的预测 Q 值与目标 Q 值的差异，学习 Q 函数。

值得注意的是，目标 Q 值也是用同一个神经网络计算得到的。假设网络参数权重为 $W \in R^d$，学习从状态到每个动作的 Q 值映射。对于 n 个动作集合 $[a_i]_{i=1}^n$，网络对每个动作都会预测 i 个 Q 值。映射函数可以表示为

$$f_W(s) = [Q(s,a_1)Q(s,a_2)Q(s,a_3)\cdots Q(s,a_n)]^T$$

这个映射函数用于预测在给定状态 $s^{(t)}$ 下的 Q 值，预测值 $\hat{p}^{(t)}$ 在最小化损失函数中被用到。这里唯一要注意的是，在第 t 次迭代学习中，只有网络计算得到的动作 $a^{(t)}$ 对应的预测 Q 值被用于损失函数。

基于下一个状态 $s^{(t+1)}$，目标 Q 值的计算使用与预测 Q 值一样的映射函数。Q 值的候选更新公式为

$$r^{(t)} + \gamma \max_{a'} Q^{(t)}(s^{(t+1)}, a')$$

这样，目标 Q 值可以这样计算：

$$y_{t+1} = r^{(t)} + \max_{a'} f_W(s^{(t+1)})$$
$$= r^{(t)} + \max_{a'}[Q(s,a_1)Q(s,a_2)Q(s,a_3)\cdots Q(s,a_n)]^T$$

为了学习从状态到 Q 值的映射函数，最小化预测 Q 值和目标 Q 值的平方差或者网络权重的其他相关损失，以不断更新神经网络的参数。

$$\hat{W} = \sum_{i=1}^m (y_i^{(t)} - \hat{p}_i^{(t)})^2$$

3.7.5 深度双 Q 学习

深度 Q 学习方法存在一个问题，即目标 Q 值和预测 Q 值都是基于相同的网络参数 W 来估计的，由于预测 Q 值和目标 Q 值有很强的相关性，这二者在训练的每个步骤都会发生偏移（Shift），从而引起训练振荡（Osillation）。

为了解决这个问题，可以在训练过程中每隔几次迭代再将基本神经网络的参数复制过来作为目标神经网络，用于目标 Q 值的估计。这种深度 Q 学习网络的变种被称为"深度双 Q 学习（Double Deep Q Learning）"，一般能让训练过程稳定下来，图 3-30（a）和图 3-30（b）描述了其工作机制。

目标 Q 值的计算会更复杂一些，两个网络都会用到。在时刻 t，对于给定的状态 $s^{(t)}$，候选 Q 值是 t 时刻的即时奖励 $r^{(t)}$ 加上 $t+1$ 时刻对应新状态 $s^{(t+1)}$ 下的最大 Q 值。因此候选 Q 值为

$$r^{(t)} = \gamma \max_{a'} Q^{(t)}(s^{(t+1)}, a) = r + \gamma \max_{a'} Q^{(t)}(s', a)$$

这是当 γ 为一个常数时使用的公式，奖励 r 来自训练元组数据。要计算目标 Q 值，唯一需要知道的是让 Q 值最大化的动作 a'，并将对应的 Q 值代入动作 a' 中。因此，$\max_{a'} Q^{(t)}(s', a)$ 的计算可以拆分为两个部分。

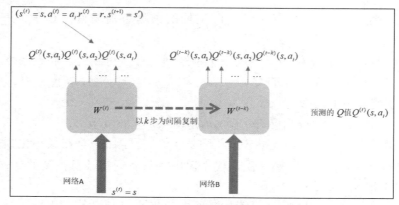

（a）深度 Q 学习示意图

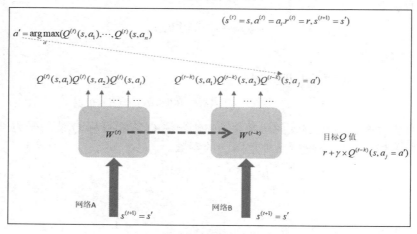

（b）深度双 Q 学习示意图

图 3-30　深度 Q 与深度双 Q 学习工作机制

- 网络 A 决定在状态 s' 下能最大化 Q 值的动作 a'。然而，不会取网络 A 在状态 s' 和动作 a' 时的 Q 值。
- 网络 B 用于提取状态 s' 和动作 a' 对应的 Q 值 $Q^{(t-k)}(s',a')$。

这样，与基本的深度 Q 学习相比，深度双 Q 学习的训练过程更加稳定。

3.7.6　深度 Q 学习的经典应用

深度 Q 学习能够实现无人驾驶汽车。在这个问题中，驾驶员和汽车对应智能体，跑道及其四周对应环境。这里直接使用 OpenAI Gym CarRacing-v0 的数据作为环境，这个环境对智能体返回状态和奖励。在车上安装前置摄像头，拍摄得到的图像作为状态。环境可以接收的动作是一个三维向量 $\boldsymbol{a} \in R^3$，3 个维度分别对应如何左转、如何向前和如何右转。智能体与环境交互并将交互结果以 $(s,\boldsymbol{a},r,s')_{i=1}^m$ 元组的形式进行保存，作为无人驾驶的训练数据。其应用架构与图 3-30 所示的类似。

1．动作离散化

三维的连续动作空间对应着无穷多个 Q 值，深度 Q 值的输出层不可能给出无穷多个预测 Q 值。假设动作空间的 3 个维度如下：

转向（Steering）：$\in [-1,1]$；

加油（Gas）：$\in [0,1]$；

刹车（Break）：$\in [0,1]$。

动作空间的 3 个维度可以转化为驾驶中最基本的 4 个动作：

刹车：[0.0,0.0,0.0]；

左急转（Sharp Left）：[-0.6,0.05,0.0]；

右急转（Sharp Right）：[0.6,0.05,0.0]；

直行（Straight）：[0.0,0.3,0.0]。

2．深度双 Q 网络实现

由于状态是一系列图像，深度双 Q 网络（Double Deep Q Network，DDQN）采用 CNN 架构处理状态图片并输出所有可能动作的 Q 值。实现代码为（DDQN.py）：

```python
import keras
from keras import optimizers
from keras.layers import Convolution2D
from keras.layers import Dense, Flatten, Input, concatenate, Dropout
from keras.models import Model
from keras.utils import plot_model
from keras import backend as K
import numpy as np
'''深度双 Q 网络实现'''
learning_rate = 0.0001
BATCH_SIZE = 128
class DQN:
    def __init__(self,num_states,num_actions,model_path):
        self.num_states = num_states
        print(num_states)
        self.num_actions = num_actions
        self.model  = self.build_model()  #基本模型
        self.model_ = self.build_model()  #目标模型(基本模型的副本)
        self.model_chkpoint_1 = model_path +"CarRacing_DDQN_model_1.h5"
        self.model_chkpoint_2 = model_path +"CarRacing_DDQN_model_2.h5"
        save_best = keras.callbacks.ModelCheckpoint(self.model_chkpoint_1,
                                                   monitor='loss',
                                                   verbose=1,
                                                   save_best_only=True,
                                                   mode='min',
```

```python
                                              period=20)
        save_per = keras.callbacks.ModelCheckpoint(self.model_chkpoint_2,
                                              monitor='loss',
                                              verbose=1,
                                              save_best_only=False,
                                              mode='min',
                                              period=400)
        self.callbacks_list = [save_best,save_per]
    #接受状态并输出所有可能动作的Q值的卷积神经网络
    def build_model(self):
        states_in = Input(shape=self.num_states,name='states_in')
        x = Convolution2D(32,(8,8),strides=(4,4),activation='relu')(states_in)
        x = Convolution2D(64,(4,4), strides=(2,2), activation='relu')(x)
        x = Convolution2D(64,(3,3), strides=(1,1), activation='relu')(x)
        x = Flatten(name='flattened')(x)
        x = Dense(512,activation='relu')(x)
        x = Dense(self.num_actions,activation="linear")(x)
        model = Model(inputs=states_in, outputs=x)
        self.opt = optimizers.Adam(lr=learning_rate, beta_1=0.9, beta_2=0.999, epsilon=None, decay=0.0, amsgrad=False)
        model.compile(loss=keras.losses.mse,optimizer=self.opt)
        plot_model(model,to_file='model_architecture.png',show_shapes=True)
        return model
    #训练功能
    def train(self,x,y,epochs=10,verbose=0):
        self.model.fit(x,y,batch_size=(BATCH_SIZE), epochs=epochs, verbose=verbose, callbacks=self.callbacks_list)

    #预测功能
    def predict(self,state,target=False):
        if target:
            #从目标网络中返回给定状态的动作的Q值
            return self.model_.predict(state)
        else:
            #从原始网络中返回给定状态的动作的Q值
            return self.model.predict(state)
    #预测单态函数
    def predict_single_state(self,state,target=False):
        x = state[np.newaxis,:,:,:]
        return self.predict(x,target)
    #使用基本模型权重更新目标模型
    def target_model_update(self):
```

```
self.model_.set_weights(self.model.get_weights())
```

从上述代码中可以看出，两个模型中的一个模型是另外一个模型的复制模型。基本网络和目标网络分别被存储为 CarRacing_DDQN_model_1.h5 和 CarRacing_DDQN_model_2.h5。

调用 target_model_update 函数来更新目标网络，使其与基本网络拥有相同的权值。

3．智能体设计

在某个给定状态下智能体与环境交互的过程中，智能体会尝试采取最佳的动作。这里动作的随机程度由 epsilon 的值来决定。最初，epsilon 的值被设定为 1，动作完全随机化。当智能体有了一定的训练样本后，epsilon 的值一步步减少，动作的随机程度随之降低。这种用 epsilon 的值来控制动作随机化程度的框架被称为 Epsilon 贪婪算法。此处可定义两个智能体：

- Agent：给定一个具体的状态，根据 Q 值来采取动作。
- RandomAgent：执行随机的动作。

智能体有 3 个功能：

- act：智能体基于状态决定采取哪个动作。
- observe：智能体捕捉状态和目标 Q 值。
- replay：智能体基于观察数据训练模型。

实现智能体的代码为（Agents.py）：

```
import math
from Memory import Memory
from DQN import DQN
import numpy as np
import random
from helper_functions import sel_action,sel_action_index
#智能体和随机智能体的实现
max_reward = 10
grass_penalty = 0.4
action_repeat_num = 8
max_num_episodes = 1000
memory_size = 10000
max_num_steps = action_repeat_num * 100
gamma = 0.99
max_eps = 0.1
min_eps = 0.02
EXPLORATION_STOP = int(max_num_steps*10)
_lambda_ = - np.log(0.001) / EXPLORATION_STOP
UPDATE_TARGET_FREQUENCY = int(50)
batch_size = 128
class Agent:
    steps = 0
```

```python
epsilon = max_eps
memory = Memory(memory_size)
def __init__(self, num_states,num_actions,img_dim,model_path):
    self.num_states = num_states
    self.num_actions = num_actions
    self.DQN = DQN(num_states,num_actions,model_path)
    self.no_state = np.zeros(num_states)
    self.x = np.zeros((batch_size,)+img_dim)
    self.y = np.zeros([batch_size,num_actions])
    self.errors = np.zeros(batch_size)
    self.rand = False
    self.agent_type = 'Learning'
    self.maxEpsilone = max_eps

def act(self,s):
    print(self.epsilon)
    if random.random() < self.epsilon:
        best_act = np.random.randint(self.num_actions)
        self.rand=True
        return sel_action(best_act), sel_action(best_act)
    else:
        act_soft = self.DQN.predict_single_state(s)
        best_act = np.argmax(act_soft)
        self.rand=False
        return sel_action(best_act),act_soft

def compute_targets(self,batch):
    #0: 当前状态索引
    #1: 指数的动作
    #2: 奖励索引
    #3: 下一状态索引
    states = np.array([rec[1][0] for rec in batch])
    states_ = np.array([(self.no_state if rec[1][3] is None else rec[1][3]) for rec in batch])
    p = self.DQN.predict(states)
    p_ = self.DQN.predict(states_,target=False)
    p_t = self.DQN.predict(states_,target=True)
    act_ctr = np.zeros(self.num_actions)

    for i in range(len(batch)):
        rec = batch[i][1]
        s = rec[0]; a = rec[1]; r = rec[2]; s_ = rec[3]
        a = sel_action_index(a)
```

```python
                    t = p[i]
                    act_ctr[a] += 1
                    oldVal = t[a]
                    if s_ is None:
                        t[a] = r
                    else:
                        t[a] = r + gamma * p_t[i][ np.argmax(p_[i])]   #DDQN

                    self.x[i] = s
                    self.y[i] = t

                    if self.steps % 20 == 0 and i == len(batch)-1:
                        print('t',t[a], 'r: %.4f' % r,'mean t',np.mean(t))
                        print ('act ctr: ', act_ctr)
                    self.errors[i] = abs(oldVal - t[a])
                return (self.x, self.y,self.errors)

        def observe(self,sample):    #in (s, a, r, s_) format
            _,_,errors = self.compute_targets([(0,sample)])
            self.memory.add(errors[0], sample)
            if self.steps % UPDATE_TARGET_FREQUENCY == 0:
                self.DQN.target_model_update()
            self.steps += 1
            self.epsilon = min_eps + (self.maxEpsilone - min_eps) * np.exp(-1*_lambda_ * self.steps)

        def replay(self):
            batch = self.memory.sample(batch_size)
            x, y,errors = self.compute_targets(batch)
            for i in range(len(batch)):
                idx = batch[i][0]
                self.memory.update(idx, errors[i])
            self.DQN.train(x,y)

class RandomAgent:
    memory = Memory(memory_size)
    exp = 0
    steps = 0
    def __init__(self, num_actions):
        self.num_actions = num_actions
        self.agent_type = 'Learning'
        self.rand = True
```

```python
def act(self, s):
    best_act = np.random.randint(self.num_actions)
    return sel_action(best_act), sel_action(best_act)
def observe(self, sample):    #(s, a, r, s_)格式
    error = abs(sample[2])    #奖励
    self.memory.add(error, sample)
    self.exp += 1
    self.steps += 1
def replay(self):
    pass
```

4. 自动驾驶汽车的环境

自动驾驶汽车的环境采用 OpenAI Gym 中的 CarRacing-v0 数据集，因此智能体从环境得到的状态是 CarRacing-v0 中的车前窗图像。在给定状态下，环境能根据智能体采取的动作返回一个奖励。为了让训练过程更加稳定，所有奖励值被归一化到（-1,1）。实现环境的代码为（environment.py）：

```python
import gym
from gym import envs
import numpy as np
from helper_functions import rgb2gray,action_list,sel_action,sel_action_index
from keras import backend as K

seed_gym = 3
action_repeat_num = 8
patience_count = 200
epsilon_greedy = True
max_reward =    10
grass_penalty   = 0.8
max_num_steps = 200
max_num_episodes = action_repeat_num*100
'''智能体交互环境'''
class environment:
    def __init__(self, environment_name,img_dim,num_stack,num_actions,render,lr):
        self.environment_name = environment_name
        print(self.environment_name)
        self.env = gym.make(self.environment_name)
        envs.box2d.car_racing.WINDOW_H = 500
        envs.box2d.car_racing.WINDOW_W = 600
        self.episode = 0
        self.reward = []
        self.step = 0
        self.stuck_at_local_minima = 0
```

```python
        self.img_dim = img_dim
        self.num_stack = num_stack
        self.num_actions = num_actions
        self.render = render
        self.lr = lr
        if self.render == True:
            print("显示 proeprly 数据集")
        else:
            print("显示问题")

    #执行任务的智能体
    def run(self,agent):
        self.env.seed(seed_gym)
        img = self.env.reset()
        img =   rgb2gray(img, True)
        s = np.zeros(self.img_dim)
        #收集状态
        for i in range(self.num_stack):
            s[:,:,i] = img
        s_ = s
        R = 0
        self.step = 0
        a_soft = a_old = np.zeros(self.num_actions)
        a = action_list[0]
        while True:
            if agent.agent_type == 'Learning' :
                if self.render == True :
                    self.env.render("human")

                if self.step % action_repeat_num == 0:
                    if agent.rand == False:
                        a_old = a_soft
                    #智能体的输出指令
                    a,a_soft = agent.act(s)
                    #智能体的局部最小值
                    if epsilon_greedy:
                        if agent.rand == False:
                            if a_soft.argmax() == a_old.argmax():
                                self.stuck_at_local_minima += 1
                                if self.stuck_at_local_minima >= patience_count:
                                    print('陷入局部最小值，重置学习速率')
                                    agent.steps = 0
```

```python
                        K.set_value(agent.DQN.opt.lr,self.lr*10)
                        self.stuck_at_local_minima = 0
                    else:
                        self.stuck_at_local_minima = max(self.stuck_at_local_minima -2, 0)
                        K.set_value(agent.DQN.opt.lr,self.lr)
                #对环境执行操作
                img_rgb, r,done,info = self.env.step(a)
                if not done:
                    #创建下一状态
                    img =    rgb2gray(img_rgb, True)
                    for i in range(self.num_stack-1):
                        s_[:,:,i] = s_[:,:,i+1]
                    s_[:,:,self.num_stack-1] = img
                else:
                    s_ = None
                #累积奖励跟踪
                R += r
                #对奖励值进行归一化处理
                r = (r/max_reward)
                if np.mean(img_rgb[:,:,1]) > 185.0:
                #如果汽车在草地上,就要处罚
                    r -= grass_penalty
                #保持智能体值的范围为[-1,1]
                r = np.clip(r, -1 ,1)
                #Agent 有一个完整的状态、动作、奖励和下一个状态可供学习
                agent.observe( (s, a, r, s_) )
                agent.replay()
                s = s_
            else:
                img_rgb, r, done, info = self.env.step(a)
                if not done:

                    img =    rgb2gray(img_rgb, True)
                    for i in range(self.num_stack-1):
                        s_[:,:,i] = s_[:,:,i+1]
                    s_[:,:,self.num_stack-1] = img
                else:
                    s_ = None
                R += r
                s = s_
            if (self.step % (action_repeat_num * 5) == 0) and (agent.agent_type=='Learning'):
                print('step:', self.step, 'R: %.1f' % R, a, 'rand:', agent.rand)
```

```
                self.step += 1

                if done or (R <-5) or (self.step > max_num_steps) or np.mean(img_rgb[:,:,1]) >
185.1:
                    self.episode += 1
                    self.reward.append(R)
                    print('Done:', done, 'R<-5:', (R<-5), 'Green >185.1:',np.mean(img_rgb[:,:,1]))
                    break
            print("集 ",self.episode,"/", max_num_episodes,agent.agent_type)
            print("平均集奖励:", R/self.step, "总奖励:", sum(self.reward))


    def test(self,agent):
        self.env.seed(seed_gym)
        img= self.env.reset()
        img = rgb2gray(img, True)
        s = np.zeros(self.img_dim)
        for i in range(self.num_stack):
            s[:,:,i] = img
        R = 0
        self.step = 0
        done = False
        while True :
            self.env.render('human')
            if self.step % action_repeat_num == 0:
                if(agent.agent_type == 'Learning'):
                    act1 = agent.DQN.predict_single_state(s)
                    act = sel_action(np.argmax(act1))
                else:
                    act = agent.act(s)
                if self.step <= 8:
                    act = sel_action(3)
                img_rgb, r, done,info = self.env.step(act)
                img = rgb2gray(img_rgb, True)
                R += r
                for i in range(self.num_stack-1):
                    s[:,:,i] = s[:,:,i+1]
                s[:,:,self.num_stack-1] = img
            if(self.step % 10) == 0:
                print('Step:', self.step, 'action:',act, 'R: %.1f' % R)
                print(np.mean(img_rgb[:,:,0]), np.mean(img_rgb[:,:,1]), np.mean(img_rgb[:,:,2]))
            self.step += 1
```

```
            if done or (R< -5) or (agent.steps > max_num_steps) or np.mean(img_rgb[:,:,1]) > 185.1:
                R = 0
                self.step = 0
                print('Done:', done, 'R<-5:', (R<-5), 'Green> 185.1:',np.mean(img_rgb[:,:,1]))
                break
```

在上述代码中，run 函数实现了智能体在环境中的所有行为。

5．连接所有代码

脚本 main.py 将环境、深度双 Q 学习网络和智能体的代码按照逻辑整合在一起，实现基本增强学习的无人驾驶。代码为：

```
import sys
from gym import envs
from Agents import Agent,RandomAgent
from helper_functions import action_list,model_save
from environment import environment
import argparse
import numpy as np
import random
from sum_tree import sum_tree
from sklearn.externals import joblib
'''这是训练和测试赛车应用的主要模块'''
if __name__ == "__main__":
    #定义用于训练模型的参数
    parser = argparse.ArgumentParser(description='arguments')
    parser.add_argument('--environment_name',default='CarRacing-v0')
    parser.add_argument('--model_path',help='model_path')
    parser.add_argument('--train_mode',type=bool,default=True)
    parser.add_argument('--test_mode',type=bool,default=False)
    parser.add_argument('--epsilon_greedy',default=True)
    parser.add_argument('--render',type=bool,default=True)
    parser.add_argument('--width',type=int,default=96)
    parser.add_argument('--height',type=int,default=96)
    parser.add_argument('--num_stack',type=int,default=4)
    parser.add_argument('--lr',type=float,default=1e-3)
    parser.add_argument('--huber_loss_thresh',type=float,default=1.)
    parser.add_argument('--dropout',type=float,default=1.)
    parser.add_argument('--memory_size',type=int,default=10000)
    parser.add_argument('--batch_size',type=int,default=128)
    parser.add_argument('--max_num_episodes',type=int,default=500)
    args = parser.parse_args()
```

```python
        environment_name = args.environment_name
        model_path = args.model_path
        test_mode = args.test_mode
        train_mode = args.train_mode
        epsilon_greedy  = args.epsilon_greedy
        render = args.render
        width = args.width
        height = args.height
        num_stack = args.num_stack
        lr = args.lr
        huber_loss_thresh = args.huber_loss_thresh
        dropout = args.dropout
        memory_size = args.memory_size
        dropout = args.dropout
        batch_size = args.batch_size
        max_num_episodes = args.max_num_episodes
        max_eps = 1
        min_eps = 0.02
        seed_gym = 2    #随机状态
        img_dim = (width,height,num_stack)
        num_actions = len(action_list)

if __name__ == '__main__':
        environment_name = 'CarRacing-v0'    #应用 CarRacing-v0 环境数据
        env = environment(environment_name,img_dim,num_stack,num_actions,render,lr)
        num_states    = img_dim
        print(env.env.action_space.shape)
        action_dim = env.env.action_space.shape[0]
        assert action_list.shape[1] == action_dim,"length of Env action space does not match action buffer"

        num_actions = action_list.shape[0]
        #设置 Python 和 NumPy 内置的随机种子
        random.seed(901)
        np.random.seed(1)
        agent = Agent(num_states, num_actions,img_dim,model_path)
        randomAgent = RandomAgent(num_actions)
        print(test_mode,train_mode)

        try:
            #训练智能体
            if test_mode:
                if train_mode:
```

```python
        print("初始化随机智能体,填满记忆")
        while randomAgent.exp < memory_size:
            env.run(randomAgent)
            print(randomAgent.exp, "/", memory_size)
        agent.memory = randomAgent.memory
        randomAgent = None
        print("开始学习")
        while env.episode < max_num_episodes:
            env.run(agent)
        model_save(model_path, "DDQN_model.h5", agent, env.reward)

    else:
        #载入训练模型
        print('载入预先训练好的智能体并学习')
        agent.DQN.model.load_weights(model_path+"DDQN_model.h5")
        agent.DQN.target_model_update()
        try :
            agent.memory = joblib.load(model_path+"DDQN_model.h5"+"Memory")
            Params = joblib.load(model_path+"DDQN_model.h5"+"agent_param")
            agent.epsilon = Params[0]
            agent.steps = Params[1]
            opt = Params[2]
            agent.DQN.opt.decay.set_value(opt['decay'])
            agent.DQN.opt.epsilon = opt['epsilon']
            agent.DQN.opt.lr.set_value(opt['lr'])
            agent.DQN.opt.rho.set_value(opt['rho'])
            env.reward = joblib.load(model_path+"DDQN_model.h5"+"Rewards")
            del Params, opt
        except:
            print("加载无效 DDQL_Memory_.csv")
            print("初始化随机智能体,填满记忆")
            while randomAgent.exp < memory_size:
                env.run(randomAgent)
                print(randomAgent.exp, "/", memory_size)
            agent.memory = randomAgent.memory
            randomAgent = None
            agent.maxEpsilone = max_eps/5
        print("开始学习")
        while env.episode < max_num_episodes:
            env.run(agent)
        model_save(model_path, "DDQN_model.h5", agent, env.reward)

else:
```

```python
            print('载入和播放智能体')
            agent.DQN.model.load_weights(model_path+"DDQN_model.h5")
            done_ctr = 0
            while done_ctr < 5 :
                env.test(agent)
                done_ctr += 1
            env.env.close()
    #退出
    except KeyboardInterrupt:
        print('用户中断,gracefule 退出')
        env.env.close()
        if test_mode == False:
            #Prompt for Model save
            print('保存模型: Y or N?')
            save = input()
            if save.lower() == 'y':
                model_save(model_path, "DDQN_model.h5", agent, env.reward)
            else:
                print('不保存模型')
```

6. 帮助函数

下面是一些增强学习用到的帮助函数，用于训练过程中的动作选择、观察数据存储、状态图像处理及训练模型的权重保存（helper_functions.py）：

```python
from keras import backend as K
import numpy as np
import shutil, os
import numpy as np
import pandas as pd
from scipy import misc
import pickle
import matplotlib.pyplot as plt
from sklearn.externals import joblib
huber_loss_thresh = 1
action_list = np.array([
                        [0.0, 0.0, 0.0],      #刹车
                        [-0.6, 0.05, 0.0],    #左急转
                        [0.6, 0.05, 0.0],     #右急转
                        [0.0, 0.3, 0.0]] )    #直行
rgb_mode = True
num_actions = action_list.shape[0]
def sel_action(action_index):
    return action_list[action_index]
```

```python
def sel_action_index(action):
    for i in range(num_actions):
        if np.all(action == action_list[i]):
            return i
    raise ValueError('选择的动作不在列表中')
def huber_loss(y_true,y_pred):
    error = (y_true - y_pred)
    cond = K.abs(error) <= huber_loss_thresh
    if cond == True:
        loss = 0.5 * K.square(error)
    else:
        loss = 0.5 *huber_loss_thresh**2 + huber_loss_thresh*(K.abs(error) - huber_loss_thresh)
    return K.mean(loss)
def rgb2gray(rgb,norm=True):
    gray = np.dot(rgb[...,:3], [0.299, 0.587, 0.114])
    if norm:
        #归一化
        gray = gray.astype('float32') / 128 - 1
    return gray
def data_store(path,action,reward,state):
    if not os.path.exists(path):
        os.makedirs(path)
    else:
        shutil.rmtree(path)
        os.makedirs(path)
    df = pd.DataFrame(action, columns=["Steering", "Throttle", "Brake"])
    df["Reward"] = reward
    df.to_csv(path +'car_racing_actions_rewards.csv', index=False)
    for i in range(len(state)):
        if rgb_mode == False:
            image = rgb2gray(state[i])
        else:
            image = state[i]
        misc.imsave( path + "img" + str(i) +".png", image)
def model_save(path,name,agent,R):
    ''' 在数据路径中保存动作、奖励和状态（图像）'''
    if not os.path.exists(path):
        os.makedirs(path)
    agent.DQN.model.save(path + name)
    print(name, "saved")
    print('...')
    joblib.dump(agent.memory,path+name+'Memory')
```

```
joblib.dump([agent.epsilon,agent.steps,agent.DQN.opt.get_config()], path+name+'AgentParam')
joblib.dump(R,path+name+'Rewards')
print('Memory pickle dumped')
```

7. 训练结果

刚开始时，无人驾驶汽车常会出错，一段时间后，无人驾驶汽车通过训练不断从错误中学习，自动驾驶的能力越来越好。图 3-31 和图 3-32 分别展示了在训练初及训练后的无人驾驶行为。

图 3-31　训练初无人驾驶行为（跑到草地上）

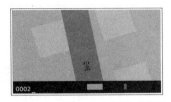

图 3-32　训练后无人驾驶行为

3.8　受限玻尔兹曼机

受限玻尔兹曼机（Restricted Boltzmann Machine，RBM）是非监督的机器学习算法，用于学习数据的内部表达。一个 RBM 包含一个可见层 $v \in R^m$ 和一个隐藏层 $h \in R^n$。RBM 学习将可见层中的输入表达为隐藏层中的低维表示。在给定可见层输入的情况下，所有隐藏层的单元都是有条件独立的。同样，给定隐藏层的输入，所有可见层都是有条件独立的。这样，RBM 就可以在给定隐藏层输入的情况下，对可见单元的输出进行独立采样，反过来也成立。

3.8.1　RBM 的架构

如图 3-33 所示为一个 RBM 架构。

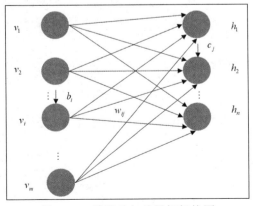

图 3-33　受限玻尔兹曼机架构图

权值 $w_{ij} \in W$ 连接可见单元 i 和隐藏单元 j，其中 $W \in R^{m \times n}$ 是从可见层到隐藏层的所有权重的集合。可见单元中的偏置为 $b_i \in b$，隐藏单元中的偏置为 $c_i \in c$。

受到统计物理学中玻尔兹曼分布（Boltzmann Distribution）的启发，可见层的向量 v 和隐藏层向量 h 组成的联合分布，与配置的负能量的指数成正比。

$$P(v, h) \propto e^{-E(v, h)}$$

其中，配置的能量为

$$E(v, h) = v^\mathrm{T} W h + b^\mathrm{T} v + c^\mathrm{T} h$$

给定可见层向量 v，隐藏单元 j 的概率为

$$P(h_j / v) = \sigma \left(\sum_i v_i w_{ij} + b_j \right) = \sigma(v^\mathrm{T} W[:, j] + c_j)$$

同样，给定隐藏层向量 h，可见单元 i 的概率为

$$P(v_i / h) = \sigma \left(\sum_j h_j w_{ij} + c_i \right) = \sigma(h^\mathrm{T} W^\mathrm{T}[:, i] + c_j)$$

因此，一旦通过训练学习到 RBM 的权值和偏置，那么在给定隐藏状态的情况下，可见表达可以被采样；而在给定可见状态的情况下，隐藏状态可以被采样。

RBM 通过最大化训练数据的相似性进行训练。在每一轮损失函数针对权值和偏置的梯度下降中，采样导致了训练过程成本高昂和一定程度上的计算困难。有一种更聪明的采样方法，叫作对比分歧（Contrastive Divergence），它通过 Gibbs 采样来训练 RBM。

3.8.2 RBM 的经典实现

本节将展示如何利用 RBM 实现 MNIST 数据集重建。

实现步骤如下。

（1）初始化并加载数据。

这里要通过网络获取远程文件 utils.py 到本地。

```
import urllib.request
response = urllib.request.urlopen('http://deeplearning.net/tutorial/code/utils.py')
content = response.read().decode('utf-8')
target = open('utils.py', 'w')
target.write(content)
target.close()
#导入编程库
import tensorflow as tf
import numpy as np
from tensorflow.examples.tutorials.mnist import input_data
#!pip install pillow
from PIL import Image
#import Image
```

```
from utils import tile_raster_images
import matplotlib.pyplot as plt
#加载数据
mnist = input_data.read_data_sets("MNIST_data/", one_hot=True)
trX, trY, teX, teY = mnist.train.images, mnist.train.labels, mnist.test.images, mnist.test.labels
```

（2）定义 RBM 的层。

一个 RBM 有两个层，第一层的每一个节点有一个偏差（Bias），使用 vb 表示；第二层的每一个节点也有一个偏差，使用 hb 表示。

```
vb = tf.placeholder("float", [784])
hb = tf.placeholder("float", [500])
#定义可视层和隐藏层之间的权重，行表示输入节点，列表示输出节点，这里权重 W 是一个 784×500 的矩阵。
W = tf.placeholder("float", [784, 500])
```

（3）训练 RBM。

训练分为两个阶段：①前向（Forward Pass）；②后向（Backward Pass）或重构（Reconstruction）。

```
#阶段1：前向，改变的是隐藏层的值，输入数据经过输入层的所有节点传递到隐藏层。
X = tf.placeholder("float", [None, 784])
_h0= tf.nn.sigmoid(tf.matmul(X, W) + hb)   #probabilities of the hidden units
h0 = tf.nn.relu(tf.sign(_h0 - tf.random_uniform(tf.shape(_h0))))   #sample_h_given_X

with    tf.Session() as sess:
    a= tf.constant([0.7, 0.1, 0.8, 0.2])
    print (sess.run(a))
    b=sess.run(tf.random_uniform(tf.shape(a)))
    print (b)
    print (sess.run(a-b))
    print (sess.run(tf.sign( a - b)))
    print (sess.run(tf.nn.relu(tf.sign( a - b))))

#阶段2：反向（重构），RBM 在可视层和隐藏层之间通过多次前向、后向传播重构数据
_v1 = tf.nn.sigmoid(tf.matmul(h0, tf.transpose(W)) + vb)
v1 = tf.nn.relu(tf.sign(_v1 - tf.random_uniform(tf.shape(_v1))))
h1 = tf.nn.sigmoid(tf.matmul(v1, W) + hb)
```

（4）数据采样。

```
alpha = 1.0
w_pos_grad = tf.matmul(tf.transpose(X), h0)
w_neg_grad = tf.matmul(tf.transpose(v1), h1)
CD = (w_pos_grad - w_neg_grad) / tf.to_float(tf.shape(X)[0])
update_w = W + alpha * CD
```

```
            update_vb = vb + alpha * tf.reduce_mean(X - v1, 0)
            update_hb = hb + alpha * tf.reduce_mean(h0 - h1, 0)
```

（5）定义目标函数。

```
            err = tf.reduce_mean(tf.square(X - v1))
```

（6）创建一个回话并初始化向量。

```
            cur_w = np.zeros([784, 500], np.float32)
            cur_vb = np.zeros([784], np.float32)
            cur_hb = np.zeros([500], np.float32)
            prv_w = np.zeros([784, 500], np.float32)
            prv_vb = np.zeros([784], np.float32)
            prv_hb = np.zeros([500], np.float32)
            sess = tf.Session()
            init = tf.global_variables_initializer()
            sess.run(init)
            #查看第一次运行的误差
            sess.run(err, feed_dict={X: trX, W: prv_w, vb: prv_vb, hb: prv_hb})
```

（7）设置对应的参数。

```
            epochs = 5
            batchsize = 100
            weights = []
            errors = []
```

（8）实现 RBM 的算法流程。

```
            for epoch in range(epochs):
                for start, end in zip( range(0, len(trX), batchsize), range(batchsize, len(trX), batchsize)):
                    batch = trX[start:end]
                    cur_w = sess.run(update_w, feed_dict={ X: batch, W: prv_w, vb: prv_vb, hb: prv_hb})
                    cur_vb = sess.run(update_vb, feed_dict={ X: batch, W: prv_w, vb: prv_vb, hb: prv_hb})
                    cur_hb = sess.run(update_hb, feed_dict={ X: batch, W: prv_w, vb: prv_vb, hb: prv_hb})
                    prv_w = cur_w
                    prv_vb = cur_vb
                    prv_hb = cur_hb
                    if start % 10000 == 0:
                        errors.append(sess.run(err, feed_dict={X: trX, W: cur_w, vb: cur_vb, hb: cur_hb}))
                        weights.append(cur_w)
                print('Epoch: %d' % epoch,'reconstruction error: %f' % errors[-1])
            plt.plot(errors)
            plt.xlabel("Batch Number")
            plt.ylabel("Error")
            plt.show()
```

```
#计算最后的权重
uw = weights[-1].T
print(uw)
```

(9)获得每一个隐藏的单元并可视化隐藏层和输入之间的连接。

使用 tile_raster_images 可以帮助我们从权重或者样本中生成容易理解的图片。它把 784 行转为一个数组（如 25×20），图片被重塑并像地板一样铺开。

```
tile_raster_images(X=cur_w.T, img_shape=(28, 28), tile_shape=(25, 20), tile_spacing=(1, 1))
import matplotlib.pyplot as plt
from PIL import Image

image = Image.fromarray(tile_raster_images(X=cur_w.T, img_shape=(28, 28) ,tile_shape=(25, 20), tile_spacing=(1, 1)))
###绘制图片
plt.rcParams['figure.figsize'] = (18.0, 18.0)
imgplot = plt.imshow(image)
imgplot.set_cmap('gray')
plt.show()
```

运行程序，输出如下，效果如图 3-34 及图 3-35 所示。

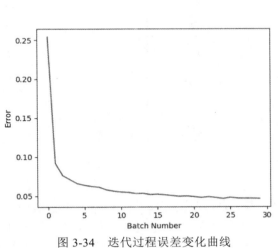

图 3-34 迭代过程误差变化曲线

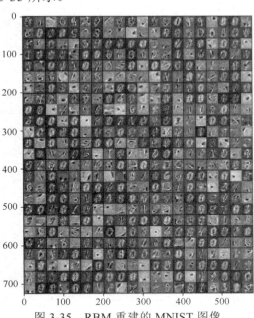

图 3-35 RBM 重建的 MNIST 图像

```
[0.7 0.1 0.8 0.2]
[0.7004714   0.60937214 0.02604377 0.2767099 ]
[-4.7141314e-04 -5.0937212e-01   7.7395624e-01 -7.6709911e-02]
[-1. -1.   1. -1.]
[0. 0. 1. 0.]
```

```
Epoch: 0 reconstruction error: 0.063758
Epoch: 1 reconstruction error: 0.055315
Epoch: 2 reconstruction error: 0.050851
Epoch: 3 reconstruction error: 0.048293
Epoch: 4 reconstruction error: 0.046401
```

图 3-35 中的每一张图片都表示了隐藏层和可视层单元之间连接的一个向量。

3.9 自编码器

与 RBM 十分相似，自编码器（Autoencoder）是一种非监督学习算法，旨在挖掘数据中的隐藏结构。

3.9.1 自编码器的架构

自编码器是神经网络，它可以在隐藏层的不同维度表达输入，还可以捕捉输入参数之间的非线性关系。在大多数情况下，隐藏层的维度数小于输入。我们忽略了这一点，并且假设高维数据具有一个固有的低维结构。例如，高维的图像可以被低维的复制版本表示，自编码器通常用于挖掘这样的结构。图 3-36 展示了自编码器的架构。

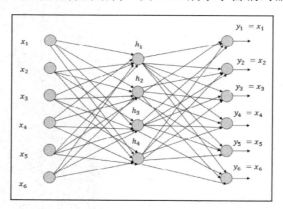

图 3-36　自编码器架构图

一个自编码器由两部分组成：编码器和解码器。编码器试图将输入数据 x 映射到一个隐藏层 h 中，解码器试图从隐藏层 h 中重建输入。网络中的权值通过最小化重建误差来训练，这个误差是解码器重建的输入 $\tilde{x}$ 与原始输入的差别。如果输入是连续的，那么为了学习自编码器的权值，将最小化重建误差的平方和。

如果用函数 $f_W(x)$ 来表示编码器，用 $f_U(x)$ 表示解码器，其中 W 和 U 是与编码器和解码器关联的权重矩阵，则有

$$h = f_W(x)$$
$$\tilde{x} = f_U(h)$$

在训练集 $x_i(i=1,2,\cdots,m)$ 上，上述的重建误差 C 可表示为

$$C(\boldsymbol{W},\boldsymbol{U})=\frac{1}{m}\sum_{i=1}^{m}\|x_i-\tilde{x}_i\|_2^2 \tag{3-22}$$

自编码器的最优权值 $(\hat{\boldsymbol{W}},\hat{\boldsymbol{U}})$ 可以通过最小化式（3-22）中的损失函数得到：

$$(\hat{\boldsymbol{W}},\hat{\boldsymbol{U}})=\underset{\boldsymbol{W},\boldsymbol{U}}{\arg\min}\,C(\boldsymbol{W},\boldsymbol{U})$$

自编码器可以用于多种目标，如学习数据的潜在表达、去噪声和特征提取。去噪声的自编码器可以将带有噪声的实际输入作为输入，试图重建实际输入。相似地，自编码器可以用作生成模型。有一种可以用于生成模型的自编码器，叫作变分自编码器。当前，变分自编码器和 GAN 是图像处理领域非常流行的生成模型。

3.9.2　自编码器的经典实现

本节将利用 Python，对 MNIST 数据实现降噪自动编码器。

```python
import numpy as np
import sklearn.preprocessing as prep
import tensorflow as tf
from tensorflow.examples.tutorials.mnist import input_data
def xavier_init(n_input,n_output,constant=1):
    """
    Xavier 初始化器,让权重被初始化调整合理的分布 mean=0,std=2/（n_input+n_output）
    n_input:输入节点数量
    n_output:输出节点数量
    """
    low=-constant * np.sqrt(6.0/(n_input+n_output))
    high=constant * np.sqrt(6.0/(n_input+n_output))
    return tf.random_uniform((n_input,n_output), minval=low, maxval=high,
                    dtype=tf.float32)
class AdditiveGaussianNoiseAutoencoder(object):
    def __init__(self,n_input,n_hidden,transfer_function=tf.nn.softplus,
            optimizer=tf.train.AdamOptimizer(),scale=0.1):
        """
        初始化函数
        n_input:输入变量数
        n_hidden:隐藏层节点数
        transfer_function:隐藏层激活函数
        optimizer：优化器默认为 Adam
        scale：高斯噪声系数
        """
        self.n_input=n_input
```

```python
        self.n_hidden=n_hidden
        self.transfer=transfer_function
        self.scale=tf.placeholder(dtype=tf.float32)
        self.training_scale=scale
        network_weights=self._initialize_weights()
        self.weights=network_weights
        self.x=tf.placeholder(tf.float32,[None,self.n_input])
        #利用 transform 对结果进行激活函数处理
        self.hidden=self.transfer(tf.add(tf.matmul(
            self.x+scale*tf.random_normal((n_input,)),self.weights['w1'])
                                         ,self.weights['b1']))
        #reconstruction 层对经过隐藏层的数据进行复原
        self.reconstruction=tf.add(tf.matmul(
            self.hidden,self.weights['w2']),
                                    self.weights['b2'])
        #定义自编码器的损失函数平方误差
        self.cost=0.5 * tf.reduce_sum(tf.pow(tf.subtract(self.reconstruction, self.x),2.0))
        self.optimizer=optimizer.minimize(self.cost)
        init=tf.global_variables_initializer()
        self.sess=tf.Session()
        self.sess.run(init)

    def _initialize_weights(self):
        """
        参数初始化函数
        """
        #利用字典存储参数
        all_weights=dict()
        all_weights['w1']=tf.Variable(xavier_init(self.n_input,self.n_hidden))
        all_weights['b1']=tf.Variable(tf.zeros([self.n_hidden], dtype=tf.float32))
        all_weights['w2']=tf.Variable(tf.zeros([self.n_hidden,self.n_input], dtype=tf.float32))
        all_weights['b2']=tf.Variable(tf.zeros([self.n_input], dtype=tf.float32))
        return all_weights

    def partial_fit(self,X):
        """
        函数利用一个 batch 的数据进行训练并且返回当前的损失 cost
        X：输入数据 X
        """
        cost,opt=self.sess.run((self.cost,self.optimizer),
                              feed_dict={self.x:X,
                                         self.scale:self.training_scale})
```

```python
        return cost

    def calc_total_cost(self,X):
        """
        函数在测试集上对模型进行评测时用到
        """
        return self.sess.run(self.cost,
                             feed_dict={self.x:X,
                                        self.scale:self.training_scale})

    def transform(self,X):
        """
        返回自编码器隐藏层的结果，提供一个接口来获取抽象后的特征
        """
        return self.sess.run(self.hidden,feed_dict={self.x:X,self.scale:self.training_scale})
    def generate(self,hidden=None):
        """
        将高阶特征复原为原始数据
        """
        if hidden is None:
            hidden=np.random.normal(size=self.weights["b1"])
        return self.sess.run(self.reconstruction,
                             feed_dict={self.hidden:hidden})
    def reconstruct(self,X):
        """
        函数整体运行一遍复原过程，包括高阶特征提取和通过高阶特征复原数据
        """
        return self.sess.run(self.reconstruct,feed_dict={self.x:X,
                                                         self.scale:self.training_scale})

    def getWeights(self):
        """
        获取隐藏层的权重 w1
        """
        return self.sess.run(self.weights['w1'])


    def getBiases(self):
        """
        获取隐藏层偏置系数 b1
        """
        return self.sess.run(self.weights['b1'])
def standard_scale(X_train,X_test):
    """
```

```python
        对训练集和测试集的数据进行标准化处理
        """
        preprocessor =prep.StandardScaler().fit(X_train)
        X_train=preprocessor.transform(X_train)
        X_test=preprocessor.transform(X_test)
        return X_train,X_test

    def get_random_block_from_data(data,batch_size):
        """
        函数随机从数据集中获取block
        """
        start_index=np.random.randint(0,len(data)-batch_size)
        return data[start_index:(start_index+batch_size)]

if __name__ == '__main__':
    mnist=input_data.read_data_sets('MNIST_data',one_hot=True)
    X_train,X_test=standard_scale(mnist.train.images, mnist.test.images)
    n_samples=int(mnist.train.num_examples)
    training_epochs=1
    batch_size=128
    display_step=1
    autoencoder=AdditiveGaussianNoiseAutoencoder(n_input=784,
                                                  n_hidden=200,
                                                  transfer_function=tf.nn.softplus,
                                                  optimizer=tf.train.AdamOptimizer(learning_rate=0.001),
                                                  scale=0.01)
    for epoch in range(training_epochs):
        avg_cost=0.0
        total_batch=int(n_samples/batch_size)
        for i in range(total_batch):
            batch_xs=get_random_block_from_data(X_train, batch_size)
            cost=autoencoder.partial_fit(batch_xs)
            avg_cost+=cost/n_samples*batch_size
        if epoch%display_step==0:
            print("Epoch:",'%04d'%(epoch+1),
                "Cost=","{:.9f}".format(avg_cost))
    print("Total cost:"+str(autoencoder.calc_total_cost(X_test)))
```

运行程序，输出如下：

```
Extracting MNIST_data\train-labels-idx1-ubyte.gz
Instructions for updating:
Please use tf.one_hot on tensors.
Extracting MNIST_data\t10k-images-idx3-ubyte.gz
```

Extracting MNIST_data\t10k-labels-idx1-ubyte.gz
Instructions for updating:
Please use alternatives such as official/mnist/dataset.py from tensorflow/models.
2020-03-30 20:49:42.240125: I T:\src\github\tensorflow\tensorflow\core\platform\cpu_feature_guard.cc:140] Your CPU supports instructions that this TensorFlow binary was not compiled to use: AVX2
Epoch: 0001 Cost= 19898.517085227
Total cost:1158336.9

第 4 章 迁移学习

在深度学习领域，通过将预训练模型作为检查点训练生成神经网络模型，以实现对新任务的支持，这种方法通常被称为迁移学习。

迁移学习的好处是不用再设计与训练一个全新的网络模型，而是基于已经训练好的网络模型，在其基础上进行参数与知识迁移，只需要很小的计算资源开销与很少的训练时间就可以实现对新任务的支持。图 4-1 为传统机器学习与迁移学习的架构图。

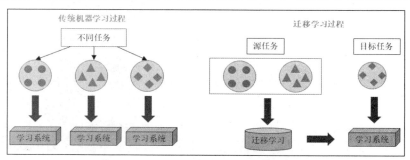

图 4-1 传统机器学习与迁移学习的架构图

4.1 迁移学习概述

由于不同层单元之间的相连关系，深度学习模型存在大量的参数。为了训练这样的大型模型，需要大量的数据，否则，模型会存在过拟合问题，而迫切需要深度学习来解决的问题，无法得到大量的数据。例如，对于图像处理领域的物体识别任务，深度学习模型提供了最先进的解决方法。在这种情况下，可以通过使用已训练好的深度学习模型中的特征检测器来进行迁移学习并创造新的特征。然后，可以用这些特征构建一个简单的模型，利用现有的数据解决新的问题。所以，新模型只需学习与构建简单模型的相关参数，以降低过拟合的概率。预先训练好的模型是在一个大型数据集上训练的，因此它们有可靠的参数，可以作为通用的特征检测器。

利用 CNN 处理图像时，网络的前几层学习检测非常简单的特征，如卷曲、边缘、颜色构成等。随着网络逐层加深，更深层的卷积层将学习特定数据集中更加复杂的特征。对于一个训练好的网络，在新的数据集上可以不用训练网络的前几层（因为前几层学习的是通用的特征），而只训练最后几层，因为最后几层学习当前数据集中更复杂的特征。这样，只需训练较少的参数，就可以更明智地利用数据只训练所需的复杂特征，而不训练通用特征。

迁移学习在基于 CNN 的图像处理中被广泛应用，其中滤波器作为特征检测器。迁移学习中最常用的预训练的 CNN 包括 AlexNet、VGG16、VGG19、Inception v3、ResNet 等。图 4-2 展示了采用迁移学习方法的 VGG16 网络。

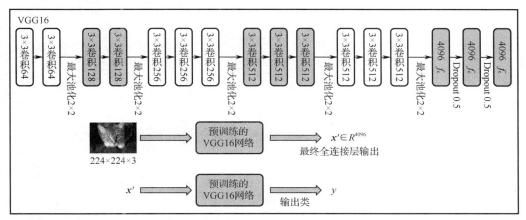

图 4-2　VGG 16 网络

由 x 表示的输入图像被传入预训练的 VGG 16 网络，最终的全连接层输出 4096 维度的输出特征向量 x'。提取的特征 x' 和对应的类别标签 y 一起被用来训练一个简单的分类网络，从而减少解决问题需要的数据。

4.2　VGG16 实现图像风格转移

本节通过实例介绍利用 VGG16 模型实现图像风格转移的方法。

1. 图像风格转化

在一幅图像内容特征的基础上，添加另一幅图像的风格特征，生成一幅新的图像。在卷积神经网络模型训练中，通过输入固定的图像来调整网络的参数，以实现利用图像训练网络的目的。在生成特定风格图像时，已有的网络参数不变，调整图像使图像向目标风格转化。在内容风格转化时，调整图像的像素值，使其向目标图像在卷积神经网络输出的内容特征靠拢。在风格特征计算时，通过对多个神经元的输出两两之间内积求和得到 gram 矩阵，然后对 gram 矩阵求差的均值得到风格的损失函数。

2. VGG16 实现

通过 VGG16 实现图像风格转移的步骤如下。
（1）准备好 VGG16 的模型参数。
通过预先训练好的 VGG16 模型对图像进行风格转移，首先需要准备好 VGG16 的模型参数，保存在源代码文件中。然后通过 numpy.load() 导入并查看参数的内容：

```
import numpy as np
data=np.load('./vgg16_model.npy',allow_pickle=True,encoding='bytes')
```

```
print(data.type())    #查看数据类型
data_dic=data.item()
#查看网络层参数的键值
print(data_dic.keys())

###打印键值如下,可以看到分别有不同的卷积层和全连接层
dict_keys([b'conv5_1', b'fc6', b'conv5_3', b'conv5_2', b'fc8', b'fc7', b'conv4_1',
 b'conv4_2', b'conv4_3', b'conv3_3', b'conv3_2', b'conv3_1', b'conv1_1', b'conv1_2',
 b'conv2_2', b'conv2_1'])

##接着查看每层具体的参数,通过 data_dic[key]可以获取 key 对应层次的参数
#查看卷积层 1_1 的参数 w,b
w,b=data_dic[b'conv1_1']
print(w.shape,b.shape)
#查看全连接层的参数
w,b=data_dic[b'fc8']
print(w.shape,b.shape)
```

(2)构建 VGG 网络。

在类初始化函数中读取预训练模型文件中的参数到 self.data_dic,通过将已经训练好的参数填充到网络就可以搭建 VGG 网络。

首先构建卷积层,通过传入各个卷积层的 name 参数,读取模型中对应的卷积层参数并填充到网络。其次实现池化操作,由于池化不需要参数,所以直接对输入进行最大池化操作后输出即可。再次经过展开层,由于卷积池化后的数据是四维向量[batch_size, image_width,image_height,chanel],需要将最后三维展开,将最后三个维度相乘,通过 tf.reshape()展开。最后需要把结果送入全连接层,其实现和卷积层类似,读取权值和偏置参数后进行全连接操作,然后输出。

```
class VGGNet:
  def __init__(self, data_dir):
    data = np.load(data_dir, allow_pickle=True, encoding='bytes')
    self.data_dic = data.item()

  def conv_layer(self, x, name):
  #实现卷积操作
  with tf.name_scope(name):
    #从模型文件中读取各卷积层的参数值
    weight = tf.constant(self.data_dic[name][0], name='conv')
    bias = tf.constant(self.data_dic[name][1], name='bias')
    #进行卷积操作
    y = tf.nn.conv2d(x, weight, [1, 1, 1, 1], padding='SAME')
    y = tf.nn.bias_add(y, bias)
    return tf.nn.relu(y)
```

```
def pooling_layer(self, x, name):
  #实现池化操作
  return tf.nn.max_pool(x, ksize=[1, 2, 2, 1], strides=[1, 2, 2, 1], padding='SAME', name=name)

def flatten_layer(self, x, name):
  #实现展开层
  with tf.name_scope(name):
    x_shape = x.get_shape().as_list()
    dimension = 1
    #计算 x 的最后三个维度积
    for d in x_shape[1:]:
      dimension *= d
    output = tf.reshape(x, [-1, dimension])
    return output

def fc_layer(self, x, name, activation=tf.nn.relu):
  #实现全连接层
  with tf.name_scope(name):
    #从模型文件中读取各全连接层的参数值
    weight = tf.constant(self.data_dic[name][0], name='fc')
    bias = tf.constant(self.data_dic[name][1], name='bias')
    #进行全连接操作
    y = tf.matmul(x, weight)
    y = tf.nn.bias_add(y, bias)
    if activation==None:
      return y
    else:
      return tf.nn.relu(y)
```

（3）通过 self.build()实现 VGG16 网络的搭建。

数据输入后首先需要进行归一化处理,将输入的 RGB 数据拆分为 R、G、B 三个通道,其次将三个通道数据分别减去一个固定值,最后将三通道数据按 B、G、R 顺序重新拼接为一个新的数据。接下来则是通过上面的构建函数来搭建 VGG 网络,依次将五层的卷积池化网络、展开层、三个全连接层的参数读入各层,并搭建网络,最后经 softmax 函数输出。

```
def build(self,x_rgb):
  s_time=time.time()
  #归一化处理,在第四维将输入图片的三通道拆分
  r,g,b=tf.split(x_rgb,[1,1,1],axis=3)
  #分别将三通道数据减去特定值,归一化后再按 B、G、R 顺序拼接起来
  VGG_MEAN = [103.939, 116.779, 123.68]
```

```python
x_bgr=tf.concat(
 [b-VGG_MEAN[0],
  g-VGG_MEAN[1],
  r-VGG_MEAN[2]],
  axis=3
)
#判断拼接起来的数据是否符合期望，符合再继续往下执行
assert x_bgr.get_shape()[1:]==[668,668,3]

#构建各个卷积、池化、全连接等层
self.conv1_1=self.conv_layer(x_bgr,b'conv1_1')
self.conv1_2=self.conv_layer(self.conv1_1,b'conv1_2')
self.pool1=self.pooling_layer(self.conv1_2,b'pool1')

self.conv2_1=self.conv_layer(self.pool1,b'conv2_1')
self.conv2_2=self.conv_layer(self.conv2_1,b'conv2_2')
self.pool2=self.pooling_layer(self.conv2_2,b'pool2')

self.conv3_1=self.conv_layer(self.pool2,b'conv3_1')
self.conv3_2=self.conv_layer(self.conv3_1,b'conv3_2')
self.conv3_3=self.conv_layer(self.conv3_2,b'conv3_3')
self.pool3=self.pooling_layer(self.conv3_3,b'pool3')

self.conv4_1 = self.conv_layer(self.pool3, b'conv4_1')
self.conv4_2 = self.conv_layer(self.conv4_1, b'conv4_2')
self.conv4_3 = self.conv_layer(self.conv4_2, b'conv4_3')
self.pool4 = self.pooling_layer(self.conv4_3, b'pool4')

self.conv5_1 = self.conv_layer(self.pool4, b'conv5_1')
self.conv5_2 = self.conv_layer(self.conv5_1, b'conv5_2')
self.conv5_3 = self.conv_layer(self.conv5_2, b'conv5_3')
self.pool5 = self.pooling_layer(self.conv5_3, b'pool5')

self.flatten=self.flatten_layer(self.pool5,b'flatten')
self.fc6=self.fc_layer(self.flatten,b'fc6')
self.fc7 = self.fc_layer(self.fc6, b'fc7')
self.fc8 = self.fc_layer(self.fc7, b'fc8',activation=None)
self.prob=tf.nn.softmax(self.fc8,name='prob')

print('模型构建完成，用时%d 秒'%(time.time()-s_time))
```

3．图像风格转移

实现图像风格转移的步骤如下。

（1）首先需要定义网络的输入与输出。网络的输入是风格图像和内容图像，两张图像都是668×668的3通道图像。首先通过PIL库中的Image对象读入风格图像style_img和内容图像content_img，并将其转化为数组，定义对应的占位符style_in和content_in，在训练时将图像填入。

网络的输出是一张结果图像，是668×668的3通道图像，通过随机函数初始化一个结果图像的数组res_out。

```python
vgg16_dir = './data/vgg16_model.npy'
style_img = './data/a1.jpg'
content_img = './data/a2.jpg'
output_dir = './data'

def read_image(img):
    img = Image.open(img)
    img_np = np.array(img) #将图像转化为[668,668,3]数组
    img_np = np.asarray([img_np], ) #转化为[1,668,668,3]的数组
    return img_np

#输入风格、内容图像数组
style_img = read_image(style_img)
content_img = read_image(content_img)
#定义对应的输入图像的占位符
content_in = tf.placeholder(tf.float32, shape=[1, 668, 668, 3])
style_in = tf.placeholder(tf.float32, shape=[1, 668, 668, 3])

#初始化输出的图像
initial_img = tf.truncated_normal((1, 668, 668, 3), mean=127.5, stddev=20)
res_out = tf.Variable(initial_img)

#构建VGG网络对象
res_net = VGGNet(vgg16_dir)
style_net = VGGNet(vgg16_dir)
content_net = VGGNet(vgg16_dir)
res_net.build(res_out)
style_net.build(style_in)
content_net.build(content_in)
```

利用上面定义的VGGNet类来创建图像对象，并完成build操作。

（2）对于内容损失，选定内容图像和结果图像的卷积层要相同，如这里选取了卷积层1_1和2_1。然后对这两个特征层的后三个通道求平方差，再取均值，得到内容损失。

对于风格损失，首先需要对风格图像和结果图像的特征层求 gram 矩阵，然后对 gram 矩阵求平方差的均值。最后按照系数比例将两个损失函数相加即可得到 loss。

```python
###计算损失，需要分别计算内容损失和风格损失
#提取内容图像的内容特征
content_features = [
 content_net.conv1_2,
 content_net.conv2_2
]
#对应结果图像提取相同层的内容特征
res_content = [
 res_net.conv1_2,
 res_net.conv2_2
]
#计算内容损失
content_loss = tf.zeros(1, tf.float32)
for c, r in zip(content_features, res_content):
  content_loss += tf.reduce_mean((c - r) ** 2, [1, 2, 3])

#计算风格损失的 gram 矩阵
def gram_matrix(x):
  b, w, h, ch = x.get_shape().as_list()
  features = tf.reshape(x, [b, w * h, ch])
  #对 features 矩阵求内积，再除以一个常数
  gram = tf.matmul(features, features, adjoint_a=True) / tf.constant(w * h * ch, tf.float32)
  return gram

#对风格图像提取特征
style_features = [
style_net.conv4_3
]
style_gram = [gram_matrix(feature) for feature in style_features]
#提取结果图像对应层的风格特征
res_features = [
 res_net.conv4_3
]
res_gram = [gram_matrix(feature) for feature in res_features]
#计算风格损失
style_loss = tf.zeros(1, tf.float32)
for s, r in zip(style_gram, res_gram):
  style_loss += tf.reduce_mean((s - r) ** 2, [1, 2])

#模型内容、风格特征的系数
```

```
k_content = 0.1
k_style = 500
#按照系数将两个损失值相加
loss = k_content * content_loss + k_style * style_loss
```

（3）接下来开始进行 100 轮的训练，打印并查看过程中的总损失、内容损失、风格损失。将每轮生成的结果图像输出到指定目录下。

```
#进行训练
learning_steps = 100
learning_rate = 10
train_op = tf.train.AdamOptimizer(learning_rate).minimize(loss)

with tf.Session() as sess:
  sess.run(tf.global_variables_initializer())
  for i in range(learning_steps):
    t_loss, c_loss, s_loss, _ = sess.run(
      [loss, content_loss, style_loss, train_op],
      feed_dict={content_in: content_img, style_in: style_img}
    )
    print('第%d 轮训练，总损失：%.4f，内容损失：%.4f，风格损失：%.4f'
      % (i + 1, t_loss[0], c_loss[0], s_loss[0]))
    #获取结果图像数组并保存
    res_arr = res_out.eval(sess)[0]
    res_arr = np.clip(res_arr, 0, 255)      #将结果数组中的值裁剪到 0~255
    res_arr = np.asarray(res_arr, np.uint8)     #将图像数组转化为 uint8
    img_path = os.path.join(output_dir, 'res_%d.jpg' % (i + 1))
    #图像数组转化为图像
    res_img = Image.fromarray(res_arr)
    res_img.save(img_path)
```

运行程序，可以看到如图 4-3 所示的效果，依次为原始（内容）图像、风格图像、训练 12 轮效果图像、训练 46 轮效果图像、训练 100 轮效果图像。

（a）原始图像　　　　　　　　（b）风格图像

图 4-3　图像风格转移效果

（c）训练 12 轮效果图像　　　　　（d）训练 46 轮效果图像　　　　　（e）训练 100 轮效果图像

图 4-3　图像风格转移效果（续）

4.3　糖尿病性视网膜病变检测

糖尿病性视网膜病变通常在糖尿病患者中出现，病人的高血糖会对其视网膜中的血管造成损害。在医疗领域，糖尿病性视网膜病变检测通常采用手动检测，即由经验丰富的医生通过检查彩色的眼底视网膜图像来完成。这样的诊断过程通常会有一定程度的延迟，进而导致治疗时机的延误。本节将建立一个强大的人工智能系统，通过输入彩色视网膜眼底图像来检测是否存在糖尿病性视网膜病变，并根据病变的严重程度进行分类。分类结果如下。

- 0：没有糖尿病性视网膜病变。
- 1：轻度糖尿病性视网膜病变。
- 2：中度糖尿病性视网膜病变。
- 3：严格的糖尿病性视网膜病变。
- 4：增生性糖尿病性视网膜病变。

4.3.1　病变数据集

构建糖尿病性视网膜病变检测程序的数据集可从 Kaggle 获得，链接为：https://www.kaggle.com/c/classroom-diabetic-retinopathy-detection-competition/data。训练数据集和保留测试数据集都保存在 train_dataset.zip 文件中。

对于进行交叉验证的数据，使用标记的训练数据构建模型，并在保留数据集上验证模型。因此准确度将是一个有效的验证指标，定义为

$$a_c = \frac{c}{N}$$

其中，c 为被正确分类的样本数量，N 为用于评估的样本数量。

实例中，将使用二次加权 K 统计量来定义模型的质量，并与 Kaggle 标准相比较。二次加权 K 统计量定义为

$$K = 1 - \frac{\sum_{i,j} w_{i,j} O_{i,j}}{\sum_{i,j} w_{i,j} E_{i,j}}$$

权值 $w_{i,j}$ 为

$$w_{i,j} = \frac{(i-j)^2}{N-1}$$

另外，N 表示类别的数量；$O_{i,j}$ 表示被预测为类别 i 且实际类别为 j 的图像的数量；$E_{i,j}$ 表示被预测为类别 i 且实际类别为 j 的图像的期望数量，并假设预测类别与实际类别之间相互独立。

4.3.2 损失函数定义

以上分析包含 5 个类别，因此可以将其视为分类问题。对于分类问题，输出标签需要进行独热编码。

- 没有糖尿病性视网膜病变：$[1,0,0,0,0]^T$。
- 轻度糖尿病性视网膜病变：$[0,1,0,0,0]^T$。
- 中度糖尿病性视网膜病变：$[0,0,1,0,0]^T$。
- 严格的糖尿病性视网膜病变：$[0,0,0,1,0]^T$。
- 增生性糖尿病性视网膜病变：$[0,0,0,0,1]^T$。

softmax 函数是用于在输出层中呈现不同类别概率的最佳激活函数，而每个数据点的类别交叉熵损失之和是要优化的最佳损失。对于具有输出标签向量 $\boldsymbol{y}$ 和预测概率 $\boldsymbol{p}$ 的单个数据点，交叉熵损失函数为

$$L = -\sum_{j=1}^{5} y_j \log p_j \tag{4-1}$$

其中，$\boldsymbol{y} = [y_1 \cdots y_j \cdots y_5]^T$，且 $\boldsymbol{p} = [p_1 \cdots p_j \cdots p_5]^T$。

同样地，M 个训练数据点的平均损失可表示为

$$L = \frac{1}{M} \sum_{i=1}^{M} \sum_{j=1}^{5} [y_j^{(i)} \log p_j^{(i)}] \tag{4-2}$$

在训练过程中，基于式（4-2）得到的平均对数损失产生小批量梯度，其中 M 是批量的大小。对于验证对数损失，M 是验证集数据点数。由于我们将在 K 折交叉验证（K-fold Cross Validation）的每一折进行验证，因此将在每个折中使用不同的验证数据集。

值得注意的是，输出的类别具有序数性，并且严重性逐类递增。因此回归也可能是不错的解决方法。下面将尝试用回归来代替分类，观察是否合理。

4.3.3 类别不平衡问题

类别不平衡是分类问题中的一个主要问题。图 4-4 描绘了 5 个严重性类的类密度。

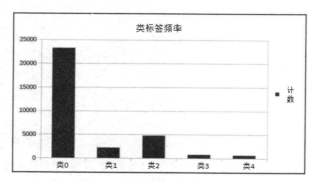

图 4-4 5 个严重性类的类密度

由图 4-4 可看出，接近 73%的训练数据属于类 0，即没有糖尿病性视网膜病变。因此，如果我们将所有数据都标记为类 0，那么准确度将达到 73%。但这对患者的健康而言是不负责任的。在实际生活中，我们宁愿在患者没有某种健康问题的情况下误判为有问题（假阳性），而不是在有某种健康问题的情况下误判为没有问题（假阴性）。如果模型能学会将所有数据归类为类 0，那么 73%的准确度可能毫无意义。

检测更高的严重性类别比检测不严重类别更为重要。使用对数损失或交叉熵损失函数的分类模型的问题在于它的结果通常会有利于数据量大的类别。这是因为交叉熵误差在最大相似性原则上更倾向于为数量更多的类别分配更高的概率。针对这个问题，可以做两件事。

- 从具有更多样本的类别中丢弃数据或者对类别进行低频采样以保持样本之间的均匀分布。
- 在损失函数中，为类别赋予与其密度成反比的权重。这可以保证当模型未能对它们进行分类时，损失函数对低频类别赋予更高的惩罚。

表 4-1 中列出了各类的类别权重。

表 4-1 类别权重

严重性类别	类别权重
类 0	0.0120353863
类 1	0.1271350558
类 2	0.0586961973
类 3	0.3640234214
类 4	0.4381974727

在实例中，将在训练分类网络时使用这些权重。

4.3.4 预处理

我们将参照 ImageNet 数据集从每个图像中逐通道减去平均像素强度。这样可以保证在模型训练之前，糖尿病性视网膜病变的图像强度与所处理的 ImageNet 图像处于相同的强度范围。一旦完成预处理，图像将被存储在一个 NumPy 数组中。

预处理图像的函数代码为：

```
def get_im_cv2(self,path,dim=224):
    img = cv2.imread(path)
    resized = cv2.resize(img, (dim,dim), cv2.INTER_LINEAR)
    return resized

#基于 ImageNet 预训练的模型图像变换对图像进行预处理
def pre_process(self,img):
    img[:,:,0] = img[:,:,0] - 103.939
    img[:,:,1] = img[:,:,0] - 116.779
    img[:,:,2] = img[:,:,0] - 123.68
    return img
```

在代码中，通过 imread 函数读取图像，通过行间插值的方法将图像大小调整为（224,224,3）或其他任意指定大小。ImageNet 图像的红色、绿色和蓝色通道的平均像素强度分别为 103.939、116.779 和 123.68。预训练模型是从图像中减去这些平均值之后进行训练的。这种减去平均值的方法使数据特征标准化，将数据集中在 0 附近有助于避免梯度消失和梯度爆炸问题，帮助模型更快地收敛。此外，每个通道标准化有助于保持梯度流均匀地进入每个通道。

同样地，还可以对整个图像进行均值归一化，而不是分别对每个通道进行均值归一化。这需要从图像自身中减去每个图像的平均值。例如，CNN 中识别的物体可能具有不同的光照条件（如白天或夜晚），而我们希望无论在哪种光照条件下，都能正确地对物体进行分类。不同的像素强度将不同程度地激活神经网络的神经元，这会增加对象被错误分类的可能性。然而，如果从图像中减去每个图像的平均值，则该图像对象将不再受到不同照明条件的影响。因此，根据具体图像的性质，需要自己选择最佳的图像标准化方案，不过任何默认的标准化性能都不错。

4.3.5 仿射变换产生额外数据

本实例使用 Keras 库的 ImageDataGenerator 类在图像像素坐标上进行仿射变换来生成额外的数据，主要使用的仿射变换有旋转、平移、缩放和反射。假如像素空间坐标轴由 $\boldsymbol{x}=[x_1,x_2]^T \in R^2$ 定义，那么新变换得到的像素坐标为

$$\boldsymbol{x}' = \boldsymbol{Mx} + \boldsymbol{b}$$

此处，$\boldsymbol{M}$ 是 2×2 的仿射变换矩阵；$\boldsymbol{b}=[b_1,b_2]^T \in R^2$ 是平移向量，b_1 指定沿着一个空间方向平移，而 b_2 指定沿着另一个空间方向平移。

这些变换是必须的，因为神经网络通常需要平移、旋转、缩放或反射。池化操作确实提供了一些平移不变性，但通常是不够的。下面对几个仿射变换进行介绍。

1. 旋转

θ 为旋转角度，即旋转的仿射变换矩阵为

$$M = \begin{bmatrix} \cos\theta & -\sin\theta \\ \sin\theta & \cos\theta \end{bmatrix}$$

在这种情况下，平移向量 b 为 0，我们可以通过使用非零向量 b 在旋转之后进行平移。

2. 平移

对于平移，仿射变换矩阵是单位矩阵，平移向量 b 具有非零值。

$$M = I = \begin{bmatrix} 1 & 0 \\ 0 & 1 \end{bmatrix}$$

$$b \neq 0$$

例如，可以使用 M 作为单位矩阵，$b = [5,3]^T$，得到沿垂直方向平移 5 个像素位置和沿水平方向平移 3 个像素位置的变换。

3. 缩放

缩放可以通过 2×2 的对角矩阵 M 来执行，如

$$M = \begin{bmatrix} s_v & 0 \\ 0 & s_h \end{bmatrix}$$

其中，s_v 表示沿垂直方向的缩放因子，s_h 表示沿水平方向的缩放因子。我们还可以使用非零平移向量 b，在缩放之后进行平移。

4. 反射

通过 2×2 的变换矩阵 T 可以得到与水平 L 成 θ 角的反射图像。

$$T = \begin{bmatrix} \cos 2\theta & \sin 2\theta \\ \sin 2\theta & -\cos 2\theta \end{bmatrix}$$

此外，使用 Keras 图像生成器类来完成任务。

```
datagen = ImageDataGenerator(
    horizontal_flip = True,
    vertical_flip = True,
    width_shift_range = 0.1,
    height_shift_range = 0.1,
    channel_shift_range=0,
    zoom_range = 0.2,
    rotation_range = 20)
```

从定义的生成器可看出，代码中已经启用了水平和垂直翻转，这会生成分别沿水平轴和垂直轴反射得到的图像。类似地，还让图像沿宽度和高度方向平移 10% 的像素位置。旋转范围限制在 20°的角度范围内，而缩放因子则定义为 0.8～1.2。

4.3.6 网络架构

本实例将使用预训练网络模型 ResNet50、InceptionV3 和 VGG16 进行实验,并找出能够获得最佳结果的网络。每个预训练模型的权重设置都基于 ImageNet。VGG16 是一个 16 层的 CNN,它使用 3×3 的滤波器和 2×2 的感受野进行卷积。整个网络中使用的激活函数都是 ReLU。VGG 架构是由 Simonyan 和 Zisserman 开发的,该架构获得了 2014 年 ILSVRC 竞赛的亚军。VGG16 网络由于其简单性而获得了广泛的普及,而且它是用于从图像中提取特征的最流行的网络。

ResNet50 网络是一个深度 CNN,它实现了残差块的概念,与 VGG16 网络非常不同。在一系列卷积—激活—池化操作后,块的输入再次反馈到输出。ResNet 网络架构由 Kaimming He 等人开发,虽然它有 152 层,但其实并没有 VGG16 网络复杂。该架构以 3.57% 的 Top-5 错误率赢得了 2015 年 ILSVRC 竞赛,这比竞赛数据集的人工标注成绩还要好。Top-5 错误率是通过检查目标是否在最高概率的 5 个预测类别中得到的。实际上,ResNet 网络尝试学习残差映射,而不是直接从输出映射到输入,如图 4-5 所示。

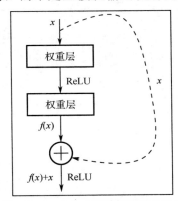

图 4-5 ResNet 网络模型的残差块

InceptionV3 网络是来自谷歌的最先进的 CNN。InceptionV3 网络不是在每层使用固定大小的卷积滤波器,而是使用不同大小的滤波器来提取不同粒度级别的特征。InceptionV3 网络的卷积块如图 4-6 所示。

InceptionV1 网络是 2014 年 ILSVRC 竞赛的获胜者。它的 Top-5 错误率为 6.67%,非常接近人类的表现。

1. VGG16 网络

我们将使用预训练 VGG16 网络的最后一个池化层的输出,添加几个每层有 512 个单元的全连接层,以及添加一个输出层。最后一个池化层的输出在全连接层之前进行全局平均池化操作。也可以简单地展平池化层的输出,而不是执行全局平均池化,目的是确保池的输出格式是一维数组格式,而不是二维点阵格式,它很像一个全连接层。图 4-7 说明了基于预训练 VGG16 网络的新 VGG16 网络的架构。

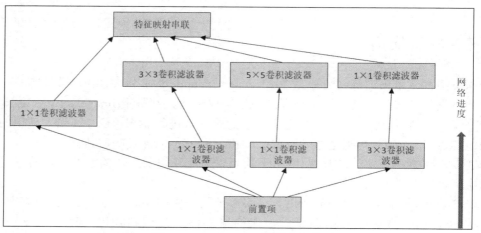

图 4-6 InceptionV3 网络卷积块

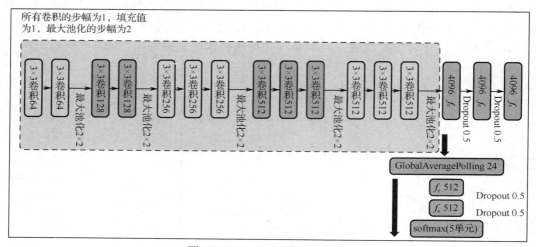

图 4-7 VGG16 迁移学习网络

如图 4-7 所示,将从预训练的网络中提取最后一个最大池化层的输出,并在最终输出层之前连接两个全连接层。基于前面的架构,可以使用 Keras 定义 VGG16 函数,代码为:

```
def VGG16_pseudo(self,dim=224,freeze_layers=10,full_freeze='N'):
    model = VGG16(weights='imagenet',include_top=False)
    x = model.output
    x = GlobalAveragePooling2D()(x)
    x = Dense(512, activation='relu')(x)
    x = Dropout(0.5)(x)
    x = Dense(512, activation='relu')(x)
    x = Dropout(0.5)(x)
    out = Dense(5,activation='softmax')(x)
    model_final = Model(input = model.input,outputs=out)
    if full_freeze != 'N':
```

```
                for layer in model.layers[0:freeze_layers]:
                    layer.trainable = False
                return model_final
```

我们将使用在 ImageNet 上预训练的 VGG16 网络的权重作为模型的初始权重,然后对模型进行微调。冻结前几个层(默认为 10 层)的权重,因为在 CNN 中,前几层会学习检测通用的特征,如边缘、颜色构成等。因此,不同领域图像的通用特征不会有很大差异。冻结层是指不训练特定于该层的权重。我们可以尝试不同的冻结层数量,并采用提供最佳验证结果的冻结层数量。由于现在面临的是多分类任务,所以输出层最终选择使用 softmax 激活函数。

2. InceptionV3 网络

任务中使用的 InceptionV3 网络被定义在后面的代码块中。值得注意的是,由于 InceptionV3 是一个更深的网络,因此可以拥有更多的初始层。在数据有限的情况下,不需要训练模型中的所有层是一个优势。但是使用较少的训练数据可能会导致过拟合。冻结层可以减少需要训练的权重,即提供了某种形式的正则化。

由于初始层学习与问题领域无关的通用特征,因此它们是最适合冻结的层。在完全连接层中使用 Dropout 算法,可以防止过拟合。

```
        def inference_validation(self,test_X,test_y,model_save_dest,n_class=5,folds=5):
            pred = np.zeros((len(test_X),n_class))

            for k in range(1,folds + 1):
                model = keras.models.load_model(model_save_dest[k])
                pred = pred + model.predict(test_X)
            pred = pred/(1.0*folds)
            pred_class = np.argmax(pred,axis=1)
            act_class = np.argmax(test_y,axis=1)
            accuracy = np.sum([pred_class == act_class])*1.0/len(test_X)
            kappa = cohen_kappa_score(pred_class,act_class,weights='quadratic')
            return pred_class,accuracy,kappa
```

3. ResNet50 网络

用于迁移学习的 ResNet50 网络模型的定义如下:

```
        def resnet_pseudo(self,dim=224,freeze_layers=10,full_freeze='N'):
            model = ResNet50(weights='imagenet',include_top=False)
            x = model.output
            x = GlobalAveragePooling2D()(x)
            x = Dense(512, activation='relu')(x)
            x = Dropout(0.5)(x)
            x = Dense(512, activation='relu')(x)
            x = Dropout(0.5)(x)
```

```
                    out = Dense(5,activation='softmax')(x)
                    model_final = Model(input = model.input,outputs=out)
                    if full_freeze != 'N':
                            for layer in model.layers[0:freeze_layers]:
                                    layer.trainable = False
                    return model_final
```

4.3.7 优化器与交叉验证

1. 优化器

在训练中,我们使用 Adam 优化器(自适应矩估计器,Adaptive Moment Estimator),它实现了随机梯度下降的高级版。Adam 优化器可以处理损失函数中的曲率,同时它使用动量(Momentum)来保证学习向较好的局部最小值方向稳定进展。我们将使用较小的初始学习率 0.00001,这将确保网络不会丢失预训练网络中学习到的有用特征,Adam 优化器定义为:

```
adam=optimizers.Adam(lr=0.00001,beta_1=0.9,beta_2=0.999,epsilon=le-08,decay=0.0)
```

参数 beta_1 控制当前梯度在动量计算中的贡献率,而参数 beta_2 控制梯度平方在梯度归一化中的贡献率,这有助于处理损失函数中的曲率问题。

2. 交叉验证

由于训练数据集比较小,此处将执行 5 折交叉验证,以便更好地了解模型推广到新数据集的能力。我们还将在训练中使用在不同折交叉验证中构建的所有 5 个模型来进行推断。一个测试数据属于某个类别标签的概率将是所有 5 个模型预测的平均概率,其概率表示为

$$\hat{p} = \frac{1}{5}\sum_{i=1}^{5} p_i$$

由于目标是预测实际的类别而不是概率,因此将选择具有最大概率的类别。这种方法通常被用在基于分类的网络和损失函数中。如果将问题视为回归问题,那么这个过程就会有些变化,在此不讨论。

3. 检查点

对于项目,将记录验证对数损失,并且在验证对数损失得到改善的任何时刻保存模型。这样,在训练之后,保存下来的将是具有最佳验证对数损失的模型权重,而不是停止训练时的最终模型权重。训练将一直持续,直到达到定义的最大训练轮数,或者直到验证对数损失连续 10 轮都没有减少。当验证对数损失连续 3 轮都没有改善时,将降低学习率。以下代码用于执行降低学习率和检查点操作:

```
            reduce_lr = keras.callbacks.ReduceLROnPlateau(monitor='val_loss', factor=0.50,patience=3,
min_lr=0.000001)
```

```
                early = EarlyStopping(monitor='val_loss', patience=10, mode='min', verbose=1)
                logger = CSVLogger(f'{self.outdir}/keras-epochs_ib.log', separator=',', append=False)
                model_name = f'{self.outdir}/keras_transfer_learning-run.check'
                checkpoint = ModelCheckpoint(
                        model_name,
                        monitor='val_loss', mode='min',
                        save_best_only=True,
                        verbose=1)
```

如上所述，如果连续 3 轮（patience=3）验证对数损失都没有改善，则学习率会被降低一半（0.50）。同样地，如果验证对数损失在 10 轮（patience=10）内都没有减少，则停止训练（执行 EarlyStopping）。每当验证对数损失减少时都会保存模型，代码为：

```
                'kera1-5fold-run-01-v1-fold-'+str('%02d' % (k+1))+'-run-'+str('%02d' %(1+1))+'.check'
```

在 kera1-5fold-run-01-v1-epochs_ib.log 日志文件中会记录每一轮训练过程的验证对数损失，如果验证对数损失得到改善，就会引用它以便保存模型，或者将其用于决定何时降低学习率或终止训练。

每个折的模型通过使用 Keras 库的 save 函数被保存在用户预定义的路径中，而在推断期间，则通过 keras.load_model 函数将模型加载到内存中。

4.3.8　Python 实现

以下 Python 程序显示了训练过程的端到端实现，步骤为：
（1）导入所有必需的编程包。

```
                import numpy as np
                np.random.seed(1000)


                import os
                import glob
                import cv2
                import datetime
                import pandas as pd
                import time
                import warnings
                warnings.filterwarnings("ignore")
                from sklearn.model_selection import KFold
                from sklearn.metrics import cohen_kappa_score
                from keras.models import Sequential,Model
                from keras.layers.core import Dense, Dropout, Flatten
                from keras.layers.convolutional import Convolution2D, MaxPooling2D, ZeroPadding2D
                from keras.layers import GlobalMaxPooling2D,GlobalAveragePooling2D
                from keras.optimizers import SGD
```

```python
from keras.callbacks import EarlyStopping
from keras.utils import np_utils
from sklearn.metrics import log_loss
import keras
from keras import __version__ as keras_version
from keras.applications.inception_v3 import InceptionV3
from keras.applications.resnet50 import ResNet50
from keras.applications.vgg16 import VGG16
from keras.preprocessing.image import ImageDataGenerator
from keras import optimizers
from keras.callbacks import EarlyStopping, ModelCheckpoint, CSVLogger, Callback
from keras.applications.resnet50 import preprocess_input
import h5py
import argparse
from sklearn.externals import joblib
import json
```

（2）导入包后，接着定义 TransferLearning 类，代码为：

```python
class TransferLearning:
    def __init__(self):
        parser = argparse.ArgumentParser(description='Process the inputs')
        parser.add_argument('--path',help='image directory')
        parser.add_argument('--class_folders',help='class images folder names')
        parser.add_argument('--dim',type=int,help='Image dimensions to process')
        parser.add_argument('--lr',type=float,help='learning rate',default=1e-4)
        parser.add_argument('--batch_size',type=int,help='batch size')
        parser.add_argument('--epochs',type=int,help='no of epochs to train')
        parser.add_argument('--initial_layers_to_freeze',type=int,help='the initial layers to freeze')
        parser.add_argument('--model',help='Standard Model to load',default='InceptionV3')
        parser.add_argument('--folds',type=int,help='num of cross validation folds',default=5)
        parser.add_argument('--outdir',help='output directory')

        args = parser.parse_args()
        self.path = args.path
        self.class_folders = json.loads(args.class_folders)
        self.dim      = int(args.dim)
        self.lr       = float(args.lr)
        self.batch_size = int(args.batch_size)
        self.epochs =    int(args.epochs)
        self.initial_layers_to_freeze = int(args.initial_layers_to_freeze)
        self.model = args.model
        self.folds = int(args.folds)
        self.outdir = args.outdir
```

(3) 定义读取图像的函数并将图像调整到合适尺寸,代码为:

```
def get_im_cv2(self,path,dim=224):
    img = cv2.imread(path)
    resized = cv2.resize(img, (dim,dim), cv2.INTER_LINEAR)
    return resized

#基于 ImageNet 预训练的模型图像变换对图像进行预处理
def pre_process(self,img):
    img[:,:,0] = img[:,:,0] - 103.939
    img[:,:,1] = img[:,:,0] - 116.779
    img[:,:,2] = img[:,:,0] - 123.68
    return img

#函数以 NumPy 格式构建基于训练/验证数据集的 X、y
def read_data(self,class_folders,path,num_class,dim,train_val='train'):
    print(train_val)
    train_X,train_y = [],[]
    for c in class_folders:
        path_class = path + str(train_val) + '/' + str(c)
        file_list = os.listdir(path_class)
        for f in file_list:
            img = self.get_im_cv2(path_class + '/' + f)
            img = self.pre_process(img)
            train_X.append(img)
            label = int(c.split('class')[1])
            train_y.append(int(label))
    train_y = keras.utils.np_utils.to_categorical(np.array(train_y),num_class)
    return np.array(train_X),train_y
```

(4) 下面定义迁移学习的 3 个模型,分别为 InceptionV3、ResNet50 和 VGG16。

```
##首先定义 InceptionV3
def inception_pseudo(self,dim=224,freeze_layers=30,full_freeze='N'):
    model = InceptionV3(weights='imagenet',include_top=False)
    x = model.output
    x = GlobalAveragePooling2D()(x)
    x = Dense(512, activation='relu')(x)
    x = Dropout(0.5)(x)
    x = Dense(512, activation='relu')(x)
    x = Dropout(0.5)(x)
    out = Dense(5,activation='softmax')(x)
    model_final = Model(input = model.input,outputs=out)
    if full_freeze != 'N':
```

```
            for layer in model.layers[0:freeze_layers]:
                layer.trainable = False
        return model_final
    ##首先定义 InceptionV3
    ##定义 ResNet50 迁移学习模型
        def resnet_pseudo(self,dim=224,freeze_layers=10,full_freeze='N'):
            model = ResNet50(weights='imagenet',include_top=False)
            x = model.output
            x = GlobalAveragePooling2D()(x)
            x = Dense(512, activation='relu')(x)
            x = Dropout(0.5)(x)
            x = Dense(512, activation='relu')(x)
            x = Dropout(0.5)(x)
            out = Dense(5,activation='softmax')(x)
            model_final = Model(input = model.input,outputs=out)
            if full_freeze != 'N':
                for layer in model.layers[0:freeze_layers]:
                    layer.trainable = False
            return model_final

    #定义 VGG16 学习模型
        def VGG16_pseudo(self,dim=224,freeze_layers=10,full_freeze='N'):
            model = VGG16(weights='imagenet',include_top=False)
            x = model.output
            x = GlobalAveragePooling2D()(x)
            x = Dense(512, activation='relu')(x)
            x = Dropout(0.5)(x)
            x = Dense(512, activation='relu')(x)
            x = Dropout(0.5)(x)
            out = Dense(5,activation='softmax')(x)
            model_final = Model(input = model.input,outputs=out)
            if full_freeze != 'N':
                for layer in model.layers[0:freeze_layers]:
                    layer.trainable = False
            return model_final
```

(5) 接着，根据需要定义训练函数，代码为：

```
    #训练函数
        def train_model(self,train_X,train_y,n_fold=5,batch_size=16,epochs=40,dim=224,lr=1e-5,model='ResNet50'):
            model_save_dest = {}
            k = 0
            kf = KFold(n_splits=n_fold, random_state=0, shuffle=True)
```

```python
            for train_index, test_index in kf.split(train_X):
                k += 1
                X_train,X_test = train_X[train_index],train_X[test_index]
                y_train, y_test = train_y[train_index],train_y[test_index]
                if model == 'Resnet50':
                    model_final = self.resnet_pseudo(dim=224,freeze_layers=10,full_freeze='N')

                if model == 'VGG16':
                    model_final = self.VGG16_pseudo(dim=224,freeze_layers=10,full_freeze='N')

                if model == 'InceptionV3':
                    model_final = self.inception_pseudo(dim=224,freeze_layers=10,full_freeze='N')

                datagen = ImageDataGenerator(
                        horizontal_flip = True,
                        vertical_flip = True,
                        width_shift_range = 0.1,
                        height_shift_range = 0.1,
                        channel_shift_range=0,
                        zoom_range = 0.2,
                        rotation_range = 20)

                adam = optimizers.Adam(lr=lr, beta_1=0.9, beta_2=0.999, epsilon=1e-08, decay=0.0)
                model_final.compile(optimizer=adam, loss=["categorical_crossentropy"], metrics=['accuracy'])
                reduce_lr = keras.callbacks.ReduceLROnPlateau(monitor='val_loss', factor=0.50, patience=3, min_lr=0.000001)
                callbacks = [
                            EarlyStopping(monitor='val_loss', patience=10, mode='min', verbose=1),
                            CSVLogger('keras-5fold-run-01-v1-epochs_ib.log', separator=',', append=False),reduce_lr,
                            ModelCheckpoint(
                                    'kera1-5fold-run-01-v1-fold-' + str('%02d' % (k + 1)) + '-run-' + str('%02d' % (1 + 1)) + '.check',
                                    monitor='val_loss', mode='min',
                                    save_best_only=True,
                                    verbose=1)]
                model_final.fit_generator(datagen.flow(X_train,y_train, batch_size=batch_size),
                    steps_per_epoch=X_train.shape[0]/batch_size,epochs=epochs,verbose=1,
                    validation_data=(X_test,y_test),callbacks=callbacks,
```

```
class_weight={0:0.012,1:0.12,2:0.058,3:0.36,4:0.43})
                        model_name = 'kera1-5fold-run-01-v1-fold-' + str('%02d' % (k + 1)) + '-run-' + str('%02d' % (1 + 1)) + '.check'
                        del model_final
                        f = h5py.File(model_name, 'r+')
                        del f['optimizer_weights']
                        f.close()
                        model_final = keras.models.load_model(model_name)
                        model_name1 = self.outdir + str(model) + '___' + str(k)
                        model_final.save(model_name1)
                        model_save_dest[k] = model_name1
                return model_save_dest
```

（6）为保留数据集定义推断函数，实现代码为：

```
def inference_validation(self,test_X,test_y,model_save_dest,n_class=5,folds=5):
    pred = np.zeros((len(test_X),n_class))
    for k in range(1,folds + 1):
        model = keras.models.load_model(model_save_dest[k])
        pred = pred + model.predict(test_X)
    pred = pred/(1.0*folds)
    pred_class = np.argmax(pred,axis=1)
    act_class = np.argmax(test_y,axis=1)
    accuracy = np.sum([pred_class == act_class])*1.0/len(test_X)
    kappa = cohen_kappa_score(pred_class,act_class,weights='quadratic')
    return pred_class,accuracy,kappa
```

（7）最后，调用 main 函数来触发训练过程，实现代码为：

```
def main(self):
    start_time = time.time()
    self.num_class = len(self.class_folders)
    if self.mode == 'train':
        print("Data Processing..")
        file_list,labels= self.read_data(self.class_folders,self.path,self.num_class,self.dim,train_val='train')
        print(len(file_list),len(labels))
        print(labels[0],labels[-1])
        self.model_save_dest = self.train_model(file_list,labels,n_fold=self.folds,batch_size=self.batch_size,
             epochs=self.epochs,dim=self.dim,lr=self.lr,model=self.model)
        joblib.dump(self.model_save_dest,f'{self.outdir}/model_dict.pkl')
        print("Model saved to dest:",self.model_save_dest)
```

```python
            else:
                model_save_dest = joblib.load(self.model_save_dest)
                print('Models loaded from:',model_save_dest)
            #推理/验证
            test_files,test_y = self.read_data(self.class_folders,self.path,self.num_class,self.dim,train_val='validation')
            test_X = []
            for f in test_files:
                img = self.get_im_cv2(f)
                img = self.pre_process(img)
                test_X.append(img)
            test_X = np.array(test_X)
            test_y = np.array(test_y)
            print(test_X.shape)
            print(len(test_y))
            pred_class,accuracy,kappa = self.inference_validation(test_X,test_y,model_save_dest,n_class=self.num_class,folds=self.folds)
            results_df = pd.DataFrame()
            results_df['file_name'] = test_files
            results_df['target'] = test_y
            results_df['prediction'] = pred_class
            results_df.to_csv(f'{self.outdir}/val_resuts_reg.csv',index=False)

            print("-------------------------------------------------")
            print("Kappa score:", kappa)
            print("accuracy:", accuracy)
            print("End of training")
            print("-------------------------------------------------")
            print("Processing Time",time.time() - start_time,' secs')
```

运行程序,输出如下:

```
Model saved to dest:{1: 'home/santanu/ML_DS_Catalog-
/Transfer_Learning_DR/categorical/Inceptionv3_1',2:
'/home/santanu/ML_DS_Catalog-
/Transfer_Learning_DR/categorical/Inceptionv3_2',3:
'/home/santanu/ML_DS_Catalog-
/Transfer_Learning_DR/categorical/Inceptionv3_3',4:
'/home/santanu/ML_DS_Catalog-
/Transfer_Learning_DR/categorical/Inceptionv3_4',5:
'/home/santanu/ML_DS_Catalog-
/Transfer_Learning_DR/categorical/Inceptionv3_5' }
validation
-------------------------------------------------
```

```
Kappa score: 0.42525412205483681
accuracy: 0.55678951242300855
End of training
-------------------------------------------------
Processing Time 26108.3440157917
```

  由结果可看出，交叉验证精度约为 56%，二次 Kappa 结果接近 0.43。但是值得注意的是，运行这些实验的机器需要具有 64GB RAM，才能训练这些模型；如果是具有 16GB RAM 的机器，则可能无法将所有数据加载到内存中运行这些实验，这时可能会遇到内存错误。

  神经网络进行小批量工作，每次只需让一个小批量的数据通过反向传播来训练模型。类似地，对于下一次反向传播，可以丢弃当前批量的数据并处理下一个批量。因此，在某种程度上，每个小批量的内存需求只是该批量数据所需要的内存大小。因此，可以用较小内存的机器，通过在训练时动态创建批量来训练深度学习模型。Keras 库具有在训练时动态创建批量的很好的函数。

第 5 章　网络爬虫

有一种技术能自动从网上下载并提取项目感兴趣的海量数据，这种技术就是网络爬虫技术（简称爬虫）。实际上，爬虫项目也是 Python 最热门的应用之一。

5.1　初识爬虫

网络爬虫从 20 世纪 90 年代开始出现，发展至今已是成熟的数据收集工具。一个好的爬虫应该具有以下特征。
- 明确的爬取目标。
- 高效的爬取策略。
- 有效的前置和后续处理。
- 高性能的运行速度。

网络爬虫是一段程序或脚本。在网络爬虫的系统框架中，主程序由控制器、解析器和资源库组成。

1．工作原理

控制器的主要工作是给多线程中的各个爬虫线程分配工作任务。首先，爬虫请求访问某一站点或网页，如果能够访问，则自动下载保存其中的内容。然后，爬虫的解析器会解析得到已爬取页面中的其他网页链接，并将这些链接作为之后爬取的目标。得益于 HTML 页面（JS 脚本标签、CSS 代码内容、空格字符、HTML 标签等）的结构化设计，爬虫在分析网页结构时可以完全不依赖用户操作，实现自动运行。资源库用来存放下载的网页资源，它一般采用大型的数据库进行存储，如 MySQL、MongoDB 数据库。

2．爬虫的算法

爬虫在工作时可以将要进行爬取的所有网页链接视为树结构，从一个起始 URL 节点开始，顺着网页中的超链接不断进行爬取，直至进行至叶子节点。爬取超链接主要有以下两种算法。

（1）深度优先搜索算法。

深度优先搜索算法（Depth-First-Search，DFS），选取最初的一个网页，在该网页中选取一个跳转至下一个网页的链接，在该链接跳转至的下一个网页中重复进行该步骤，直至叶子节点，即网页中不再存在跳转至下一个网页的超链接。此时从上一节点选取一个新的链接重复上述遍历过程，直到将该路线中的全部超链接遍历完成。在此之后，将选取另一个初始网页,继续重复以上遍历过程。该算法的优点是较易设计网络爬虫。

(2)广度优先搜索算法。

广度优先搜索算法(Breadth-First-Search,BFS)是爬虫先获取到初始网页中的所有链接对应的网页,再从中选择一个链接,继续获取该链接对应网页中的所有链接对应的全部网页,不断重复上述过程。该方法是理论上最佳的实现网络爬虫的方法。有些网络结构复杂,深度优先算法可能导致爬虫系统不断跳转至更深一层的超链接,导致一个分支变得无限长,而广度优先算法可以有效避免这种情况。广度优先算法使爬虫系统并行爬取相同深度的网页,极大地提高了获取信息的效率。

5.2 爬虫入门

5.2.1 入门基础

作为一门拥有丰富类库的编程语言,利用 Python 请求网页完全不在话下。这里推荐一个非常好用的第三方类库——Requests。

1. Requests

打开终端或 cmd 命令提示符窗口,在里面输入以下指令并回车:

```
pip install requests
```

安装需要一段时间,安装完成后,在命令提示符窗口中输入 import requests 调用 Requests 类库,如果不报错,则证明安装成功,如图 5-1 所示。

图 5-1 调用 Requests 类库

接着可以使用 Requests 类库请求网页,实现代码为:

```
import requests
resp=requests.get('https://www.baidu.com') #请求百度首页
print(resp)    #打印请求结果的状态码
print(resp.content) #打印请求到的网页源码
```

第 1 行:引入 Requests 包。

第 2 行:使用 Requests 类库,以 get 的方式请求网址(https://www.baidu.com),并将服务器返回的结果封装成一个对象,用变量 resp 来接收它。

第 3 行:一般可以根据状态码来判断是否请求成功,正常的状态码是 200,异常状态码就很多了,如 404(找不到网页)、301(重定向)等。

第 4 行:打印网页的源码。注意,只是源码。不像浏览器,在获取源码之后,还会进一步地请求源码中引用的图片等信息,如果有 JS,浏览器还会执行 JS 脚本,对页面显示的内容进行修改。当使用 Requests 进行请求时,我们能够直接获取的只有最初始的网页源码。也正是因为这样,当不加载图片、不执行 JS 脚本等时,爬虫请求的速度会非常快。

代码虽然短,但获取的内容一点也不少。运行程序,Requests 请求获取内容如图 5-2 所示。

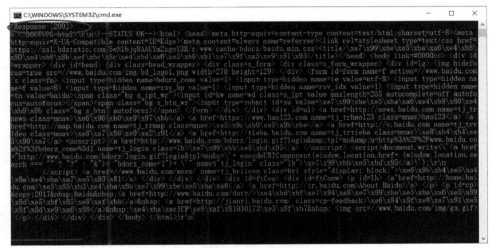

图 5-2　Requests 请求获取内容

图中圈起来的内容是状态码,状态码为 200,请求正常。其他内容为网页的源码。

2. BeautifulSoup

获取网页源码之后,接下来就要解析了。Python 解析网页源码有很多种方法,如 BeautifulSoup、正则、pyquery、xpath 等,此处主要介绍 BeautifulSoup。

BeautifulSoup 是一款比较简单易用、容易理解的解析器,但是使用 BeautifulSoup4(bs4)还需要安装另一个类库 lxml,用来代替 bs4 默认的解析器。之所以这样做,是因为默认的解析器解析速度太慢,换了 lxml 类库后,可以大幅提升解析速度。

在命令行中输入以下指令并回车,安装 bs4:

> pip install beautifulsoup4

安装 lxml 时也可利用 pip 在命令提示符窗口直接进行安装:

> pip install lxml

测试是否安装成功,即在 Python 交互环境中,引入 bs4 和 lxml 类库,不报错即安装成功,如图 5-3 所示。

图 5-3　引入 bs4 和 lxml 类库

接着我们可以使用 BeautifulSoup 和 lxml 解析请求到的网页源码。

5.2.2　爬虫实战

实战选择中国天气网的苏州天气部分，准备抓取最近 7 天的天气情况及其最高/最低气温，如图 5-4 所示（http://www.weather.com.cn/weather/101190401.shtml）。

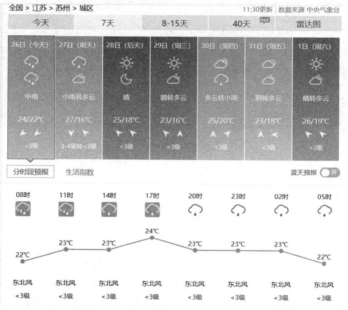

图 5-4　苏州最近 7 天的天气情况

在程序的开头添加：# coding : UTF-8。这样就能告诉解释器该 Python 程序是 UTF-8 编码的，源程序中可以有中文。

（1）要引用的包。

```
import requests
import csv
import random
import time
import socket
```

```
import http.client
import urllib.request
from bs4 import BeautifulSoup
```

其中：
- requests：用来抓取网页的 HTML 源代码。
- csv：将数据写入 CSV 文件。
- random：取随机数。
- time：时间相关操作。
- socket 和 http.client：在这里只用于异常处理。
- BeautifulSoup：用来代替正则式取源码中相应标签中的内容。
- urllib.request：另一种抓取网页 HTML 源代码的方法，但是没有 Requests 方便。

（2）获取网页中的 HTML 源代码。

```
def get_content(url , data = None):
    header={ 'Accept': 'text/html,application/xhtml+xml,application/xml;q=0.9,image/webp,*/*;q=0.8', 'Accept-Encoding': 'gzip, deflate, sdch', 'Accept-Language': 'zh-CN,zh;q=0.8', 'Connection': 'keep-alive', 'User-Agent': 'Mozilla/5.0 (Windows NT 6.3; WOW64) AppleWebKit/537.36 (KHTML, like Gecko) Chrome/43.0.235' }
    timeout = random.choice(range(80, 180))
    while True:
        try:
            rep = requests.get(url,headers = header,timeout = timeout)
            rep.encoding = 'utf-8' # req = urllib.request.Request(url, data, header)
            break
        except socket.timeout as e:
            print( '3:', e)
            time.sleep(random.choice(range(8,15)))
        except socket.error as e:
            print( '4:', e)
            time.sleep(random.choice(range(20, 60)))
        except http.client.BadStatusLine as e:
            print( '5:', e)
            time.sleep(random.choice(range(30, 80)))
        except http.client.IncompleteRead as e:
            print( '6:', e)
            time.sleep(random.choice(range(5, 15)))
    return(rep.text) #返回 html_text
```

其中，header 是 requests.get() 的一个参数，目的是模拟浏览器访问。header 可以使用 Chrome 浏览器的开发者工具获得，具体方法如下。

打开 Chrome 浏览器，按 F12 键，在打开的界面中选择"network"选项，效果如图 5-5 所示。

图 5-5 打开开发者工具界面

重新访问该网站,找到第一个网络请求,查看它的 header,如图 5-6 所示。

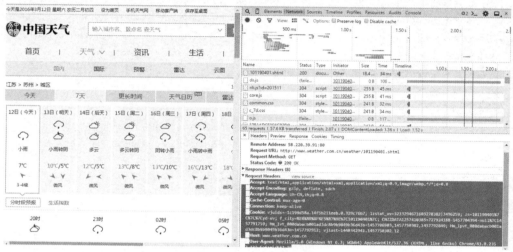

图 5-6 header 显示效果

timeout 是设定的一个超时时间,取随机数可防止被网站认定为网络爬虫。然后通过 requests.get()获取网页的源代码,rep.encoding ='utf-8'将源代码的编码格式改为 UTF-8(若不改,则源代码的中文部分会为乱码)。下面是一些异常处理:

返回:Rep.text。

获取 HTML 中我们需要的字段:BeautifulSoup。

接着,还是用开发者工具查看网页源代码,并找到所需字段的相应位置,如图 5-7 所示。

(3)需要的字段都在 id ="7d"的 div 元素的 ul 元素中,日期在每个 li 元素的 h1 元素中,天气状况在每个 li 元素的第一个 p 标签内,最高温度和最低温度在每个 li 元素的 span 和 i 标签中。到了傍晚,当天气温会没有最高温度,所以要多加一个判断。代码如下:

图 5-7　网页源码

```
def get_data(html_text):
    final = []
    bs = BeautifulSoup(html_text, "html.parser") #创建 BeautifulSoup 对象
    body = bs.body         #获取 body 部分
    data = body.find('div', {'id': '7d'}) #找到 id 为 7d 的 div
    ul = data.find('ul')   #获取 ul 部分
    li = ul.find_all('li') #获取所有的 li
    for day in li:         #对每个 li 标签中的内容进行遍历
        temp = []
        date = day.find('h1').string     #找到日期
        temp.append(date)     #添加到 temp 中
        inf = day.find_all('p')    #找到 li 中的所有 p 标签
        temp.append(inf[0].string,)     #第一个 p 标签中的内容（天气状况）加到 temp 中
        if inf[1].find('span') is None:
            temperature_highest = None   #天气预报可能没有当天的最高气温（到了傍晚），需要加个判断语句，以输出最低气温
        else:
            temperature_highest = inf[1].find('span').string #找到最高温
            temperature_highest = temperature_highest.replace('℃', '')   #到了晚上网站会变，最高温度后面也有个℃
        temperature_lowest = inf[1].find('i').string   #找到最低温
        temperature_lowest = temperature_lowest.replace('℃', '') #最低温度后面为℃，去掉这个单位符号
        temp.append(temperature_highest) #将最高温添加到 temp 中
        temp.append(temperature_lowest) #将最低温添加到 temp 中
        final.append(temp) #将 temp 添加到 final 中
    return final
```

（4）写入文件。将数据抓取出来后我们要将它们写入文件，具体代码如下：

```
def write_data(data, name):
    file_name = name
    with open(file_name, 'a', errors='ignore', newline='') as f:
        f_csv = csv.writer(f)
        f_csv.writerows(data)
```

（5）主函数如下。

```
if __name__ == '__main__':
    url ='http://www.weather.com.cn/weather/101190401.shtml'
    html = get_content(url)
    result = get_data(html)
    write_data(result, 'weather.csv')
```

运行程序，生成的 weather.csv 文件如图 5-8 所示。

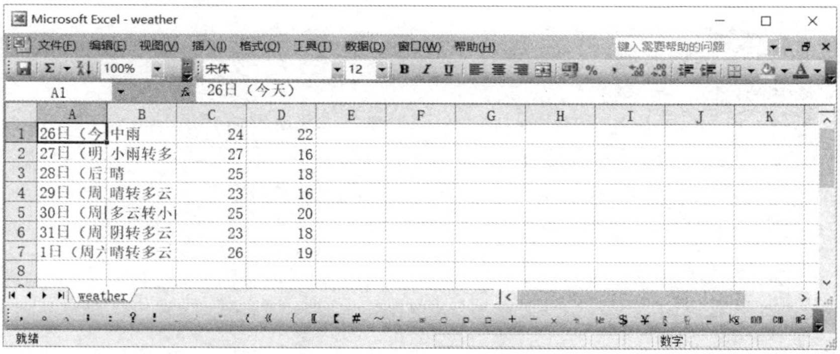

图 5-8　weather.csv 文件

下面再通过一个例子演示爬虫的爬取过程。

爬取的目标网站为中医药网，考虑数据安全问题，这里只指定单一网页进行演示，此例希望获取网页中的药材名称及来源信息，如图 5-9 所示。

图 5-9　药材信息

这里采用 Python 语言，通过 Requests 发送网络请求，用 requests.get 函数获取网页信息，同时通过 BeautifulSoup 获取数据。实现代码为：

```
import requests,re
from bs4 import BeautifulSoup
res=requests.get('http://www.pharmnet.com.cn/tcm/knowledge/detail/106733.html')
soup=BeautifulSoup(res.text,'html.parser')
name=soup.find('h1')
temp=soup.find_all('td',{"class":"maintext"})
pattern=re.compile(r'【功能主治】(.+?)<br')
growing=pattern.findall(str(temp))
print("药材名称:{},\n 功能主治:{}".format(name,growing))
```

运行程序，输出如下：

```
药材名称:<h1>丁香罗勒</h1>,
功能主治:['发汗解表，祛风利湿，散瘀止痛。用于风寒感冒，头痛，胃腹胀满，消化不良，胃痛，肠炎腹泻，跌打肿痛，风湿关节痛；外用治蛇咬伤，湿疹，皮炎。']
```

5.3 高效率爬虫

如果有一定的网络和 Python 编程基础，那么很快就可以完成一个简单的爬虫任务。在大数据时代，数据量往往远超我们的预期。例如，通过百度地图爬取北京市海淀区的旅店信息是比较容易的任务；但是如果要爬取全国的旅店信息，则请求的网页数量可能高达百万、千万，甚至更多，这时就需要考虑使用高效率的爬虫来完成任务。本节将对高效率爬虫进行介绍。

5.3.1 多进程

Python 提供了多进程包 multiprocessing，只需要定义一个函数，Python 就会完成其他事情。借助这个包，可以轻松完成从单进程到并发执行的转换。multiprocessing 支持子进程、通信和共享数据、执行不同形式的同步。它提供了 Process、Queue、Pipe、Lock 等组件。

multiprocessing 包 Process 类的创建代码为：

```
class Process(object):
    def __init__(self,group=None,target=None,name=None,args=(),kwargs={})
```

其中：
- group：表示进程组，不常用。
- target：表示调用对象，传入要执行的任务。
- args：表示调用对象的位置参数元组。

- name：表示进程别名。
- kwargs：表示调用对象的字典。

常用的函数如表 5-1 所示。

表 5-1 常用函数表

函数	说明
start()	线程准备就绪，等待 CPU 调度
setName()	为线程设置名称
getName()	获取线程名称
setDaemon(True)	设置为守护线程
ioin()	逐个执行每个线程，执行完毕后继续往下执行
run()	线程被 CPU 调度后自动执行线程对象的 run 函数，如果想自定义线程类，则重写 run 函数即可

【例 5-1】 利用 multiprocessing 使用多进程。

```
from multiprocessing import Process
import os
import time

def run_proc(name):
    time.sleep(3)
    print ('执行子进程 %s (%s)...' % (name, os.getpid()))

if __name__=='__main__':
    print ('父进程 %s.' % os.getpid())
    processes = list()
    for i in range(5):
        p = Process(target=run_proc, args=('test',))
        print ('将要开始进程')
        p.start()
        processes.append(p)

    for p in processes:
        p.join()
    print ('进程结束')
```

运行程序，输出如下：

```
父进程 12932.
将要开始进程
将要开始进程
将要开始进程
将要开始进程
```

```
将要开始进程
执行子进程  test (15276)...
执行子进程  test (15540)...
执行子进程  test (9460)...
执行子进程  test (8232)...
执行子进程  test (4376)...
进程结束
```

在现实中,个人使用比较多的是队列和共享内存。需要注意的是,队列 Queue()是线程安全的,但并不是进程安全的,所以多进程一般使用线程、进程安全的 multiprocessing.Queue(),但如果数据量太大,则会导致进程莫名卡住,需要不断地消费。

【例 5-2】 多进程间通信。

```python
from multiprocessing import Process, Queue
def f(q):
    q.put([42, None, 'hello'])

if __name__ == '__main__':
    q = Queue()
    p = Process(target=f, args=(q,))
    p.start()
    print (q.get())
    p.join()
```

运行程序,输出如下:

```
[42, None, 'hello']
```

5.3.2 多线程

网络爬虫需要下载规模非常庞大的网页,爬虫程序向服务器提交请求后要等待服务器的处理和返回结果。如果采用单线程,则每个线程依次发送请求并等待服务器的依次响应,等待时间是所有网页处理过程所需时间的叠加,效率大大降低。因此,可采用多线程机制来减少个别网页的处理时间,以提高程序执行的效率。

和多进程的思路类似,多线程可以执行多个任务。线程是进程的一部分,其特点是线程之间可以共享内存和变量,资源消耗少,缺点是线程之间的同步和加锁比较麻烦。在 Python 中,可以通过 threading 包创建多线程,代码为:

```
Thread(group=None,target=None,name=None,args=(),kwargs={})
```

其中:

- group:线程组,不常用。
- target:调用对象,传入要执行的任务。
- name:线程别名。

- args/kwargs：要传入构造函数的参数。

【例 5-3】 使用 Threading 包创建线程。

```
import threading
import time

exitFlag = 0
class myThread (threading.Thread):    #继承父类 threading.Thread
    def __init__(self, threadID, name, counter):
        threading.Thread.__init__(self)
        self.threadID = threadID
        self.name = name
        self.counter = counter
    #把要执行的代码写到 run 函数里，线程在创建后会直接运行 run 函数
    def run(self):
        print ("开始 " + self.name)
        print_time(self.name, self.counter, 5)
        print( "退出 " + self.name)

def print_time(threadName, delay, counter):
    while counter:
        if exitFlag:
            (threading.Thread).exit()
        time.sleep(delay)
        print("%s: %s" % (threadName, time.ctime(time.time())))
        counter -= 1
#创建新线程
thread1 = myThread(1, "Thread-1", 1)
thread2 = myThread(2, "Thread-2", 2)
#开启线程
thread1.start()
thread2.start()
print("Exiting Main Thread")
```

运行程序，输出如下：

```
开始 Thread-1
开始 Thread-2
Exiting Main Thread
Thread-1: Fri Apr  3 21:02:14 2020
Thread-2: Fri Apr  3 21:02:15 2020
Thread-1: Fri Apr  3 21:02:15 2020
Thread-1: Fri Apr  3 21:02:16 2020
Thread-2: Fri Apr  3 21:02:17 2020
```

```
Thread-1: Fri Apr  3 21:02:17 2020
Thread-1: Fri Apr  3 21:02:18 2020
退出 Thread-1
Thread-2: Fri Apr  3 21:02:19 2020
Thread-2: Fri Apr  3 21:02:21 2020
Thread-2: Fri Apr  3 21:02:23 2020
退出 Thread-2
```

前面提到过，线程可以实现资源共享，那么怎样实现共享呢？下面通过一个例子来演示这个过程。

【例 5-4】 多线程共享全局变量。

```python
import threading
import time

g_num = 100
def work1():
    global g_num
    for i in range(3):
        g_num += 1
    print("in work1 g_num is : %d" % g_num)

def work2():
    global g_num
    print("in work2 g_num is : %d" % g_num)

if __name__ == '__main__':
    t1 = threading.Thread(target=work1)
    t1.start()
    time.sleep(1)
    t2 = threading.Thread(target=work2)
    t2.start()
```

运行程序，输出如下：

```
in work1 g_num is : 103
in work2 g_num is : 103
```

线程与进程的区别主要如下：

（1）同一个进程中的线程共享同一内存空间，但是进程之间是独立的。

（2）同一个进程中的所有线程的数据是共享的（进程通信），进程之间的数据是独立的。

（3）对主线程的修改可能会影响其他线程的行为，但是对父进程的修改（除了删除）不会影响其他子进程。

（4）线程是一个上下文的执行指令，而进程则是与运算相关的簇资源。

（5）同一个进程的线程之间可以直接通信，但是进程之间的交流需要借助中间代理来实现。

（6）创建新的线程很容易，但是创建新的进程需要对父进程做一次复制。

（7）一个线程可以操作同一个进程的其他线程，但是进程只能操作其子进程。

（8）线程启动速度快，进程启动速度慢（但两者运行速度没有可比性）。

5.3.3 协程

协程（Coroutine），又称微线程或纤程，是一种用户态的轻量级线程。线程是系统级别的，它们由操作系统调度；而协程是程序级别的，由程序根据需要自己调度。在一个线程中会有很多函数，我们把这些函数称为子程序，在子程序执行过程中可以中断去执行别的子程序，而别的子程序也可以中断回来继续执行之前的子程序，这个过程就称为协程。也就是说，在同一线程内一段代码在执行过程中会中断，然后跳转执行别的代码，接着在之前中断的地方继续执行，类似 yield 操作。

协程拥有自己的寄存器和栈。协程调度切换的时候，将寄存器上下文和栈都保存到其他地方，在切换回来的时候，恢复先前保存的寄存器上下文和栈。因此，协程能保留上一次调用时的状态，每次过程重入时，就相当于进入上一次调用时的状态。

协程的优点主要表现在：

（1）没有线程上下文切换的开销，协程避免了无意义的调度，由此可以提高性能（但程序员必须自己承担调度的责任，同时协程也失去了标准线程使用多 CPU 的能力）。

（2）没有原子操作锁定及同步的开销。

（3）方便切换控制流，简化编程模型。

（4）高并发+高扩展性+低成本：一个 CPU 支持上万个协程都不是问题，所以很适合用于高并发处理。

同时，协程也存在一些缺点，主要表现在：

（1）无法利用多核资源：协程的本质是单线程，它不能同时将单个 CPU 的多个核用上，协程需要和进程配合才能运行在多个 CPU 上。当然我们日常所编写的绝大部分应用都没有这个必要，除非是 CPU 密集型应用。

（2）进行阻塞（Blocking）操作（如 I/O 操作）时会阻塞整个程序。

【例 5-5】 使用 yield 实现协程操作。

```
def consumer(name):
    print("要开始直播了...")
    while True:
        print("\033[31;1m[consumer] %s\033[0m " % name)
        bone = yield
        print("[%s] 正在直播  %s" % (name, bone))


def producer(obj1, obj2):
    obj1.send(None)          #启动 obj1 这个生成器,第一次必须用 None    <==> obj1.__next__()
```

```
        obj2.send(None)      #启动obj2这个生成器,第一次必须用None  <==> obj2.__next__()
        n = 0
        while n < 5:
            n += 1
            print("\033[32;1m[producer]\033[0m 正在生产收益 %s" % n)
            obj1.send(n)
            obj2.send(n)

    if __name__ == '__main__':
        con1 = consumer("观看者 A")
        con2 = consumer("观看者 B")
        producer(con1, con2)
```

运行程序，输出如下：

```
要开始直播了...
[31;1m[consumer] 观看者 A
要开始直播了...
[31;1m[consumer] 观看者 B
[32;1m[producer] 正在生产收益 1
[观看者 A] 正在直播 1
[31;1m[consumer] 观看者 A
[观看者 B] 正在直播 1
[31;1m[consumer] 观看者 B
[32;1m[producer] 正在生产收益 2
[观看者 A] 正在直播 2
[31;1m[consumer] 观看者 A
[观看者 B] 正在直播 2
[31;1m[consumer] 观看者 B
[32;1m[producer][0m 正在生产收益 3
[观看者 A] 正在直播 3
[31;1m[consumer] 观看者 A
[观看者 B] 正在直播 3
[31;1m[consumer] 观看者 B
[32;1m[producer] 正在生产收益 4
[观看者 A] 正在直播 4
[31;1m[consumer] 观看者 A
[观看者 B] 正在直播 4
[31;1m[consumer] 观看者 B
[32;1m[producer] 正在生产收益 5
[观看者 A] 正在直播 5
[31;1m[consumer] 观看者 A
[观看者 B] 正在直播 5
[31;1m[consumer] 观看者 B
```

在协程中，遇到I/O阻塞时会切换任务。

【例 5-6】 实现爬虫版协程在遇到阻塞时的任务切换。

```
import gevent,time
from gevent import monkey

monkey.patch_all()        #把当前程序中的所有 I/O 操作都做上标记
def spider(url):
    print("GET:%s" % url)
    resp = request.urlopen(url)
    data = resp.read()
    print("%s bytes received from %s.." % (len(data), url))

urls = [
    "https://www.python.org/",
    "https://www.yahoo.com/",
    "https://github.com/"
]
start_time = time.time()
for url in urls:
    spider(url)
print("同步耗时：",time.time() - start_time)

async_time_start = time.time()
gevent.joinall([
    gevent.spawn(spider,"https://www.python.org/"),
    gevent.spawn(spider,"https://www.yahoo.com/"),
    gevent.spawn(spider,"https://github.com/"),
])
print("异步耗时：",time.time() - async_time_start)
```

5.4 利用 Scrapy 实现爬虫

Scrapy 是一个专业的、高效的爬虫框架，它使用专业的 Twisted 包（基于事件驱动的网络引擎包）高效地处理网络通信，使用 lxml（专业的 XML 处理库）、cssselect 高效地提取 HTML 页面的有效信息，同时它也提供了有效的线程管理。

换言之，上面列出的网络爬虫的核心工作，Scrapy 全部能够实现，开发者只要使用 XPath 或 CSS 选择器定义自己感兴趣的信息即可。

5.4.1 安装 Scrapy

安装 Scrapy 与安装其他 Python 包一样，在 Python 交互命令窗口中输入：

```
pip install scrapy
```

如果在交互命令窗口中运行该命令，将会看到程序并不立即下载、安装 Scrapy，而是不断地下载第三方包。

这是因为 Scrapy 需要依赖大量的第三方包。典型地，Scrapy 需要依赖如下第三方包。
- pyOpenSSL：Python 用于支持 SSL（Security Socket Layer）的包。
- cryptography：Python 用于加密的库。
- CFFI：Python 用于调用 C 语言的接口库。
- zope.interface：为 Python 缺少接口而提供扩展的库。
- lxml：一个处理 XML、HTML 文档的库，比 Python 内置的 XML 模块更好用。
- cssselect：Python 用于处理 CSS 选择器的扩展包。
- Twisted：为 Python 提供的基于事件驱动的网络引擎包。

……

如果在 Python 环境下没有这些第三方包，那么 Python 会根据依赖情况自动下载并安装它们。需要注意的是，安装 Twisted 包要先下载再安装，安装方法为：

pip install Twisted-19.7.0-cp36-cp36m-win_amd64.whl

在安装过程中会自动检查，如要有必要，则会自动下载并安装 Twisted 包所依赖的第三方包。安装成功后，会通过如下信息提示安装成功：

Successfully installed Twisted-19.7.0

在成功安装 Twisted 包后，再次执行 pip install scrapy 命令，即可成功安装 Scrapy。提示信息如下：

Successfully installed Twisted-1.7.3

在成功安装 Scrapy 后，可以通过 pydoc 来查看 Scrapy 的文档。在命令窗口中输入：

python –m pydoc –p 8899

运行程序，输出：

C:\Users\ASUS>python -m pydoc -p 8899
Server ready at http://localhost:8899/
Server commands: [b]rowser, [q]uit
server> b

即可打开 Scrapy 的文档，如图 5-10 所示。

图 5-10　Scrapy 文档

5.4.2 爬取招聘信息

本节的项目将会使用基于 Scrapy 的爬虫自动爬取某招聘网站上的热门招聘信息，然后用 Pygal 对这些招聘信息进行可视化分析，了解当前哪些行业最热门。

1. 创建 Scrapy 项目

创建 Scrapy 项目，主要有：

- ZhipinSpider/items.py：用于定义项目用到的 Item 类。Item 类就是一个 DTO（数据传输对象），通常定义 N 个属性，该类需要由开发者来定义。
- ZhipinSpider/pipelines.py：项目的管理文件，它负责处理爬取到的信息。该文件需要由开发者编写。
- ZhipinSpider/settings.py：项目的配置文件，在该文件中进行项目相关配置。
- ZhipinSpider/spiders.py：在该目录下存放项目所需要的爬虫——爬虫负责抓取项目感兴趣的信息。

本项目将会爬取 BOSS 直聘网广州地区的热门职位并进行分析。首先使用浏览器访问页面（https://www.zhipin.com/c101280100/h_101280100/），即可看到广州地区的热门职位。

此处使用爬虫爬取该页面中的信息，因此需要查看该页面的源代码，可以看到，页面中包含工作信息的源代码如图 5-11 所示。

图 5-11　页面中包含工作信息的源代码（div 元素）

使用 Scrapy 提供的 shell 调试工具抓取页面中的信息。

2. Scrapy 开发步骤

基于 Scrapy 开发爬虫大致需要如下几个步骤。

（1）定义 Item 类。该类仅用于定义项目需要抓取的 N 个属性。例如，该项目需要爬取工作名称、工资、招聘公司等信息，可以在 items.py 中增加下列定义。

```
import scrapy
#所有的 Item 类都需要继承 scrapy.Item 类
class ZhipinspiderItem(scrapy.Item):
    #工作名称
    title = scrapy.Field()
    #工资
    salary = scrapy.Field()
    #招聘公司
    company = scrapy.Field()
    #工作详细链接
    url = scrapy.Field()
    #工作地点
    work_addr = scrapy.Field()
    #行业
    industry = scrapy.Field()
    #公司规模
    company_size = scrapy.Field()
    #招聘人
    recruiter = scrapy.Field()
    #发布时间
    publish_date = scrapy.Field()
```

接下来,为所有需要爬取的信息定义对应的属性,每个属性都是一个 scrapy.Field 对象。该 Item 类只是一个数据传输对象(DTO)的类,因此定义该类非常简单。

(2)编写 Spider 类。应该将该 Spider 类文件放在 spiders 目录下。这一步是爬虫开发的关键,需要使用 XPath 或 CSS 选择器来提取 HTML 页面中感兴趣的信息。

在目录下创建一个 job_position.py 文件,代码为:

```
import scrapy

class JobPositionSpider(scrapy.Spider):
    #定义该 Spider 的名字
    name = 'job_position'
    #定义该 Spider 允许爬取的域名
    allowed_domains = ['zhipin.com']
    #定义该 Spider 爬取的首页列表
    start_urls = ['https://www.zhipin.com/c101280100/h_101280100/']

    #该方法负责提取 response 所包含的信息
    #response 代表下载器从 start_urls 中每个 URL 下载时得到的响应
    def parse(self, response):
        #遍历页面上所有//div[@class="job-primary"]节点
        for job_primary in response.xpath('//div[@class="job-primary"]'):
```

```
            item = ZhipinspiderItem()
            #匹配//div[@class="job-primary"]节点下/div[@class="info-primary"]节点
            #也就是匹配到包含工作信息的 div 元素
            info_primary = job_primary.xpath('./div[@class="info-primary"]')
            item['title'] = info_primary.xpath('./h3/a/div[@class="job-title"]/text()').extract_first()
            item['salary'] = info_primary.xpath('./h3/a/span[@class="red"]/text()').extract_first()
            item['work_addr'] = info_primary.xpath('./p/text()').extract_first()
            item['url'] = info_primary.xpath('./h3/a/@href').extract_first()
            #匹配//div[@class="job-primary"]节点下./div[@class="info-company"]节点下的
            #/div[@class="company-text"]节点，也就是匹配到包含公司信息的 div 元素
            company_text = job_primary.xpath('./div[@class="info-company"]' +
                '/div[@class="company-text"]')
            item['company'] = company_text.xpath('./h3/a/text()').extract_first()
            company_info = company_text.xpath('./p/text()').extract()
            if company_info and len(company_info) > 0:
                item['industry'] = company_info[0]
            if company_info and len(company_info) > 2:
                item['company_size'] = company_info[2]
            #匹配//div[@class="job-primary"]节点下./div[@class="info-publis"]节点
            #也就是匹配到包含发布人信息的 div 元素
            info_publis = job_primary.xpath('./div[@class="info-publis"]')
            item['recruiter'] = info_publis.xpath('./h3/text()').extract_first()
            item['publish_date'] = info_publis.xpath('./p/text()').extract_first()
            yield item

        #解析下一页的链接
        new_links = response.xpath('///div[@class="page"]/a[@class="next"]/@href').extract()
        if new_links and len(new_links) > 0:
            #获取下一页的链接
            new_link = new_links[0]
            #再次发送请求获取下一页数据
            yield scrapy.Request("https://www.zhipin.com" + new_link, callback=self.parse)
```

在程序中，Spider 使用 yield 将 item 返回 Scrapy 引擎之后，Scrapy 引擎将这些 item 收集起来传给项目的 Pipeline，因此自然就到了使用 Scrapy 开发爬虫的第三步。

（3）编写 pipelines.py 文件。该文件负责将所有爬取的数据写入文件或数据库中，代码为：

```
class ZhipinspiderPipeline(object):
    def process_item(self, item, spider):
        print("工作:" , item['title'])
        print("工资:" , item['salary'])
        print("工作地点:" , item['work_addr'])
```

```
            print("详情链接:" , item['url'])

            print("公司:" , item['company'])
            print("行业:" , item['industry'])
            print("公司规模:" , item['company_size'])

            print("招聘人:" , item['recruiter'])
            print("发布日期:" , item['publish_date'])
```

代码中的 process_item(self, item, spider)的 item、spider 参数都由 Scrapy 引擎传入，Scrapy 引擎会自动将 Spider "捕获"的所有 item 逐个传给 process_item(self,item,spider)，因此该函数只需处理单个的 item 即可——不管爬虫总共爬取多少个 item，process_item (self, item, spider)只处理一个即可。

经过以上三个步骤，基于 Scrapy 的爬虫基本开发完成。下面需要配置 settings.py 文件：

```
BOT_NAME = 'ZhipinSpider'
SPIDER_MODULES = ['ZhipinSpider.spiders']
NEWSPIDER_MODULE = 'ZhipinSpider.spiders'
ROBOTSTXT_OBEY = True
#配置默认的请求头
DEFAULT_REQUEST_HEADERS = {
    "User-Agent" : "Mozilla/5.0 (Windows NT 6.1; Win64; x64; rv:61.0) Gecko/20100101 Firefox/61.0",
    'Accept': 'text/html,application/xhtml+xml,application/xml;q=0.9,*/*;q=0.8'
}
#配置使用 Pipeline
ITEM_PIPELINES = {
    'ZhipinSpider.pipelines.ZhipinspiderPipeline': 300,
}
```

至此，这个基于 Scrapy 的 Spider 就开发完成了。

3．使用 JSON 导出信息

以下程序将展示如何把信息以 JSON 格式保存到文件中。Scrapy 项目使用 Pieline 处理被爬取信息的持久化操作，因此程序只需要修改 pipelines.py 文件即可。程序原来只是打印 item 对象所包含的信息，现在应该把 item 对象中的信息存入文件中，再将文件另存为 Pielines2.py。代码为：

```
import json

class ZhipinspiderPipeline(object):
    #定义构造器，初始化要写入的文件
    def __init__(self):
        self.json_file = open("job_positions.json", "wb+")
```

```
            self.json_file.write('[\n'.encode("utf-8"))
        #重写 close_spider 回调函数，用于关闭文件
        def close_spider(self, spider):
            print('----------关闭文件----------')
            #后退 2 个字符，也就是去掉最后一条记录之后的换行符和逗号
            self.json_file.seek(-2, 1)
            self.json_file.write('\n]'.encode("utf-8"))
            self.json_file.close()
        def process_item(self, item, spider):
            #将 item 转换成 JSON 字符串
            text = json.dumps(dict(item), ensure_ascii=False) + ",\n"
            #写入 JSON 字符串
            self.json_file.write(text.encode("utf-8"))
```

程序为该 Pipeline 类定义了构造器，该构造器可用于初始化资源；程序还为该 Pipeline 类重写了 close_spider()，该函数负责关闭构造器初始化的资源。

4．展示招聘信息

使用爬虫获取数据之后，我们要分析 BOSS 直聘网站上热门职位所属的行业，广大读者也可根据这份数据来决定自己应该投身的行业。

该项目使用前面爬取到的招聘职位的 JSON 数据，然后使用 Python 的 json 包读取这份 JSON 数据，再使用 Pygal 展示该数据，实现代码为：

```python
import json
import pygal

filename = 'job_positions.json'
#读取 JSON 格式的工作数据
with open(filename, 'r', True, 'utf-8') as f:
    job_list = json.load(f)
#定义 job_dict 来保存各行业的招聘职位数
job_dict = {}
#遍历列表的每个元素，每个元素都是一个招聘信息
for job in job_list:
    if job['industry'] in job_dict:
        job_dict[job['industry']] += 1
    else:
        job_dict[job['industry']] = 1

#创建 pygal.Pie 对象（饼状图）
pie = pygal.Pie()
other_num = 0
#采用 for 循环为饼状图添加数据
```

```
for k in job_dict.keys():
    #如果该行业的招聘职位数少于 5 个，则统一归为"其他"
    if job_dict[k] < 5:
        other_num += job_dict[k]
    else:
        pie.add(k, job_dict[k])
#添加其他行业的招聘职位数
pie.add('其他', other_num)
pie.title = '广州地区各行业热门招聘统计图'
#将图例放在底部
pie.legend_at_bottom = True
#指定将数据图输出到 SVG 文件中
pie.render_to_file('job_position1.svg')
```

运行程序，效果如图 5-12 所示。

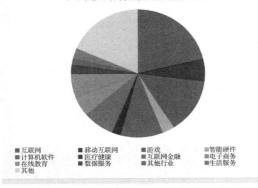

图 5-12　各行业热门招聘统计图

从图 5-12 中可以看出，这些热门职位主要分布于互联网、移动互联网、计算机软件、游戏、互联网金融行业，实际上这些行业属于 IT 行业，通过该图也能感受到广州 IT 行业的蓬勃发展势头。

第 6 章　智能数据分析

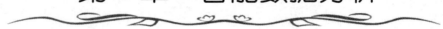

什么是数据分析？

数据分析是一个包含数据检验、数据清洗、数据重构、数据建模的过程，目的在于发现有用的信息和有建设性的结论，以辅助决策的制定。数据分析有多种形式和方法，涵盖了多种技术，应用于商业、科学、社会学等多个不同的领域。

6.1　数据获取

数据获取是指从数据源采集数据，为数据分析和数据挖掘做数据准备的工作。

6.1.1　从键盘获取

input 函数是 Python 的一个内建函数，其从标准输入中读入一个字符串，用来获取控制台的输入。

【例 6-1】　通过 input 函数获取数据。

```
str = input("请输入：");
print ("你输入的内容是:", str)
```

运行程序，输出：

```
请输入：abcd
你输入的内容是:　abcd
```

在实例中，通过获取键盘（控制台）输入的数据来返回结果，"你输入的内容是：abcd"中的"abcd"为输入的数据。

6.1.2　读取与写入

在 Python 中，读取操作是最常用的操作，下面对它们进行介绍。

1. 读取操作

读取文件是最常见的 I/O 操作。Python 内置了读取文件的函数，以读取文件的模式打开一个文件对象，使用 Python 内置的 open 函数，传入文件名和标示符。

【例 6-2】　通过 open 函数读取数据，文件内容如图 6-1 所示。

图 6-1　file.txt 文件内容

```
f=open("file.txt","r",encoding="utf-8")
print(f.read())
f.close()
```

运行程序，输出效果如图 6-2 所示。

图 6-2　输出效果

在实例中，通过 open 函数打开文件，模式有只读、写入和追加等。读取文件模式列表如表 6-1 所示。模式参数是非强制性的，默认文件访问模式为只读"r"。

表 6-1　读取文件模式列表

模　　式	描　　述
r	以只读方式打开文件。文件的指针将会放在文件的开头，这是默认模式
rb	以二进制格式打开一个文件用于只读。文件指针将会放在文件的开头
r+	打开一个文件用于读写。文件指针将会放在文件的开头
rb+	以二进制格式打开一个文件用于读写。文件指针将会放在文件的开头

在实例中定义 f=open("file.txt","r",encoding="utf-8")，即打开后的文件对象，那么文件对象常用的函数如下。

- file.read(size)：参数 size 表示读取的数量，省略则读取全部。
- file.readline()：读取文件的一行内容。
- file.readlines()：读取所有的行并以文件的每行作为一个元素插入数组中，[line1,line2,…,lineN]，在避免将文件的所有内容都加载到内存中时，常常使用这种方法来提高效率。
- file.write()：如果要写入字符串以外的数据，先将它转换为字符串。
- file.close()：关闭文件，文件使用完毕后必须关闭，因为文件对象会占用操作系统的资源，并且操作系统同一时间能打开的文件数量也是有限的。

由于文件读取时有可能产生 IOError，一旦出错，后面的 f.close 函数就不会被调用。为了保证无论是否出错都能正确地关闭文件，使用 try…finally 语句。

```
try:
    f=open('file','r')
    print(f.read())
finally:
    if f:
        f.close()
```

但是每次都这样写太麻烦了,所以 Python 引入了 with 语句来自动调用 close 函数:

```
with open('file','r') as f:
    print(f.read())
```

这和前面的 try…finally 语句是一样的,但是代码更加简洁,并且不必调用 f.close 函数。

小提示: 在 Python 中,open 函数读取文件是根据光标位置来读取的,如果采用 file.read 函数读取两次,则第二次会出现空,再次使用 file.read 函数之前需要添加 file.seek(0),将光标位置放到最前面,这样才能返回有效值。

```
f=open("file.txt","r",encoding='utf-8')
f.read()
f.seek(0)
f.read()
f.close()
```

2. 写入操作

在使用 Python 处理数据的过程中,经常需要将处理结果保存到数据库或文件中。写入模式列表如表 6-2 所示。

表 6-2 写入模式列表

模式	描述
w	打开一个文件,只用于写入。如果该文件已存在,则打开文件,并从头开始编辑,即原有内容会被删除。如果该文件不存在,则创建新文件
wb	以二进制格式打开一个文件,只用于写入。如果该文件已存在,则打开文件,并从头开始编辑,即原有内容会被删除。如果该文件不存在,则创建新文件。一般用于非文本文件,如图片等
w+	打开一个文件用于读写。如果该文件已存在,则打开文件,并从头开始编辑,即原有内容会被删除。如果该文件不存在,则创建新文件
wb+	以二进制格式打开一个文件用于读写。如果该文件已存在,则打开文件,并从头开始编辑,即原有内容会被删除。如果该文件不存在,则创建新文件。一般用于非文本文件,如图片等
a	打开一个文件用于追加。如果该文件已存在,则文件指针将会放在文件的结尾。也就是说,新的内容将会被写入已有内容之后。如果该文件不存在,则创建新文件进行写入
ab	以二进制格式打开一个文件用于追加。如果该文件已存在,则文件指针将会放在文件的结尾。也就是说,新的内容将会被写入已有内容之后。如果该文件不存在,则创建新文件进行写入
a+	打开一个文件用于读写。如果该文件已存在,则文件指针将会放在文件的结尾。文件打开时会是追加模式。如果该文件不存在,则创建新文件用于读写
ab+	以二进制格式打开一个文件用于追加。如果该文件已存在,则文件指针将会放在文件的结尾。如果该文件不存在,则创建新文件用于读写

【例6-3】 写入文件。

```
with open("test.txt","w") as file:
    file.write("hello world")
```

采用"w"模式,将 hello world 写入 test.txt 文件中。

6.1.3 Pandas 读写操作

Pandas 是 Python 进行数据分析的重要模块,其功能十分强大,第2章已经对其操作进行了介绍。本节将对 Pandas 在 I/O 操作方面的 API 进行简单介绍。Pandas 支持众多类型文件的读写操作,如表6-3所示。

表 6-3 Pandas 文件的读写操作

格式类型	数据描述	读操作	写操作
text	CSV	read_csv	to_csv
text	JSON	read_json	to_json
text	HTML	read_html	to_html
text	Local Clipboard	read_clipboard	to_clipboard
binary	MS Excel	read_excel	to_excel
binary	HDF5 Format	read_hdf	to_hdf
binary	Feather Format	read_feather	to_feather
binary	Parquet Format	read_parquet	to_parquet
binary	Msgpack	read_msgpack	to_msgpack
binary	Stata	read_stata	to_stats
binary	SAS	read_sas	—
binary	Python Pickle Format	read_pickle	to_pickle
SQL	SQL	read_sql	to_sql
SQL	Google Big Query	read_gbq	to_gbq

注意:Pandas 有一个非常重要的通用读取函数 read_table(),默认以 sep= 't'为分割符读取文件到 DataFrame。sep 参数也可指定其他形式,在实际使用中可以通过对 sep 参数的控制来读取任何文本文件,如下面的实例所示。

【例6-4】 read_table()的操作实例。

```
import numpy as np
import pandas as pd
import os

#load .csv
df=pd.read_table("birth.csv")
print(df)
```

运行程序，输出如下：

```
   LOW,AGE,LWT,RACE,SMOKE,PTL,HT,UI,BWT
0  1.0,28.0,113.0,1.0,1.0,1.0,0.0,1.0,709.0
1  1.0,29.0,130.0,0.0,0.0,0.0,0.0,1.0,1021.0
2  1.0,34.0,187.0,1.0,1.0,0.0,1.0,0.0,1135.0
3  1.0,25.0,105.0,1.0,0.0,1.0,1.0,0.0,1330.0
4  1.0,25.0,85.0,1.0,0.0,0.0,0.0,1.0,1474.0
```

read_table()的默认分隔符为"t"，所以需要指定 sep=","来进行操作，否则将被当成一列来处理。

【例6-5】 read_csv()与 read_table()对比。

```
import numpy as np
import pandas as pd
import os

#load .csv
df=pd.read_csv("birth.csv",sep=",")
print(df)
```

运行程序，输出如下：

```
   LOW   AGE    LWT   RACE  SMOKE  PTL  HT   UI   BWT
0  1.0   28.0   113.0  1.0    1.0   1.0  0.0  1.0   709.0
1  1.0   29.0   130.0  0.0    0.0   0.0  0.0  1.0  1021.0
2  1.0   34.0   187.0  1.0    1.0   0.0  1.0  0.0  1135.0
3  1.0   25.0   105.0  1.0    0.0   1.0  1.0  0.0  1330.0
4  1.0   25.0   85.0   1.0    0.0   0.0  0.0  1.0  1474.0
```

对比例6-4、例6-5的 read_table()和 read_csv()对 CSV 文件的读取，均顺利获取数据并打印。需要注意对分隔符的指定。下面构建一个简单的案例完成数据的写入。

【例6-6】 Dataframe 保存为 CSV 文件实例。

```
import numpy as np
import pandas as pd
from numpy.random.mtrand import randn
df=pd.DataFrame(randn(3,3),columns=['Column A','Column b','Column c'],index=range(3))
print(df)
df.to_csv("ab.csv")
```

运行程序，输出如下：

```
   Column A   Column b   Column c
0  -0.363262  -1.973892   0.183149
1  -0.882026  -1.101997   1.205057
2   0.804888  -1.042885   0.411525
```

6.2 枚举算法

6.2.1 枚举定义

一些具有特殊含义的类,其实例化对象的个数往往是固定的。例如用一个类表示月份,则该类的实例化对象最多有 12 个;再如用一个类表示季节,则该类的实例化对象最多有 4 个。

针对这种特殊的类,Python 3.6.5 加了 Enum(枚举)类。也就是说,对于这些实例化对象个数固定的类,可以用枚举类来定义。

枚举法,又称穷举法,它将解决问题的可能方案全部列举出来,并逐一验证每种方案是否满足给定的检验条件,直到找出问题的解。

例如,下面的程序演示了如何定义一个枚举类:

```
from enum import Enum
class Color(Enum):
    #为序列值指定 value 值
    red = 1
    green = 2
    blue = 3
```

如果想将一个类定义为枚举类,只需要令其继承 enum 模块中的 Enum 类即可。例如在上面的程序中,Color 类继承自 Enum 类,则证明这是一个枚举类。

在 Color 枚举类中,red、green、blue 都是该类的成员(可以理解为类变量)。注意,枚举类的每个成员都由 2 个部分组成,分别为 name 和 value,其中 name 属性值为该枚举值的变量名(如 red),value 代表该枚举值的序号(序号通常从 1 开始)。

和普通类的用法不同,枚举类不能用来实例化对象,但这并不妨碍我们访问枚举类中的成员。

6.2.2 枚举特点

枚举也有它自身的特点,主要表现为:
(1)枚举类中不能存在相同的标签名;
(2)枚举是可迭代的;
(3)不同的枚举标签可以对应相同的值,但它们都会被视为该值对应第一个标签的别名;
(4)如果要限制定义枚举时,不能定义相同值的成员。可以使用装饰器@unique(要导入 unique 模块);
(5)枚举成员之间不能进行大小比较,可进行等值和同一性比较;
(6)枚举成员为单例,不可实例化,不可更改。

6.2.3 枚举经典应用

下面通过一个例子来演示枚举在实际中的应用。

【例 6-7】 甲、乙牧羊人隔着山沟放羊，两人心里都在想对方有多少只羊。甲对乙说："我若得你 8 只羊，我的羊就多你一倍。" 乙说："我若得你 8 只羊，我们两家的羊数就相等。"编写一个程序，算一下甲、乙各有几只羊。

分析：根据甲、乙的对话内容，分析其中的数量关系，用列等式方程法求解。在这个问题中有两个未知数，所以设甲有 x 只羊，乙有 y 只羊。

根据甲说的话，如果甲得到乙的 8 只羊，那么甲的羊就是乙的一倍。由此得到一个等量关系：

$$x+8=2(y-8)$$

根据乙说的话，如果乙得到甲的 8 只羊，那么乙的羊数和甲的相等。由此又得到一个等量关系：

$$y+8=x-8$$

综合两个等式，得到一个二元一次方程组：

$$\begin{cases} x+8=2(y-8) \\ y+8=x-8 \end{cases}$$

我们知道，求解二元一次方程组需要用到初中的数学知识，如果是小学生来解，他们只学过一元一次方程，怎么办？这时可以使用枚举法编写程序求解答案。

采用枚举法求解羊的数量问题，算法步骤如下：

（1）从 1 开始列举甲的羊数 x。

（2）将甲的羊数 x 代入等式 $y+8=x-8$，并算出乙的羊数 y。

（3）将甲、乙羊数 x 和 y 代入等式 $x+8=2(y-8)$，并判断等式是否成立。如果等式成立，则输出甲、乙的羊数 x 和 y，问题得到解决；否则就将甲的羊数 x 加 1，之后转到第（2）步去执行。

使用流程图描述上述算法步骤，如图 6-3 所示。

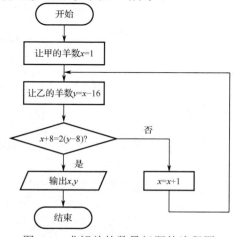

图 6-3　求解羊的数量问题的流程图

根据上面所述的枚举算法，从 1 开始一个个地列举甲的羊数，再求出乙的羊数，直到甲的羊数为 56、乙的羊数为 40 时，就能够使等式 $x+8=2(y-8)$ 成立。

此举可见枚举算法是一个很"笨"的方法。当问题规模较小时，手动计算能很快求解，但是当问题规模很大时，使用人工枚举就成了不可能完成的任务了。这时可以借助计算机程序来求解。

利用 Python 编写程序求解的代码为：

```
def main():
    """求解羊数问题"""
    x=1 #设甲的羊数初始值为 1
    while True: #创建一个条件循环结构
        y=x-16
        if x+8==2*(y-8):  #判断等式是否成立
            print('甲有羊数：',x,'\n 乙有羊数：',y)
            break       #等式成立，循环 print 后，跳出循环
        else:
            x=x+1    #等式不成立，x 自加 1
#程序入口调用 main 函数
if __name__=='__main__':  #name 与 main 的两边是两个下画线
    main()          #调用 main 函数
```

运行程序，输出如下：

```
甲有羊数：56
乙有羊数：40
```

通过实例可以看到，利用编程方式求解方程问题，降低了解决问题的难度。

6.3 递推问题

在解决许多数学问题时，根据已知条件，利用计算公式进行若干步重复的运算即可求解答案的方法称为递推算法。根据推导问题的方向，可将递推算法分为顺推法和递推法。

所谓顺推法，就是从问题的起始条件出发，由前往后逐步推算出最终结果的方法。而逆推法则与之相反，它是从问题的最终结果出发，由后往前逐步推算出问题的起始条件，它是顺推法的逆过程。

下面通过一个经典实例来展示递推法是如何解决实际问题的。

【例 6-8】一天，甲买了酒要去朋友家，去朋友家要分 4 个阶段走，每走一阶段，酒量添加一倍，但却被一起的乙偷喝了 4 升。当甲来到朋友家时，却发现酒瓶是空的。请问原瓶中有多少升酒？

用递推法解决问题：使用逆推法从第 4 次反推到第 1 次，在途中酒量的变化如下：

第 4 次：(0+4)÷2=2。

第 3 次：(2+4)÷2=3。

第 2 次：(3+4)÷2=3.5。

第 1 次：(3.5+4)÷2=3.75。

这样经过 4 次计算就求得瓶中原有 3.75 升酒。

当遇到规模较大的问题时，手工计算将不可取，这时可以利用计算机运算速度快的特点，通过编程来解决问题。分析上述递推求解的步骤，可见其计算方法是相同的。如果用 n 表示酒量，可将计算规律表示为 $n=(n+4)/2$。在编程时，设 n 从 0 开始，对这个式子进行 4 次迭代，就能求出问题的解。类似地，当遇到规模更大的同类问题时，只要增加迭代次数就可以求解。

采用递推法求解的算法步骤如下：

（1）将变量 n 设定为 0，变量 i 设定为 1。

（2）如果 $i \leqslant 4$，那么就执行第（3）步，否则执行第（5）步。

（3）计算 $n=(n+4)/2$。

（4）将变量 i 加 1，并返回第（2）步。

（5）输出变量 n 的值。

使用流程图描述上述算法，如图 6-4 所示。

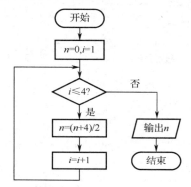

图 6-4　计算原瓶中有多少升酒的算法流程图

实现代码为：

```
def main():
    n=0         #设置酒量的初值
    i=1         #设置循环控制变量初值
    while i<=4:  #循环控制条件设置为小于等于 4
        n=(n+4)/2    #推算出瓶中原有的酒量
        i=i+1
    print('瓶内原有酒%s'%n)
#程序入口调用 main 函数
if __name__=='__main__':
    main()
```

运行程序，输出如下：

瓶内原有酒 3.75

6.4 模拟问题

1．模拟算法

所谓模拟算法，就是编写程序模拟现实世界中事物的变化过程，从而完成相应任务的方法。模拟算法对算法设计的要求不高，需要按照问题描述的过程编写程序，使程序按照问题要求的流程运行，从而求得问题的解。

2．问题描述

在一次挑战中，有 3 个挑战者和 1 只猴子来到一个岛上，他们发现岛上的食物只有地瓜。于是，挑战者们齐心收集了许多地瓜。当天夜里，一个挑战者先醒来，决定拿走属于他的那份地瓜而不是等到早上。他把地瓜分为相等的 3 份，但发现多出了一个，于是把它给了猴子。他藏好自己的那一份。不久，另一个挑战者也醒来了，他做了与第 1 个挑战者同样的事，也把多出的 1 个地瓜给了猴子。又过了一会儿，第 3 个挑战者也醒来了，他也跟前两个挑战者一样分地瓜，也把多出的 1 个地瓜给了猴子。

到了早上，当 3 个挑战者醒来后，他们发现地瓜少了许多，但是彼此心知，于是，他们把地瓜平分 3 分，每人 1 份，恰好又多出 1 个分给猴子。

问题：3 个挑战者在第 1 天最少收集了多少个地瓜？

3．问题分析

根据问题的描述可知，3 个挑战者在第 1 天夜里和第 2 天早上共分了 4 次地瓜。每个挑战者在夜里分地瓜时，1 个地瓜给猴子，剩下的地瓜能平分 3 份，自己藏起一份，留下 2 份。在第 2 天早上分地瓜时，1 个地瓜给猴子，剩下的地瓜能平分 3 份，每人 1 份。要解决问题，可以采用枚举法和模拟算法相结合的方式求解。

针对"分地瓜"问题，可以将解决过程分为模拟分地瓜和列举地瓜数两个部分。

分地瓜的过程采用模拟算法，封装为一个函数，用于验证给定的地瓜数是否能够 4 次分完，并返回 True 或 False。

（1）模拟 3 个挑战者在夜里分地瓜的过程。设地瓜数为 n，算子为 $n = \frac{(n-1)}{3} \times 2$，如此迭代 3 次，可求得夜里剩下的地瓜数量。

（2）模拟挑战者在第 2 天早上分地瓜的过程，用表达式 $(n-1)\%3 == 0$ 判断是否能将地瓜分完。如果能分完就返回 True，否则返回 False。

列举地瓜数的过程采用枚举法，从 4 开始列举地瓜的数量（最少要 4 个地瓜才能 3 个挑战者和 1 只猴子分），然后调用模拟挑战者分地瓜的函数进行验证，直到该函数返回 True 求得问题的解为止。该过程的算法步骤为：

（1）从 4 开始列举地瓜数。

（2）在一个循环结构中，调用模拟挑战者分地瓜的函数，对地瓜数进行验证。

（3）如果函数返回 False，就将地瓜数增加 1，再返回步骤（2）；否则，就结束循环。
（4）输出地瓜的数量，求得问题的解。

使用流程图描述上述算法步骤，如图 6-5 所示。

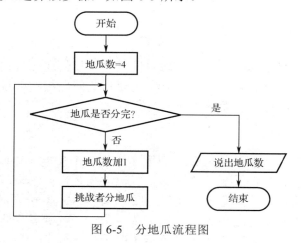

图 6-5　分地瓜流程图

4．编程求解

该程序由一个列举地瓜数的主程序和一个模拟分地瓜过程的函数组成。实现代码为：

```
def potato(n):
    """模拟分地瓜"""
    for i in range(3):
        n=(n-1)/3*2      #对算式进行 3 次迭代
    return (n-1)%3==0

def main():
    """列举地瓜数"""
    x=4       #创建地瓜数，并设初值为 4
    while not potato(x):    #调用 potato 函数验证地瓜数
        x=x+1
    print('3 个挑战者第 1 天最少收集地瓜数为：',x)
#程序入口调用 main 函数
if __name__=='__main__':
    main()
```

运行程序，输出如下：

```
3 个挑战者第 1 天最少收集地瓜数为： 79
```

6.5 逻辑推理问题

1. 问题描述

学校里有一位学生学雷锋做好事不留名。据同学反映,这个"活雷锋"是 A、B、C、D 这 4 个同学中的一个。当老师问他们时,他们分别说:

A 说:"这件好事是 C 做的。"
B 说:"这件好事是 D 做的。"
C 说:"这件好事是 B 做的。"
D 说:"这件好事不是我做的。"

已知这 4 个人当中只有一个人说的话是真的,请问做好事的是谁?通过编程求解答案。

2. 算法分析

解决逻辑推理问题的关键是,根据题目中给出的各种已知条件,提炼出正确的逻辑关系,并将其转换为用 Python 语言描述的逻辑表达式。Python 语言提供了基本的关系运算符和逻辑运算符,可以用来构建各种逻辑表达式。在解决逻辑推理问题时,一般使用枚举法,也就是使用循环结体来将各种方案列举出来,再逐一判断根据题目建立的逻辑表达式是否成立,最终找到符合题意的答案。

下面分几个部分讲解如何解决"好事是谁做的"这个逻辑推理问题。

(1)把题目中 A、B、C、D 这 4 个人所说的话转换成逻辑表达式。用变量 f 表示"谁做好事",A、B、C、D 4 个人分别用 1、2、3、4 表示,则 4 个人所说的话可以转换成如表 6-4 所示的逻辑表达式。

表 6-4 "好事是谁做的"逻辑表达式

已知条件	表达式	已知条件	表达式
不是 C 做的	f!=3	是 B 做的	f==2
是 D 做的	f==4	不是 D 做的	f!=4

(2)判断 4 个人当中只有 1 个人说了真话。在此提出一个问题:逻辑表达式计算的结果是 True 或 False,可以对其进行加法运算吗?下面使用代码进行测试:

```
>>> True+False
1
```

由此可见,布尔值在进行加法运算时,会自动转换为整数 1 或 0。因此,可以求出 4 个已知条件的逻辑表达式的值(即 p1=f!=3, p2=f==4, p3=f==2, p4=f!=4)。如果 p1、p2、p3 和 p4 的和等于 1,那么就能判断 4 个人当中只有一个人说了真话。

(3)使用枚举算法编程求解。构建一个计数型循环结构,从 1 到 4 依次列举出"谁做好事"f 的值,如果 4 个已知条件只有 1 个成立,则找到该问题的解,将"谁做好事"变量 f 的值输出到屏幕。使用流程图描述算法,如图 6-6 所示。

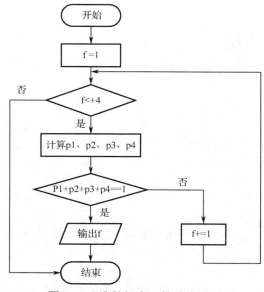

图 6-6 "谁做好事"算法流程图

3. 编程求解

编写程序进行逻辑推理，求出"好事是谁做的"问题的答案，实现代码为：

```
def main():
    """求解好事是谁做的问题"""
    f=1     #创建 f 变量，表示"谁做的好事"，初值设为 1
    while f<=4:   #创建一个计数型循环结构
        #循环体：根据变量 f 的当前值对 4 个已知条件的逻辑表达式进行计算
        #所得结果是整数，分别存放在 p1、p2、p3 和 p4 这 4 个变量中
        p1=f!=3
        p2=f==4
        p3=f==2
        p4=f!=4
        #判断一个人说了真话的情况是否成立
        #即判断 p1、p2、p3、p4 之和是否等于 1
        if p1+p2+p3+p4==1:
            print('做好事的是：',f)
            break    #跳出循环
        else:
            f+=1

if __name__=='__main__':
    main()
```

运行程序，输出如下：

做好事的是： 3
从输出结果可知，做了好事的是 C 同学。

6.6 排序问题

本节介绍几种常用的排序方法，分别为冒泡排序、选择排序、桶排序、插入排序、快速排序、归并排序、堆排序等内容。

6.6.1 冒泡排序

1．基本思想

在各种集体活动中，我们会发现在站队时，开始时大家随意地站成一排，高低不齐。当收到"向右看齐"和"按身高排队"的指令后，队列中的每个成员就会与右侧相邻位置的人比较，高的向右移动，矮的保持不动，很快就会排列成右高左低的整齐队列。

在编程中，冒泡排序（Bubble Sort）算法也使用类似的思想对数据进行排序，它的基本思想是：重复地遍历要排序的数列，一次比较两个元素，如果它们的顺序错误就把它们进行交换。遍历数列的工作重复地进行直到没有需要交换的元素为止，也就是说该数列已经排序完成。这个算法的名字由来是小的元素会经由交换慢慢"浮"到数列的上部。

2．算法分析

请编程实现冒泡排序算法，并将一组无序的数据"12, 35, 99, 18, 76"按照从大到小的顺序进行排序。

根据冒泡排序算法的基本思想，结合图 6-7 将该算法的过程描述如下。

```
比如有五个数: 12, 35, 99, 18, 76, 从大到小排序, 对相邻的两位进行比较
• 第一趟:
• 第一次比较: 35, 12, 99, 18, 76
• 第二次比较: 35, 99, 12, 18, 76
• 第三次比较: 35, 99, 18, 12, 76
• 第四次比较: 35, 99, 18, 76, 12
经过第一趟比较后, 五个数中最小的数已经在最后面了, 接下来只比较前四个数, 依次类推
• 第二趟
  99, 35, 76, 18, 12
• 第三趟
  99, 76, 35, 18, 12
• 第四趟
  99, 76, 35, 18, 12
  比较完成
```

图 6-7 冒泡算法过程

通过观察图 6-7 的排序过程，可以看到存在以下几种情况。
（1）每一轮排序都是从未排序区域的末尾向前进行的。
（2）每一轮排序完成后，未排序区域的头部位置向后移动一位。
（3）在比较相邻的两个元素时，只把大的元素交换到前面。

经过上述分析，可以将冒泡排序算法的编程思路概括为：使用双重循环结构进行流程控制，外层循环控制排序轮数和每一轮排序时未排序区域的头部位置，内层循环用于遍历未排序区域中的各个元素，并将最小的元素交换到未排序区域的头部。

3．编程实现

根据上述算法分析得出的编程思路，编程实现冒泡排序算法。

```
"""冒泡排序"""
nums = [12, 35, 99, 18, 76]     #创建 nums，将待排序数据作为列表元素
def bubbleSort(nums):
    for i in range(len(nums)-1):        #这个循环负责设置冒泡排序进行的次数
        for j in range(len(nums)-i-1):   #j 为列表下标
            if nums[j]< nums[j+1]:#由后往前比较相邻两个元素的大小并调换位置
                nums[j], nums[j+1] = nums[j+1], nums[j]   #大的元素置换到前面
    return nums

print('冒泡排序后序列：',bubbleSort(nums))
```

运行程序，输出如下：

冒泡排序后序列： [99, 76, 35, 18, 12]

6.6.2 选择排序

1．基本思想

选择排序算法基本思想：先从序列的未排序区域中选出一个最小的元素，把它与序列中的第 1 个元素交换位置；再从剩下的未排序区域中选出一个最小的元素，把它与序列中的第 2 个元素交换位置……如此反复操作，直到序列中的所有元素按升序排列完毕。

2．算法分析

请编程实现选择排序算法，并将一组无序的数据"6, 4, 1, 3, 5, 2"按照从小到大的顺序进行排序。

根据选择排序算法的基本思想，其算法过程为：

第一步：在列表的第一个位置存放此队列的最小值。

声明一个变量 min_index 等于列表的第一个坐标值 0。从第一个位置 0 坐标的元素开始，和它后边所有的元素一一比对，如果后边的值比 min_index 坐标对应的值更小，则将 min_index 的值改为后边那个数的坐标，然后用 min_index 坐标对应的值再跟后边的数比

较，完成全部比对以后，将列表的第一个数和 min_index 坐标对应的数做一个交换。

用 6 和 4 比较，4 小，min_index 改为 1；用 4 和后边的 1 比较，1 小，min_index 改为 2；用 1 跟 3 比，1 小，min_index 改为 3；用 1 跟 5 比较，1 小，min_index 改为 4；用 1 和 2 比较，1 小，min_index 改为 5。比较完毕，把坐标 5 对应的值和第一个值交换。

a=[1, 6, 4, 3, 5, 2]，最小的 1 放到最前边。

第二步：从坐标 1 开始，把刚才的逻辑再来一遍：a=[1, 2, 6, 4, 3, 5]。
第三步：从坐标 2 开始，把刚才的逻辑再来一遍：a=[1, 2, 3, 6, 4, 5]。
第四步：从坐标 3 开始，把刚才的逻辑再来一遍：a=[1, 2, 3, 4, 6, 5]。
第五步：从坐标 4 开始，把刚才的逻辑再来一遍： a=[1, 2, 3, 4, 5, 6]。

通过观察上述排序过程，可以看到存在以下几种情况。
（1）每一次排序都是从未排序区域中找出最小元素的位置。
（2）每一次排序完成后，未排序区域的头部位置向后移动一位。
（3）如果最小元素位于未排序区域的头部位置，就不需要交换。

经过上述分析，可以将选择排序算法的编程思路概括如下。

使用双重循环结构进行流程控制，外层循环控制排序轮数和每一轮排序时未排序区域的头部位置，内层循环用于在未排序区域中寻找最小元素的位置。每一轮对未排序区域的元素遍历之后，如果找到的最小元素不在未排序区域的头部位置，就将最小元素与头部的元素交换位置。

3．编程实现

根据上述算法分析得出的编程思路，编程实现选择排序算法：

```
a=[5,6,1,3,2,4]    #给定待排序序列
min_index=0    #表示未排序区域的头部位置，第一轮排序时将其设置为 0

for i in range(len(a)-1):
    min_index=i    #每次 i 变化时，将最小下标值改为 i
    for j in range(i+1,len(a)):    #将本次循环第一个位置的值和当前 i 元素之后的所有值进行比对
        if a[min_index]>a[j]:    #判断未排序区域数的大小

            min_index=j    #如果发生小于的情况，则把此数的坐标赋值于 min_index
    print('打印每次排序的坐标值:\n',min_index)    #打印每次排序的坐标值
    #当所有元素比较完毕之后，将 i 坐标值和当前循环找到的最小值进行交换
    a[i],a[min_index]=a[min_index],a[i]

print ('选择排序后：',a)
```

运行程序，输出如下：

打印每次排序的坐标值：
 2
打印每次排序的坐标值：
 4

```
打印每次排序的坐标值:
 3
打印每次排序的坐标值:
 5
打印每次排序的坐标值:
 5
选择排序后:    [1, 2, 3, 4, 5, 6]
```

值得一提的是,选择排序的优点是其与数据移动有关。如果某个元素位于正确的最终位置上,则它不会被移动。选择排序每次交换一对元素,它们当中至少有一个将被放在最终位置上,因为对 n 个元素进行排序总共进行至多 n-1 次交换。在所有的完全依靠交换去移动元素的排序方法中,选择排序属于非常好的一种。

6.6.3 桶排序

1. 基本思想

桶排序也叫作计数排序,其基本思想是:将数据集的所有元素按顺序列举出来,然后统计元素出现的次数。最后按顺序输出数据集元素。

2. 算法分析

请编程实现选择排序算法,并将一组无序的数据 "6, 8, 2, 3, 4, 0, 9, 1, 5, 1",利用桶排序法按从小到大的顺序进行排序。

桶排序的过程如下。

(1) 初始化桶的大小。

把数据集的每一个元素当作一个桶,由上面的问题可以看出,原始数据范围为 0~9,因此就需要 10 个桶,如图 6-8 所示:

0	0	0	0	0	0	0	0	0	0
0	1	2	3	4	5	6	7	8	9

图 6-8 初始化桶

第一行为初始化计数,设为 0;第二行为各个元素。

(2) 计数。

读入第一个原始数据 6,在下标为 6 的桶中增加 1,如图 6-9 所示。

0	0	0	0	0	0	1	0	0	0
0	1	2	3	4	5	6	7	8	9

图 6-9 读入第二个原始数据

读入下一个原始数据 8,在下标为 8 的桶中增加 1,如图 6-10 所示。

0	0	0	0	0	0	1	0	1	0
0	1	2	3	4	5	6	7	8	9

图 6-10　读入第二个原始数据

以此类推，最后遍历完所有原始数据时，10 个桶的计数如图 6-11 所示。

1	2	1	1	1	1	1	0	1	1
0	1	2	3	4	5	6	7	8	9

图 6-11　10 个桶的计数

（3）输出数据。

在完成原始数据的遍历计数后，遍历各个桶，输出数据。

元素 0 的计数为 1，则输出 0。
元素 1 的计数为 2，则输出 1。
元素 2 的计数为 1，则输出 2。
元素 3 的计数为 1，则输出 3。
元素 4 的计数为 1，则输出 4。
元素 5 的计数为 1，则输出 5。
元素 6 的计数为 1，则输出 6。
元素 7 的计数为 0，则不输出元素。
元素 8 的计数为 1，则输出 8。
元素 9 的计数为 1，则输出 9。
最后结果输出为：0, 1, 1, 2, 3, 4, 5, 6, 8, 9。

3．编程实现

根据上述算法分析得出的编程思路，编程实现桶排序算法：

```python
def bucketSort(nums):
    #选择一个最大的数
    max_num = max(nums)
    #创建一个元素全是 0 的列表，当作桶
    bucket = [0]*(max_num+1)
    #把所有元素放入桶中，即把对应元素个数加 1
    for i in nums:
        bucket[i] += 1
    #存储排序好的元素
    sort_nums = []
    #取出桶中的元素
    for j in range(len(bucket)):
        if bucket[j] != 0:
            for y in range(bucket[j]):
                sort_nums.append(j)
    return sort_nums
```

```
nums = [6, 8, 2, 3, 4, 0, 9, 1, 5,1]
print( "桶排序结果:")
print (bucketSort(nums))
```

运行程序，输出如下：

```
桶排序结果:
[0, 1, 1, 2, 3, 4, 5, 6, 8, 9]
```

6.6.4 插入排序

1．基本思想

插入排序算法的基本思想：把序列的第一个元素划分为已排序区域，其他元素划分为未排序区域；然后从未排序区域逐个取出元素，把它和已排序区域的元素逐一比较，放到大于它的元素之前，最终得到一个从小到大排列的有序序列。

2．算法分析

请编程实现插入排序算法，并将一组无序的数据"48, 37, 65, 97, 76, 13, 27, 48"按照从小到大的顺序进行排序。

插入排序的过程如下。

待排序：[48,37,65,97,76,13,27,48]。

第一次比较后：[37,48,65,97,76,13,27,48]。第二个元素（37）与之前的元素进行比较，发现 37 较小，进行交换。

第二次比较后：[37,48,65,97,76,13,27,48]。第三个元素（65）大于前一个元素（48），所以不进行交换操作，直接到下一个元素进行比较。

第三次比较后：[37,48,65,97,76,13,27,48]。和第二次比较类似。

第四次比较后：[37,48,65,76,97,13,27,48]。当前元素（76）比前一元素（97）小，97 后移，76 继续与 65 比较，发现当前元素比较大，执行插入。

第五次比较后：[13,37,48,65,76,97,27,48]。

第六次比较后：[13,27,37,48,65,76,97,48]。

第七次比较后：[13,27,37,48,48,65,76,97]。

经过七次排序，整个插入排序过程完成，序列中无序的数据已经按照从小到大的顺序排列好了。

通过观察上述排序过程，可以看到存在以下几种情况。

（1）每一次排序都是把未排序区域头部的元素移动到已排序区域。

（2）每一次排序完成后，未排序区域的头部位置向后移动一位。

（3）在已排序区域中由后往前依次比较相邻的两个元素，把小的元素交换到前面。

经过上述分析，可以将插入排序算法的编程思路概括如下：

使用双重循环结构进行流程控制，外层循环控制排序次数和每一次排序时未排序区域的头部位置，内层循环用于把未排序区域的一个元素插入已排序区域的合适位置。每一次在已排序区域中排序时,如果待插入的元素不小于它前面的元素,则本次排序结束。

3. 编程实现

根据上述算法分析得出的编程思路,编程实现插入排序算法,实现代码为:

```
"""插入排序"""
myList = [48,37,65,97,76,13,27,48]     #创建列表,将待排序数据作为列表元素
def InsertSort(myList):
    #获取列表长度
    length = len(myList)
    for i in range(1,length):    #遍历未排序区域中的各个元素
        #设置当前值前一个元素的标识
        j = i - 1
        #如果当前值小于前一个元素,则将当前值作为一个临时变量存储,将前一个元素后移一位
        if(myList[i] < myList[j]):
            temp = myList[i]
            myList[i] = myList[j]
            #继续往前寻找,如果有比临时变量大的数字,则后移一位,直到找到比临时变量小的元素或者到达列表的第一个元素
            j = j-1
            while j>=0 and myList[j] > temp:
                myList[j+1] = myList[j]
                j = j-1
            #将临时变量赋值给合适位置
            myList[j+1] = temp

InsertSort(myList)
print('插入排序后序列:',myList)
```

运行程序,输出如下:

```
插入排序后序列:   [13, 27, 37, 48, 48, 65, 76, 97]
```

6.6.5 快速排序

快速排序算法由图灵奖得主托尼·霍尔在 1960 年提出,是对冒泡排序的一种改进。它速度快、效率高,被认为是当前最优秀的内部排序算法之一,也是当前世界上使用最广泛的算法之一。

1. 基本思想

快速排序算法的基本思想:选择未排序序列左端的 1 个元素作为基准值,将小于基

准值的元素移到基准值左边，将大于基准值的元素移到基准值右边，这样使作为基准值的元素被移到排序后的正确位置，并以基准值为中心分割出 2 个未排序的分区。之后使用递归方式不断地对未排序分区进行"分而治之"的操作，直到所有未排序分区不能分割时就完成了排序，得到一个从小到大排列的有序序列。

2．算法分析

请编程实现快速排序算法，并将一组无序的数据"3, 44, 38, 5, 47, 15, 36, 26, 27, 2, 46, 4, 19, 50, 48"按照从小到大的顺序进行排序。

根据快速排序算法的基本思想，结合图 6-12 将该算法的工作过程描述如下。

选取中间的 26 作为基准值（基准值可以随便选）。从第一个元素 3 开始和基准值 26 进行比较，3 小于基准值，则将 3 放入左边的分区中；第二个元素 44 比基准值 26 大，则将 44 放入右边的分区中；以此类推就得到图 6-12 中的第二行。然后依次对左右两个分区进行再分区，得到图 6-12 中的第三行。依次往下进行，直到最后一个元素分解完成再一层一层地返回。返回规则是：左边分区+基准值+右边分区。

图 6-12　快速排序算法过程图

可将快速排序算法的编程思路概括如下：

首先进行一次交换排序，将一个基准元素归位，并分割出两个未排序区域。之后，使用递归方法不断地对所有未排序区域进行交换排序。直到所有未排序分区不能分割为止，整个排序过程结束。

3. 编程实现

根据上述算法分析得出的编程思路，编程实现快速排序算法，实现代码为：

```
"""快速排序"""
myList = [3, 44, 38, 5, 47, 15, 36, 26, 27, 2, 46, 4, 19, 50, 48]
def QuickSort(myList,start,end):
    #判断 low 是否小于 high，如果为 false，直接返回
    if start < end:
        i,j = start,end
        #设置基准数
        base = myList[i]
        while i < j:
            #如果列表后边的数，比基准值大或相等，则前移一位直到有比基准值小的数出现
            while (i < j) and (myList[j] >= base):
                j = j - 1
            #如找到,则把第 j 个元素赋值给第 i 个元素
            myList[i] = myList[j]
            #同样的方式比较前半区
            while (i < j) and (myList[i] <= base):
                i = i + 1
            myList[j] = myList[i]
        """做完第一轮比较之后，列表被分成了两个半区，并且 i=j,需要将这个数设置回 base"""
        myList[i] = base

        #递归前后半区
        QuickSort(myList, start, i - 1)
        QuickSort(myList, j + 1, end)
    return myList

print("快速排序后序列: ")
QuickSort(myList,0,len(myList)-1)
print(myList)
```

运行程序，输出如下：

快速排序后序列:
[2, 3, 4, 5, 15, 19, 26, 27, 36, 38, 44, 46, 47, 48, 50]

6.6.6 归并排序

1. 基本思想

快速排序是一种不稳定排序，比如基准值的前后都可能存在与基准值相同的元素，

那么相同值就会被放在一边,这样就打乱了之前的相对顺序。归并排序与快速排序两种排序的思想都是分而治之,但是它们分解和合并的策略不一样。归并排序的基本算法为:

(1)将一个序列从中间位置分成两个序列。

(2)再将这两个子序列按照第一步继续二分下去。

(3)直到所有子序列的长度都为1,也就是不可以二分为止。这时候再两两合并成一个有序序列即可。

2. 算法分析

请编程实现归并排序算法,并将一组无序的数据"3,4,5,6,8,10"按照从小到大的顺序进行排序。

根据归并排序算法的基本思想,结合图 6-13 的流程图将该算法的工作过程描述如下。

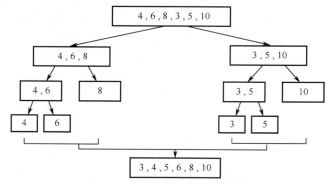

图 6-13　归并排序算法流程图

对图 6-13 中的算法流程分析如下:
当无法再划分时,开始进行合并。
第一次组合完成[4, 6]的合并;
第二次组合完成[4, 6, 8]的合并;
第三次组合完成[3, 5]的合并;
第四次组合完成[3, 5, 10]的合并;
第五次组合完成[3, 4, 5, 6, 8, 10]的合并,结束排序。

3. 编程实现

根据上述算法分析得出的编程思路,编程实现归并排序算法,实现代码为:

```
def merge_sort( li ):
    #不断递归调用自己,直到拆分成单个元素的时候就返回这个元素,不再拆分
    if len(li) == 1:
        return li
    #取拆分序列的中间位置
    mid = len(li) // 2
    #拆分过后有左右两侧子串
    left = li[:mid]
```

```
            right = li[mid:]
            #对拆分过后的左右子串再拆分，直到只有一个元素为止
            #最后一次递归时 ll 和 rl 都会接收到一个元素的列表
            #最后一次递归之前的 ll 和 rl 会接收到排好序的子序列
            ll = merge_sort( left )
            rl =merge_sort( right )
            #对返回的两个拆分结果进行排序后合并，再返回正确顺序的子列表
            #这里调用一个函数帮助我们按顺序合并 ll 和 rl
            return merge(ll , rl)
    #这里接收两个列表
    def merge( left , right ):
        #从两个有顺序的列表里依次取数据，比较后放入 result
        #每次分别拿出两个列表中最小的数进行比较，把较小的放入 result
        result = []
        while len(left)>0 and len(right)>0 :
            #为了保持稳定性，当遇到相等的时候优先把左侧的数放进结果列表，因为 left 本来
也是大数列中比较靠左的
            if left[0] <= right[0]:
                result.append( left.pop(0) )
            else:
                result.append( right.pop(0) )
        #while 循环之后，说明其中一个数组没有数据了，我们把另一个数组添加到结果数组后边
        result += left
        result += right
        return result

    if __name__ == '__main__':
        li = [3, 4, 5, 6, 8, 10]
        li2 = merge_sort(li)
        print('归并排序后序列：',li2)
```

运行程序，输出如下：

归并排序后序列：[3, 4, 5, 6, 8, 10]

6.6.7 堆排序

1．基本思想

堆排序也是一种选择排序，其借助于二叉树这种数据结构，每趟从待排序的记录中选出关键字最小的记录，顺序放在已排序的记录序列末尾，直到全部排序结束为止。与简单选择排序不同的是，堆排序的待排序列是利用二叉树这种数据结构存储的，相比之下是更优化的。

堆排序的基本思想：堆是一种数据结构，可以将堆看作一棵完全二叉树。这棵二叉树满足：任何一个非叶子节点的值都不大于（或不小于）其左右孩子节点的值。将一个无序序列调整为一个堆，就可以找出这个序列的最大值（或最小值），然后将找出的这个值交换到序列的最后一位，这样有序序列的元素就增加了一个，无序序列的元素就减少了一个。对新的无序序列重复这样的操作，就实现了排序。

2．算法分析

请编程实现堆排序算法，并将一组无序的数据"49, 38, 65, 97, 76, 13, 27, 49"按照从小到大的顺序进行排序。

根据堆排序算法的基本思想，结合图6-14将该算法的工作过程描述如下。

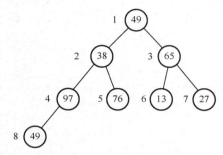

原始序列：49 38 65 97 76 13 27 49

图6-14　原始序列的完全二叉树

堆排序的执行过程：

（1）从无序序列所确定的完全二叉树的第一个非叶子节点开始，从右至左，从下至上，对每个节点进行调整，最终将得到一个大顶堆。

对节点的调整方法：将当前节点（假设为 a）的值与其孩子节点的值进行比较，如果存在大于 a 的孩子节点，则从中选出最大的一个与 a 交换。当 a 来到下一层的时候重复上述过程，直到 a 的孩子节点的值都小于 a 的值为止。

（2）将当前无序序列中的第一个元素（反映在数中是根节点 b），与无序序列中的最后一个元素交换（假设为 c），b 进入有序序列，到达最终位置。无序序列元素减少1个，有序序列元素增加1个，此时只有节点 c 可能不满足堆的定义，对其进行调整。

（3）重复（2）的过程，直到无序序列的元素剩下一个时排序结束。

3．编程实现

根据上述算法分析得出的编程思路，编程实现堆排序算法，实现代码为：

```
"""堆排序"""
def heapify(arr, n, i):
    largest = i
    l = 2 * i + 1      #left = 2*i + 1
    r = 2 * i + 2      #right = 2*i + 2
    if l < n and arr[i] < arr[l]:
        largest = l
```

```
            if r < n and arr[largest] < arr[r]:
                largest = r
            if largest != i:
                arr[i],arr[largest] = arr[largest],arr[i]    #交换
                heapify(arr, n, largest)

    def heapSort(arr):
        n = len(arr)
        #创建最大堆
        for i in range(n, -1, -1):
            heapify(arr, n, i)
        #一个个交换元素
        for i in range(n-1, 0, -1):
            arr[i], arr[0] = arr[0], arr[i]    #交换
            heapify(arr, i, 0)

    arr = [49,38,65,97,76,13,27,49]
    heapSort(arr)
    n = len(arr)
    print ("排序后")
    for i in range(n):
        print ("%d" %arr[i])
```

运行程序，输出如下：

排序后:[13 27 38 49 49 65 76 97]

6.7 二分查找

1. 基本思想

简单来说，二分法是一种采用一分为二的策略来缩小查找范围并快速靠近目标的方法。在数学上，二分法可用来求解方程的近似值。在计算机科学中，也有一种采用二分法思想的查找算法，名为二分查找（又称为折半查找），它能够在序列中快速查找目标数据。

二分查找算法的基本思想：假设序列中的元素是按从小到大的顺序排列的，以序列的中间位置为基准将序列一分为二，再将序列中间位置的元素与目标数据比较。如果目标数据等于中间位置的元素，则查找成功，结束查找过程；如果目标数据大于中间位置的元素，则在序列的后半部分继续查找；如果目标数据小于中间位置的元素，则在序列中的前半部分继续查找。当序列不能被定位时，查找失败，结束查找过程。

中间位置的计算公式为：中间位置≈（结束位置-起始位置）/2+起始位置。

注意：对计算结果进行向下取整。

2．算法分析

请编程实现二分查找算法，并在一组按升序排列的数据"2, 3, 5, 6, 11, 13, 17, 19"中查找 17 所在的位置。

根据二分查找算法的基本思想，结合图 6-15 将该算法的过程描述如下。

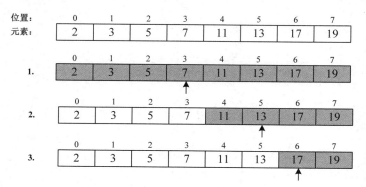

图 6-15　二分查找算法过程图

第一次查找：起始位置为 0，结束位置为 7，中间位置为(7-0)/2+0≈3，序列中索引位置为 3 的元素是 7。目标值 17 大于 7，则继续查找元素 7 右侧的数据。

第二次查找：起始位置为 4，结束位置为 7，中间位置为(7-4)/2+4≈5，序列中索引位置为 5 的元素是 13。目标值 17 大于 13，则继续查找元素 13 右侧的数据。

第三次查找：起始位置为 6，结束位置为 7，中间位置为(7-6)/2+6≈6，序列中索引位置为 6 的元素是 17。正好与目标值 17 相等，则将目标位置 6 返回，整个查找过程结束。

通过分析上述查找过程，将二分查找算法的编程思路描述如下：

（1）根据待查找序列的起始位置和结束位置计算出一个中间位置。

（2）如果目标数据等于中间位置的元素，则查找成功，返回中间位置。

（3）如果目标数据小于中间位置的元素，就在序列的前半部分继续查找。

（4）如果目标数据大于中间位置的元素，就在序列的后半部分继续查找。

（5）重复进行以上步骤，直到待查找序列的起始位置大于结束位置，即待查找序列不可定位时，这时查找失败。

3．编程实现

根据上述算法分析得出的编程思路，编程实现二分查找算法。有两种实现方法：一种是循环结构实现二分查找；另一种是递归结构实现二分查找。

（1）使用循环结构实现二分查找，代码为：

```
def binary_chop(alist, data):
    """
    非递归解决二分查找
    """
    n = len(alist)
```

```
            first = 0           #查找起始位置
            last = n – 1        #查找结束位置
            while first <= last:    #不断地进行二分查找,表示待查找序列可以被定位
                mid = (last + first) // 2   #计算待查找序列的中间位置,存放在变量 mid 中
                if alist[mid] > data:   #判断中间元素是否大于查找目标
                    last = mid – 1      #成立,即向中间位置的前一位置继续查找
                elif alist[mid] < data:  #中间元素是否小于查找目标
                    first = mid + 1      #成立,即向中间位置的后一位置继续查找
                else:
                    return True
            return False

        if __name__ == '__main__':
            lis = [2,3,5,6,11,13,17,19]  #给定有序数列
            if binary_chop(lis, 17):
                print('查找成功')
```

运行程序,输出如下:

查找成功

(2)使用递归结构实现二分查找,实现代码为:

```
        def binary_chop(alist, data):
            """
            递归解决二分查找
            :param alist:
            :return:
            """
            n = len(alist)
            if n < 1:
                return False
            mid = n // 2
            if alist[mid] > data:
                return binary_chop(alist[0:mid], data)
            elif alist[mid] < data:
                return binary_chop(alist[mid+1:], data)
            else:
                return True

        if __name__ == '__main__':
            lis = [2,3,5,6,11,13,17,19]
            binary_chop(lis, 17)
            print('查找成功')
```

6.8 勾股树

1. 基本思想

勾股树是根据勾股定理绘制的可以无限重复的图形，重复多次之后呈现为树状。勾股树最早是由古希腊数学家毕达哥拉斯绘制的，因此又称之为毕达哥拉斯树。这种图形在数学上称为分形图，它们中的一部分与其整体或者其他部分十分相似，分形图内任何一个相对独立的部分，在一定程度上都是整体的再现和缩影。这就是分形图的自相似特性。

我国古代把直角三角形称为勾股形，直角边中较小者为勾，较长者为股，斜边为弦，所以把这个定理称为勾股定理。公元前 6 世纪，古希腊数学家毕达哥拉斯证明了勾股定理，因而西方人都习惯地称这个定理为毕达哥拉斯定理。

勾股定理的定义：在平面上的一个直角三角形中，两个直角边边长的平方加起来等于斜边边长的平方。数学表达式为 $a^2 + b^2 = c^2$，用图形表达如图 6-16 所示。

以图 6-16 中的勾股定理图形为基础，让两个较小的正方形按勾股定理继续"生长"，又能画出新一代的勾股定理图，如此一直画下去，最终得到一棵完全由勾股定理图形组成的树状图形，效果如图 6-17 所示，称其为勾股树。

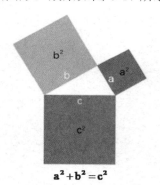
图 6-16　勾股定理图形

图 6-17　勾股树

2. 算法分析

利用分形图的自相似特性，先构造出分形图的基本图形，再不断地对基本图形进行复制，就能绘制出分形图。勾股树分形图的绘制步骤如下：

（1）先画出如图 6-16 所示的勾股定理图形作为基本图形，将这一过程封装为一个绘图函数，以便进行递归调用。

（2）在绘制两个小正方形之前，分别以直角三角形的两条直角边作为下一代勾股定理图形中的直角三角形的斜边，以递归方式调用绘图函数画出下一代的基本图形。

（3）重复执行上述两步，最终可绘制出一棵勾股树的分形图。由于是递归调用，需要递归的终止条件，这里设置为某一代勾股定理图形的直角三角形的斜边小于某个数值时就结束递归调用。

如图 6-18 所示,这是一棵经典勾股树分形图的绘制过程,可以看到它从一个勾股定理图形开始,逐步成长为一棵"茂盛"的勾股树。

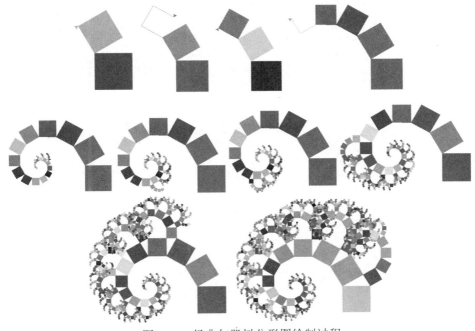

图 6-18　经典勾股树分形图绘制过程

3．编程实现

根据上述算法分析中给出的编程思路,编程绘制勾股树的分形图,实现代码为:

```
"""导入必要的图库及数学库
同时,计算三角形边长时需要用到 cos 函数和 radians 函数
"""
from turtle import*
from math import cos, radians
import random
"""创建绘制勾股树基本图形的函数"""
def draw(a):
    '''画勾股树'''
    if a>5:
        down()    #落笔
        #设置边长
        r=random.randint(1,255)
        g=random.randint(1,255)
        b=random.randint(1,255)
        color(r,g,b) #设置颜色
        begin_fill()   #开始绘图
```

```
        for i in range(5):   #边长
            fd(a)    #向前
            right(90) #向右旋转90°

    end_fill()      #结束绘图
    up()     #抬笔
    left(120)    #向左旋转120°
    draw(a*cos(radians(30)))    #绘制边长
    right(90)    #向右旋转90°
    fd(a*cos(radians(30))) #向前移到第2个图形
    draw(a*cos(radians(60)))    #绘制边长
    right(90)    #向右旋转
    fd(a*cos(radians(60)))    #向前移到第3个图形
    right(30)    #向右旋转30°
    fd(a)    #向前移到a
    right(90)    #向右旋转90°
    fd(a)    #回到a
    right(90)#向右旋转90°
if __name__=='__main__':
    '''程序入口'''
    mode('Logo')
    speed(0)
    colormode(255)   #设置颜色映射
    seth(0)    #将绘图窗口中的画笔方向设置为面向屏幕的中间
    up()
    goto(50,-200)
    draw(100)    #画出一个勾股定理图形,其中最大正方形的边长为100
```

6.9 数据分析经典案例

本节将通过几个例子来演示数据分析在实际中的经典应用。

本节数据来源自 UCI 数据库,它是一个常用的科学计算数据集库。adult.data 从美国 1994 年人口普查数据库中抽取而来,因此也被称为人口普查收入数据集,共包含 48842 条记录。在记录中,年收入大于 5 万美元的人数占比为 23.93%,年收入小于 5 万美元的人数占比为 76.07%,数据集已经划分为 32561 条训练数据和 16281 条测试数据。该数据集类变量为年收入是否超过 5 万美元,属性变量包括年龄、工种、学历、职业等 14 类重要信息。如表 6-5 所示,变量中有 8 类属于类别离散型变量,6 类属于数值连续型变量。该数据集是一个分类数据集,用来预测年收入是否超过 5 万美元。

表 6-5 数据集属性变量及说明

属　　性	含　　义
age	年龄
workclass	工作类别
fnlwgt	序号
education	受教育程度
education-num	受教育时间
marital-status	婚姻状况
occupation	职业
relationship	社会角色
race	种族
gender	性别
capital-gain	资本收益
capital-loss	资本支出
hours-per-week	每周工作时间
native-country	国籍

表 6-5 涉及的维度有 14 个，相对来说比较全面，针对数据分析可以做很多事情。对数据进行概括后，数据状况如表 6-6 所示。

表 6-6 数据状况

数据集特征	多　变　量
属性特征	类别离散型、数值连续型
相关应用	分类
记录数	48842
属性数目	14
缺失值	有

数据主要用于机器学习，分成训练集与测试集，首先加载数据表，将两个数据集进行合并，实现代码为：

```
"""合并 adult 数据"""
import matplotlib.pyplot as plt
import pandas as pd
from numpy.random.mtrand import randn
import math
import numpy as np
```

```
c_names=['age','workclass','fnlwgt','education','eductationl-num','marital-status','occupation','relati
onship','race','gender','capital-gain','capital-loss','hours-per-week','native-country','income']
#合并
train=pd.read_csv('adult.data.txt',sep=",\s",header=None,names=c_names,engine='python')
test=pd.read_csv('adult.test.txt',sep=",\s",header=None,names=c_names,engine='python')
test['income'].replace(regex=True,inplace=True,to_replace=r'\.',value=r'')
adult=pd.concat([test,train])
adult.reset_index(inplace=True,drop=True)    #查看数据
print(adult.count())
```

运行程序，输出如下：

```
age                 48843
workclass           48842
fnlwgt              48842
education           48842
eductationl-num     48842
marital-status      48842
occupation          48842
relationship        48842
race                48842
gender              48842
capital-gain        48842
capital-loss        48842
hours-per-week      48842
native-country      48842
income              48842
dtype: int64
```

数据维度较多，可选择自己想要观察的数据进行查看，这里选择 age、eductationl-num 两个字段进行查看，通过 tail() 可以查看最后 5 行数据，实现代码为：

```
"""观察数据"""
#选择'age', 'eductationl-num'两个字段
print(adult[['age','eductationl-num']].tail())
```

运行程序，输出如下：

```
       age   eductationl-num
48838   27        12.0
48839   40         9.0
48840   58         9.0
48841   22         9.0
48842   52         9.0
```

针对已有的 column 绘制数据条形图，从整体上观察数据的分布形态，以便进行更加详细的分析，实现代码为：

```python
"""数据初始统计"""
fig=plt.figure(figsize=(20,15))
cols=5
rows=math.ceil(float(adult.shape[1]/cols))
for i,column in enumerate(adult.columns):
    ax=fig.add_subplot(rows,cols,i+1)
    ax.set_title(column)
    if adult.dtypes[column]==np.object:
        adult[column].value_counts().plot(kind='bar',axes=ax)
    else:
        adult[column].hist(axes=ax)
        plt.xticks(rotation='vertical')
plt.subplots_adjust(hspace=0.85,wspace=0.2)
plt.show()
```

运行程序，效果如图6-19所示。

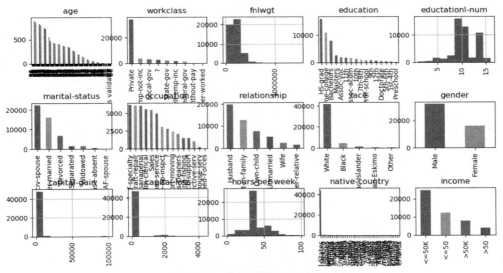

图6-19 数据初始统计效果图

分析过程中具有针对性，在图6-19中可以观察到，部分特征是明显分布不均匀的，如 workclass、Race、capital-gain、capital-loss、native-country。同时 capital-gain 和 capital-loss 应该存在一定的强相关性。下面的代码用于选取部分特征进行详细分析：

```
"""基于职业的统计分析"""
occdata=adult.groupby('occupation').size().nlargest(10)
print(occdata)
```

运行程序，输出如下：

```
occupation
Prof-specialty          6172
```

```
    Craft-repair         6112
    Exec-managerial      6086
    Adm-clerical         5611
    Sales                5504
    Other-service        4923
    Machine-op-inspct    3022
    ?                    2809
    Transport-moving     2355
    Handlers-cleaners    2072
    dtype: int64
```

下面的代码实现对职业的统计分析并进行可视化：

```python
plt.rcParams['font.sans-serif'] =['SimHei']   #显示中文标签
#定义显示数值函数
def autolabel(rects):
    for rect in rects:
        height=rect.get_height()
        plt.text(rect.get_x()+rect.get_width()/2.-0.2,1.03*height,'%.2f' % float(height))
def pltsize(x,y,title):
    a=plt.bar(x,y,width=0.5)
    autolabel(a)
    plt.xticks(rotation=20)
    plt.title("统计分析 %s" % title)
    plt.show()
pltsize(list(occdata.index),list(occdata.values),'occupation')
```

运行程序，效果如图 6-20 所示。

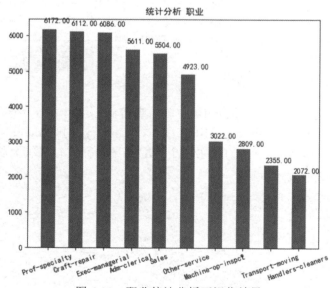

图 6-20　职业统计分析可视化效果

数据的特征维度有很多，选取数据进行观察很重要，在此我们对"occupation"进行了统计排序。首先，利用 groupby 函数进行分组，之后统计 size，对其结果进行前十排序 nlargest(10)，代码如下：

```
countdata=adult.groupby('native-country').size().nlargest(10)
print(countdata)
```

运行程序，输出如下：

```
native-country
United-States    43832
Mexico             951
?                  857
Philippines        295
Germany            206
Puerto-Rico        184
Canada             182
El-Salvador        155
India              151
Cuba               138
dtype: int64
```

为了更好地观察数据中收入的信息，分组对比：

```
print(adult.groupby('income')['income'].count())
income
<=50      12435
<=50K     24720
>50        3846
>50K       7841
Name: income, dtype: int64
```

绘制条形图，用于显示性别中收入阶层的比例，代码如下：

```
gender=round(pd.crosstab(adult.gender,adult.income).div(pd.crosstab(adult.gender,adult.income).apply(sum,1),0),2)
gender.sort_values(by = '>50K',inplace=True)
ax=gender.plot(kind='bar',title="跨性别水平的比例分布")
ax.set_ylabel('人口的比例')
plt.show()
```

运行程序，效果如图 6-21 所示。

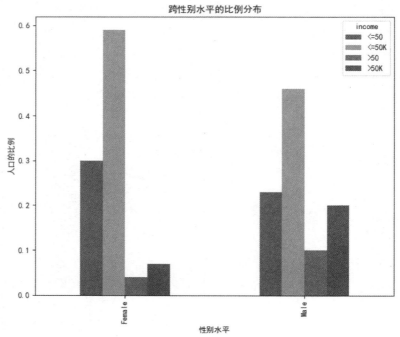

图 6-21 性别收入水平比例分布

从图 6-21 中可看出,男、女之间存在收入差距。同时观察到,男性年收入超过 5 万(50K)美元的比例是女性同龄人的两倍多。

> gender_workclass=round(pd.crosstab(adult.workclass,[adult.income,adult.gender]).div(pd.crosstab(adult.workclass,[adult.income,adult.gender]).apply(sum,1),0),2)
> gender_workclass[[('>50K','Female'),('>50K','Male')]].plot(kind='bar',title='每个工人阶级的性别比例分布',figsize=(10,8),rot=30)
> ax.set_xlabel('性别水平')
> ax.set_ylabel('人口的比例')
> plt.show()

运行程序,效果如图 6-22 所示。

如图 6-22 所示,除了"无薪"劳动者,男性每年收入超过 5 万美元的比例总是高于女性。对比如图 6-21 所示的结果可看出,在收入方面,不仅男性收入整体高于女性收入,在 workclass 分布中男性也是高于女性的,并未出现较大反差。

下面的代码绘制了一张条形图,如图 6-23 所示,显示了不同工作时间条件下收入阶层的比例。我们会注意到一个趋势,即每周工作时间越长,年收入超过 5 万美元的人口比例就越高。然而,从图上看,这不一定是真的,它们之间没有必然的正相关关系。例如,工作时间是 77、79、81、82、87、88 小时等的人,没有年收入超过 5 万美元的。

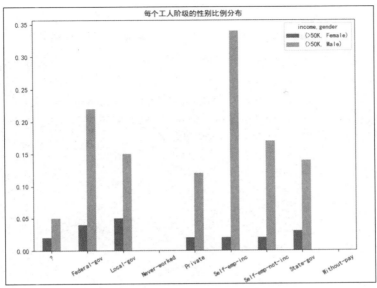

图 6-22　workclass 对比分析效果图

```
"""工作时间对比分析"""
hours_per_week=round(pd.crosstab(adult['hours-per-week'],adult.income).div(pd.crosstab(adult['hours-per-week'],adult.income).apply(sum,1),0),2)
hours_per_week.sort_values(by = '>50K',inplace=True)
ax=hours_per_week.plot(kind='bar',title='每周工作时间的比例分配',figsize=(20,12))
ax.set_xlabel('小时每周')
ax.set_ylabel('人口的比例')
plt.show()
```

运行程序，效果如图 6-23 所示。

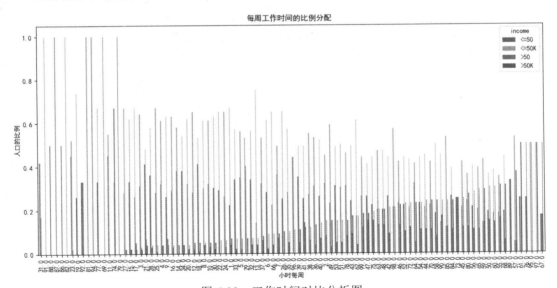

图 6-23　工作时间对比分析图

通过对图 6-23 的观察，决定将工作时间转化为 3 个类别：少于 40 小时、40～60 小时、多于 60 小时。下面的代码将实现工作时间划分类别对比分析：

```
adult['hour_worked_bins'] = ['<40' if i < 40 else '40～60' if i <= 60 else '>60'  for i in adult['hours-per-week']]
adult['hour_worked_bins'] = adult['hour_worked_bins'].astype('category')
hours_per_week = round(pd.crosstab(adult.hour_worked_bins, adult.income).div(pd.crosstab(adult.hour_worked_bins, adult.income).apply(sum,1),0),2)
hours_per_week.sort_values(by = '>50K', inplace = True)
ax = hours_per_week.plot(kind ='bar', title = '每周工作时间的比例分配', figsize = (10,6))
ax.set_xlabel('小时每周')
ax.set_ylabel('人口的比例')
plt.show()
```

运行程序，效果如图 6-24 所示。

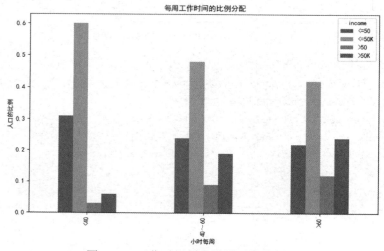

图 6-24　工作时间划分类别对比分析图

第 7 章　机器学习

人工智能的发展迎来了第三次浪潮，它正在推动工业发展进入新的阶段，掀起第四次工业革命的序幕。而作为人工智能的重要组成分部，机器学习也成了炙手可热的概念。

那什么是机器学习？机器学习，最早是由一位人工智能领域的先驱，Arthur Samuel 在 1959 年提出来的。本意指的是一种让计算机在不经过明显编程的情况下，对数据进行学习，并且做出预测的方法，属于计算机科学领域的一个子集。公认的世界上第一个自我学习项目，就是 Samuel 跳棋游戏。

机器学习进入新阶段的重要表现主要有以下几个方面。

（1）机器学习已成为新的边缘学科并在高校形成一门课程。它综合应用心理学、生物学、神经生理学、数学、自动化和计算机科学，形成机器学习理论基础。

（2）结合各种学习方法，取长补短的多种形式的集成学习系统研究正在兴起。特别是连接学习、符号学习的耦合可以更好地解决连续性信号处理中知识与技能的获取与求精问题。

（3）机器学习与人工智能各种基础问题的统一性观点正在形成。例如，学习与问题求解结合、知识表达便于学习的观点产生了通用智能系统 SOAR 的组块学习形式。类比学习与问题求解相结合的基于案例的方法已成为经验学习的重要方向。

（4）各种学习方法的应用范围不断扩大，一部分已形成商品。归纳学习的知识获取工具已在诊断分类型专家系统中广泛使用。连接学习在声图文识别中占优势。分析学习已用于设计综合型专家系统。遗传算法与强化学习在工程控制中有较好的应用前景。与符号系统耦合的神经网络连接学习将在企业的智能管理与智能机器人运动规划中发挥作用。

（5）与机器学习有关的学术活动空前活跃。国际上除每年一次的机器学习研讨会外，还有计算机学习理论会议及遗传算法会议。

下面将对机器学习几个代表性的技术进行介绍。

7.1　K-Means 聚类算法

聚类是什么？聚类是一个将数据集划分为若干个子集的过程，并使得同一集合内的数据对象具有较高的相似度，而不同集合中的数据对象则是不相似的。相似或不相似是基于数据对象描述属性的取值来确定的，通常利用各个聚类间的距离来进行描述。聚类分析的基本指导思想是最大限度地实现类中对象相似度最大，类间对象相似度最小。

简单理解，如果一个数据集合包含 n 个实例划分为 m 个类别，每个类别中的实例都是相关的，而不同类别是有区别的，也就是不相关的，划分的过程就是聚类的过程。

7.1.1 K-Means 聚类算法概述

K-Means 聚类算法是由 Steinhaus、Lloyd、Ball & Hall、Mc Queen 分别在各自不同的科学研究领域独立提出的。K-Means 聚类算法被提出后,在不同的学科被广泛研究和应用,并发展出大量不同的改进算法。虽然 K-Means 聚类算法被提出已经超过了 50 年,但目前仍然是应用最广泛的聚类算法之一。容易实施、简单、高效,以及成功的应用案例和经验,是其仍然流行的主要原因。

7.1.2 目标函数

下面介绍经典 K-Means 聚类算法的目标函数。

对于一个给定的包含 n 个 d 维数据点的数据集 $X = \{x_1, x_2, \cdots, x_i, \cdots, x_n\}$,其中 $x_i \in R^d$,以及要生成的数据子集的数目 K,K-Means 聚类算法将数据对象组织为 K 个划分,具体划分为 $C = \{c_k, i = 1, 2, \cdots, K\}$。每个划分代表一个类 c_k,每个类 c_k 有一个类别中心 μ_k(聚类中心)。选取欧式距离作为相似性和距离判断的准则,计算该类各个点到聚类中心 μ_k 的距离平方和。

$$J(c_k) = \sum_{x_i \in c_k} \|x_i - \mu_k\|^2$$

聚类目标是使各类总的距离平方和 $J(C) = \sum_{k=1}^{K} J(c_k)$ 最小。

$$J(C) = \sum_{k=1}^{K} J(c_k) = \sum_{k=1}^{K} \sum_{x_i \in c_k} \|x_i - \mu_k\|^2 = \sum_{k=1}^{K} \sum_{i=1}^{n} d_{ki} \|x_i - \mu_k\|^2$$

其中,

$$d_{ki} = \begin{cases} 1, & x_i \in c_k \\ 0, & x_i \notin c_k \end{cases}$$

虽然,根据最小二乘法和拉格朗日定理,聚类中心 μ_k 是选取类别 c_k 类下的各个数据点的平均值。

K-Means 聚类算法从一个初始的 K 类别划分开始,然后将各数据点指派到一个类别中,以减少总的距离平方和。由于 K-Means 聚类算法中总的距离平方和随着类别的个数 K 的增加而趋于减小(当 $K = n$ 时,$J(C) = 0$)。因此,总的距离平方和只能在某个确定的类别个数 K 下取得最小值。

7.1.3 K-Means 聚类算法流程

K-Means 聚类算法的运行机制可以由如图 7-1 所示的简单流程图表示。
K-Means 聚类算法流程可以简化如下。

(1)对于未分类的样本,首先随机以 K 个元素作为起始质心。也可以简化该算法,取元素列表中的前 K 个元素作为质心。

(2)计算每个样本跟质心的距离,并将该样本分配给距离它最近的质心所属的簇,重新计算分配好后的质心。从图 7-2 中可看到质心在向真正的质心移动。

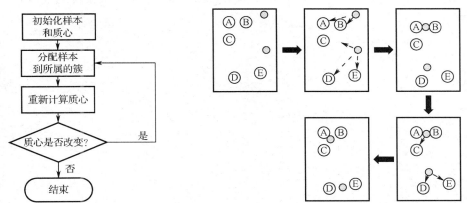

图 7-1　K-Means 聚类算法简单流程图　　　图 7-2　K-Means 聚类算法示意图

(3)在质心改变后,它们的位移将引起距离的改变,因此需要重新分配各个样本。

(4)在停止条件满足前,不断重复步骤(2)和步骤(3)。

可以使用不同类型的停止条件。

- 可以选择一个比较大的迭代次数 N,这样我们可能会遭遇一些冗余的计算。也可以选择使 N 小一些,但是在这种情况下,如果本身质点不稳定,收敛过程慢,那么得到的结果就不能使人信服。这种停止条件也可以当作最后的手段,以防有一些非常漫长的迭代过程。

- 还有一种停止条件,即如果已经没有元素从一个类转移到另一个类,那么意味着迭代的结束。

7.1.4　K-Means 聚类算法的优缺点

任何一个算法都有它的适用场景,K-Means 聚类算法的优缺点如下。

(1)优点。

- 扩展性很好(大部分的计算都可以并行计算)。
- 应用范围广。

(2)缺点。

- 它需要先验知识(可能的聚类的数据量应该预先知道)。
- 异常值影响质心的结果,因为算法并没有办法剔除异常值。
- 由于我们假设该图是凸的和各向同性的,所以对于非圆状的簇,K-Means 聚类算法表现不是很好。

7.1.5　K-Means 聚类算法经典应用

K-Means 聚类算法在经典的机器学习库 Scikit-learn 中有提供相应的函数。

```
sklearn.cluster.KMeans(n_clusters=8,
    init='k-means++',
    n_init=10,
    max_iter=300,
    tol=0.0001,
    precompute_distances='auto',
    verbose=0,
    random_state=None,
    copy_x=True,
    n_jobs=1,
    algorithm='auto'
)
```

其中：
- n_clusters：指定预分类簇的个数。
- init：初始簇中心的获取方法。
- n_init：获取初始簇中心的更迭次数，为了弥补初始质心的影响，算法默认初始 10 次质心，再实现算法，然后返回最好的结果。
- max_iter：最大迭代次数（因为 K-Means 聚类算法的实现需要迭代）。
- tol：容忍度，即 K-Means 聚类算法运行准则收敛的条件。
- precompute_distances：是否需要提前计算距离，这个参数会在空间和时间之间做权衡，True 会把整个距离矩阵都放到内存中，auto 会默认当样本数乘以聚类数大于 1.2×10^7 时，不提前计算距离。
- verbose：默认为 0，不输出日志信息，参数设定打印求解过程的细节程度，值越大，打印的细节越多。
- random_state：随机生成簇中心的状态条件。
- copy_x：是否修改数据的一个标记，如果 True，即复制了就不会修改数据。在 Scikit-learn 很多接口中都有这个参数，即是否对输入数据继续 copy 操作，以便不修改用户的输入数据。
- n_jobs：并行设置。
- algorithm：实现算法，有 auto、full、elkan 这 3 种状态。只针对稀疏数据与稠密数据进行设置，通常设置为 auto 即可。

下面通过几个例子来演示 K-Means 聚类算法的经典应用。

【例 7-1】　对给定的数据点进行 K-Menas 聚类。

```
from sklearn.cluster import KMeans
import numpy as np
```

```
#构造数据样本点集 X，并计算 K-means 聚类
X = np.array([[1, 2], [1, 4], [1, 0], [4, 2], [4, 4], [4, 0]])
kmeans = KMeans(n_clusters=2, random_state=0).fit(X)

#输出聚类后的每个样本点的标签（即类别），预测新的样本点所属类别
print('样本点的标签:\n',kmeans.labels_)
print('预测新的样本点所属类别:\n',kmeans.predict([[0, 0], [4, 4], [2, 1]]))
```

运行程序，输出如下：

```
样本点的标签:
 [0 0 0 1 1 1]
预测新的样本点所属类别:
 [0 1 0]
```

【例 7-2】 使用 K-Means 聚类算法对随机创建的数据点进行聚类分析，并绘制聚类效果图。

```
from pylab import *
from sklearn.cluster import KMeans

plt.rcParams['font.sans-serif'] =['SimHei']    #显示中文标签
#创建 5 个随机的数据集
x1=append(randn(500,1)+5,randn(500,1)+5,axis=1)
x2=append(randn(500,1)+5,randn(500,1)-5,axis=1)
x3=append(randn(500,1)-5,randn(500,1)+5,axis=1)
x4=append(randn(500,1)-5,randn(500,1)-5,axis=1)
x5=append(randn(500,1),randn(500,1),axis=1)

#下面用较笨的方法把 5 个数据集合并成(2500,2)大小的数组 data
data=append(x1,x2,axis=0)
data=append(data,x3,axis=0)
data=append(data,x4,axis=0)
data=append(data,x5,axis=0)

plot(x1[:,0],x1[:,1],'oc',markersize=0.8)
plot(x2[:,0],x2[:,1],'og',markersize=0.8)
plot(x3[:,0],x3[:,1],'ob',markersize=0.8)
plot(x4[:,0],x4[:,1],'om',markersize=0.8)
plot(x5[:,0],x5[:,1],'oy',markersize=0.8)

k=KMeans(n_clusters=5,random_state=0).fit(data)
t=k.cluster_centers_      #获取数据中心点
```

```
plot(t[:,0],t[:,1],'r*',markersize=16)    #显示这5个中心点，五角星标记
title('K-Means 聚类')
box(False)
xticks([])                #去掉坐标轴的标记
yticks([])
show()
```

运行程序，效果如图 7-3 所示。

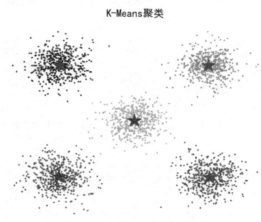

图 7-3　K-Means 聚类效果

7.2　kNN 算法

k（最）近邻算法（k-Nearest Neighbor, kNN）是数据挖掘分类技术中最简单的方法之一。它具有精度高、对异常值不敏感的优点，适合用来处理离散的数值型数据，但是它具有非常高的计算复杂度和空间复杂度，需要大量的计算（距离计算）。

7.2.1　kNN 算法基本思想

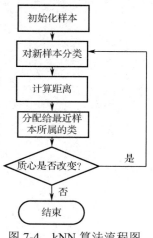

图 7-4　kNN 算法流程图

kNN 算法的基本思想是：如果一个样本在特征空间中的 k 个最相似（即特征空间中最邻近）的样本中的大多数属于某一个类别，则该样本也属于这个类别。kNN 算法流程如图 7-4 所示。

使用 kNN 算法将某个向量划分到某个分类中的过程如下。

（1）计算训练集中的每个向量和当前向量之间的距离。

（2）按照距离递增排序。

（3）选择与当前向量距离最小的前 k 个向量。

（4）计算前 k 个向量中每个类别的频率。

（5）选择出现频率最高的类别作为新向量的分类。

7.2.2 kNN 算法的重点

从 kNN 算法的描述中可以发现,有三个元素很重要,分别是距离度量、k 的大小和分类规则,这便是 kNN 模型的三要素。在 kNN 中,当训练数据集和三要素确定后,特征空间被划分为一些子空间,对于每个训练实例 x_i,距离该点比距离其他点更近的所有点组成了一个区域,每个区域的类别由决策规则确定且唯一,从而将整个区域划分。对于任何一个测试点,找到其所属的子空间,其类别即为该子空间的类别。

1. 距离度量

距离度量有很多种方式,要根据具体情况选择合适的距离度量方式。常用的是闵可夫斯基距离(Minkowski Distance),定义为

$$D(x,y) = \left(\sum_{i=1}^{m} |x_i - y_i|^p \right)^{\frac{1}{p}}$$

其中,$p \geq 1$。当 $p=2$ 时,是欧氏距离;当 $p=1$ 时,是曼哈顿距离。

2. k 的选择

k 的选择会对算法的结果产生重大影响。

如果 k 值较小,就相当于用较小邻域中的训练实例进行预测。极端情况时 $k=1$,测试实例只和最接近的一个样本有关,训练误差很小(0)。但是如果这个样本恰好是噪声,预测就会出错,测试误差很大。也就是说,当 k 值较小时,会产生过拟合现象。

如果 k 值较大,就相当于用很大邻域中的训练实例进行预测。极端情况时 $k=n$,测试实例的结果是训练数据集中实例最多的类,这样会产生欠拟合现象。

在应用中,一般选择较小的 k,并且 k 是奇数。通常采用交叉验证的方法来选取合适的 k 值。

3. 分类规则

kNN 算法的分类决策规则通常是多数表决,即由测试样本的 k 个临近样本的多数类决定测试样本的类别。多数表决规则有如下解释:给定测试样本 x,其最邻近的 k 个训练实例构成集合 $N_k(x)$,分类损失函数为 0-1 损失。如果涵盖 $N_k(x)$ 区域的类别为 c_j,则分类误差率为

$$\frac{1}{k} \sum_{x_i \in N_k(x)} I\{y_i \neq c_j\} = 1 - \frac{1}{k} \sum_{x_i \in N_k(x)} I\{y_i = c_j\}$$

要使分类误差率小即经验风险最小,就要使多数表决等价于经验风险最小化。而 kNN 的模型相当于对任意的 x 得到 $N_k(x)$,损失函数是 0-1 损失,优化策略是经验风险最小化。总体来说,就是对 $N_k(x)$ 中的样本应用多数表决。

7.2.3 kNN 算法经典应用

前面介绍了 kNN 算法基本思想和算法重点，下面通过几个经典应用来演示其算法。

【例 7-3】 利用 kNN 算法对 iris 数据进行分类。

```
#导入必要的库
import numpy as np
import matplotlib.pyplot as plt
from sklearn import datasets
plt.rcParams['font.sans-serif']=['SimHei'] #用于正常显示中文标签
#准备数据集
iris=datasets.load_iris()
X=iris.data
print('X:\n',X)
Y=iris.target
print('Y:\n',Y)

#处理二分类问题,所以只针对 Y=0,1 的行，然后从这些行中取 X 的前两列
x=X[Y<2,:2]
print(x.shape)
print('x:\n',x)
y=Y[Y<2]
print('y:\n',y)
#target=0 的点标红，target=1 的点标蓝,点的横坐标为 data 的第一列，点的纵坐标为 data 的第二列
plt.scatter(x[y==0,0],x[y==0,1],color='red')
plt.scatter(x[y==1,0],x[y==1,1],color='green')
plt.scatter(5.6,3.2,color='blue')
x_1=np.array([5.6,3.2])
plt.title('红色点标签为 0,绿色点标签为 1, 待预测的点为蓝色')
plt.show()
```

运行程序，输出如下，效果如图 7-5 所示。

```
X:
[[5.1 3.5 1.4 0.2]
 [4.9 3.  1.4 0.2]
 [4.7 3.2 1.3 0.2]
 ……
 [6.5 3.  5.2 2. ]
 [6.2 3.4 5.4 2.3]
 [5.9 3.  5.1 1.8]]
Y:
```

```
[0 0 0 0 0 0 0 0 0 0 0 0 0 0 0 0 0 0 0 0 0 0 0 0 0 0 0 0 0 0 0 0 0 0
 0 0 0 0 0 0 0 0 0 0 0 1 1 1 1 1 1 1 1 1 1 1 1 1 1 1 1 1 1 1 1 1 1 1
 1 1 1 1 1 1 1 1 1 1 1 1 1 1 1 1 1 1 1 1 1 2 2 2 2 2 2 2 2 2 2 2 2 2
 2 2 2 2 2 2 2 2 2 2 2 2 2 2 2 2 2 2 2 2 2 2 2 2 2 2 2 2 2 2 2 2 2 2
 2 2]
(100, 2)
x:
[[5.1 3.5]
 [4.9 3. ]
 [4.7 3.2]
 ……
 [6.2 2.9]
 [5.1 2.5]
 [5.7 2.8]]
y:
[0 0 0 0 0 0 0 0 0 0 0 0 0 0 0 0 0 0 0 0 0 0 0 0 0 0 0 0 0 0 0 0 0 0
 0 0 0 0 0 0 0 0 0 0 0 1 1 1 1 1 1 1 1 1 1 1 1 1 1 1 1 1 1 1 1 1 1 1
 1 1 1 1 1 1 1 1 1 1 1 1 1 1 1 1 1 1 1 1 1]
```

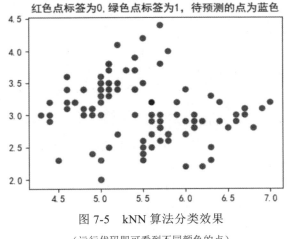

图 7-5　kNN 算法分类效果

（运行代码即可看到不同颜色的点）

我们要对效果图中蓝色的点进行预测，从而判断它们属于哪一类，我们使用欧氏距离公式，计算两个向量点之间的距离。计算完所有点之间的距离后，可以对距离数据按照从小到大的次序排序。统计距离最近前 k 个数据点的类别数，返回票数最多的那类即为蓝色点的类别。

```
#采用欧式距离计算
distances=[np.sqrt(np.sum((x_t-x_1)**2)) for x_t in x]
#对数组进行排序，返回的是排序后的索引
d=np.sort(distances)
nearest=np.argsort(distances)
```

```
k=6
topk_y=[y[i] for i in nearest[:k]]
from collections import Counter
#对 topk_y 进行统计返回字典
votes=Counter(topk_y)
#返回票数最多的 1 类元素
print(votes)
predict_y=votes.most_common(1)[0][0]
print(predict_y)
```

运行程序，输出如下：

```
Counter({1: 4, 0: 2})
1
```

从结果可以看出，当 k=6 时，距离蓝色的点最近的 6 个点，有 4 个为绿色，2 个为红色，最终蓝色点的标签被预测为绿色。

在 Scikit-learn 的数据集生成器中，有一个非常好的用于回归分析的数据集生成器，即 make_regression 函数，在此我们使用 make_regression 函数生成的数据集来进行实验。

【例 7-4】 kNN 算法实现回归分析。

```
#导入必要的编程库
from sklearn.datasets import make_regression
import matplotlib.pyplot as plt
#生成特征数量为 1、噪声为 50 的数据集
X,y=make_regression(n_features=1,n_informative=1,noise=50,random_state=8)
#用散点图将数据点进行可视化
plt.scatter(X,y,c='red',edgecolor='k')
plt.show()
```

运行程序，效果如图 7-6 所示。

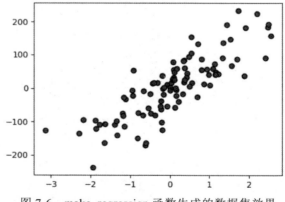

图 7-6 make_regression 函数生成的数据集效果

从图 7-6 可以看出，横轴代表的是样本特征的数值，范围大概为-3～3；纵轴代表样

本的测定值，范围大致为-250～250。

```
import numpy as np
#导入用于回归分析的 kNN 模型
from sklearn.neighbors import KNeighborsRegressor

plt.rcParams['axes.unicode_minus'] =False    #正常显示负号
plt.rcParams['font.sans-serif'] =['SimHei']   #显示中文标签

reg=KNeighborsRegressor()
#用 kNN 模型拟合数据
reg.fit(X,y)
#把预测结果用图像进行可视化
z=np.linspace(-3,3,200).reshape(-1,1)
plt.scatter(X,y,c='red',edgecolor='k')
plt.plot(z,reg.predict(z),c='k',linewidth=3.5)
plt.title('kNN 回归分析')    #图像添加标题
plt.show()
```

运行程序，效果如图 7-7 所示。

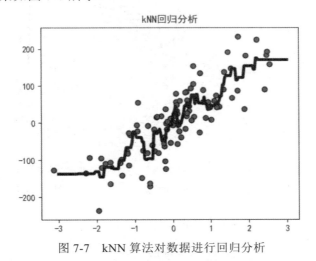

图 7-7　kNN 算法对数据进行回归分析

其中，图 7-7 中黑色的曲线代表的是 kNN 算法拟合 make_regression 函数生成数据的模型。直观来看，模型的拟合程度并不是很好，有大量的数据点没有被模型覆盖到。下面的代码尝试给模型进行评分：

```
print('代码运行结果：')
print('模型评分：{:.2f}'.format(reg.score(X,y)))
```

运行程序，输出如下：

```
代码运行结果：
模型评分：0.77
```

由结果可知，模型的评分只有 0.77，这结果不太令人满意，为了提高模型的分数，将 kNN 算法的近邻数进行调整。在默认的情况下，kNN 算法的 n_neighbors 为 5，下面尝试减少它：

```
from sklearn.neighbors import KNeighborsRegressor
#将模型的 n_neighbors 参数减少为 2
reg2=KNeighborsRegressor(n_neighbors=2)
reg2.fit(X,y)
#重新进行可视化
plt.scatter(X,y,c='red',edgecolor='k')
plt.plot(z,reg2.predict(z),c='k',linewidth=3.5)
plt.title('kNN 回归分析，n_neighbors=2')
plt.show()
```

运行程序，效果如图 7-8 所示。

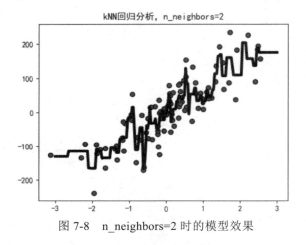

图 7-8　n_neighbors=2 时的模型效果

由图 7-8 可知，相对于图 7-7，黑色曲线更加积极地试图覆盖更多的数据点，即模型变得更复杂了，看起来比 n_neighbors=5 时更准确了。下面我们再次进行评分，看看分数是否有了提高：

```
print('代码运行结果：')
print('模型评分：{:.2f}'.format(reg2.score(X,y)))
```

运行程序，输出如下：

```
代码运行结果：
模型评分：0.86
```

结果由原来的 0.77 提高到了 0.86，可以说有了显著的提升。不过以上实验都是基于虚构的数据进行的，接下来用一个来自真实世界的数据集进行 kNN 算法的实战检验。

【例 7-5】kNN 算法实现酒的分类。

首先，根据需要，把酒的数据集载入。使用 load_wine 函数载入的酒数据集，是一种 Bunch 对象，它包括键（keys）和数值（values）。

```
from sklearn.datasets import load_wine
#从 sklearn 的 datasets 模块载入数据集
wine_dataset=load_wine()
print("酒数据集中的键：\n{}".format(wine_dataset.keys()))
```

运行程序，输出如下：

```
酒数据集中的键：
dict_keys(['data', 'target', 'target_names', 'DESCR', 'feature_names'])
```

从结果中可以看出，酒数据集中包括数据"data"，目标分类"target"，目标分类名称"target_names"，数据描述"DESCR"，以及特征变量的名称"feature_names"。

那么这个数据集中究竟有多少样本（samples），又有多少变量（features）呢？可以使用 shape 语句来告诉我们数据的概况，代码为：

```
print('数据概况：{}'.format(wine_dataset['data'].shape))
```

运行程序，输出如下：

数据概况：(178, 13)

从结果中可以得知，酒数据集中共有 178 个样本，每个数据有 13 个特征变量。

更加细节的信息，可以通过打印键（DESCR）获得，代码为：

```
print('酒的数据集中的简短描述：')
print(wine_dataset['DESCR'])
```

运行程序，我们将会看到一段很长的描述，部分内容如下所示：

```
酒的数据集中的简短描述：
Wine Data Database
====================
Notes
-----
Data Set Characteristics:
    :Number of Instances: 178 (50 in each of three classes)
    :Number of Attributes: 13 numeric, predictive attributes and the class
    :Attribute Information:
        - 1) Alcohol
        - 2) Malic acid
        - 3) Ash
        - 4) Alcalinity of ash
        - 5) Magnesium
        - 6) Total phenols
        - 7) Flavanoids
        - 8) Nonflavanoid phenols
        - 9) Proanthocyanins
        - 10)Color intensity
        - 11)Hue
```

```
            - 12)OD280/OD315 of diluted wines
            - 13)Proline
            - class:
              - class_0
              - class_1
              - class_2
:Summary Statistics:
    ...
```

从结果可以看出，酒数据集中的178个样本被归入3个类别中，分别是class_0、class_1和class_2，其中class_0中包含59个样本，class_1中包含71个样本，class_2中包含48个样本。而从1至13分别是13个特征变量，包括酒精含量、苹果酸含量、镁含量、青花素含量、色彩饱和度等。接下来先对数据进行一些处理。

在Scikit-learn中，有一个train_test_split函数，它是用来帮助用户把数据集拆分的工具，其工作原理是：train_test_split函数将数据进行随机排列，在默认情况下其中75%的数据及所对应的标签被划归到训练数据集，并将其余25%的数据和所对应的标签被划归到测试数据集。

以下代码实现用train_test_split函数将酒数据集中的数据分为训练数据集和测试数据集：

```
#导入数据集拆分工具
from sklearn.model_selection import train_test_split
#将数据集拆分为训练数据集和测试数据集
X_train,X_test,y_train,y_test=train_test_split(wine_dataset['data'],wine_dataset['target'],random_state=0)
```

在以上代码中，可看到一个参数 random_state，并将它指定为 0。这是因为train_test_split 函数会生成一个伪随机数，并根据这个伪随机数对数据集进行拆分。而有时候我们需要在一个项目中，让多次生成的伪随机数相同，这时可通过固定 random_state参数的数值生成，固定的 random_state 参数会一直生成相同的伪随机数。但当这个值设为 0 或保持缺省的时候，则每次生成的伪随机数均不同。

下面的代码用于查看 train_test_split 函数拆分后的数据集是怎样的：

```
#打印训练数据集中特征向量的形态
print('训练数据集中特征向量的形态:\n','X_train shape:{}'.format(X_train.shape))
#打印测试数据集中特征向量的形态
print('测试数据集中特征向量的形态:\n','X_test shape:{}'.format(X_test.shape))
#打印训练数据集中目标的形态
print('训练数据集中目标的形态:\n','y_train shape:{}'.format(y_train.shape))
#打印测试数据集中目标的形态
print('测试数据集中目标的形态:\n','y_test shape:{}'.format(y_test.shape))
```

运行程序，输出如下：

```
训练数据集中特征向量的形态:
  X_train shape:(133, 13)
测试数据集中特征向量的形态:
  X_test shape:(45, 13)
训练数据集中目标的形态:
  y_train shape:(133,)
测试数据集中目标的形态:
  y_test shape:(45,)
```

由结果可以看到：在训练数据集中，样本 X 的数量和其对应的标签 y 的数量均为 133 个，约占样本总量的 74.7%；而测试数据集中的样本 X 的数据和标签 y 的数量均为 45，约占样本数的 25.3%。同时，无论是在训练数据集中，还是在测试数据集中，特征变量都是 13 个。

下面来使用 kNN 算法进行建模。kNN 算法根据训练数据集进行建模，在训练数据集中寻找与新输入数据最近的数据点，然后把这个数据点的标签分配给新的数据点，以此对新的样本进行分类：

```
#导入 kNN 分类模型
from sklearn.neighbors import KNeighborsClassifier
#指定模型的 n_neighbors 参数值为 1
knn=KNeighborsClassifier(n_neighbors=1)
#用模型对数据进行拟合
knn.fit(X_train,y_train)
print(knn)
```

运行程序，输出如下：

```
KNeighborsClassifier(algorithm='auto', leaf_size=30, metric='minkowski',
        metric_params=None, n_jobs=1, n_neighbors=1, p=2,
        weights='uniform')
```

由结果可以看到 kNN 的拟合方法把自身作为结果返回了。从结果中能够看到模型全部的参数设定，除了我们指定的 n_neighbors=1 外，其余参数都采用默认值。

下面可以利用上面建好的模型对新的样本进行预测了，在预测前，我们先对模型进行打分：

```
#打印模型的得分
print('测试数据集得分：{:.2f}'.format(knn.score(X_test,y_test)))
```

运行程序，输出如下：

```
测试数据集得分: 0.76
```

由结果可以看到，这个模型在预测测试数据集的样本分类上得分并不高，只有 0.76，也就是说，模型对新的样本数据做出正确分类预测的概率是 76%，这个结果不太令人满意。本实例为了演示 kNN 算法继续对新的样本进行测试，表 7-1 列出了一瓶新酒的特征变量，根据这些特征变量，利用 kNN 算法预测这瓶新酒属于哪一类。

表 7-1　新酒的特征变量

特征变量名	特征变量值
Alcohol	13.2
Malic acid	2.77
Ash	2.51
Alcalinity of ash	18.5
Magnesium	96.6
Total phenols	1.04
Flavanoids	2.55
Nonflavanoid phenols	0.57
Proanthocyanins	1.47
Color intensity	6.2
Hue	1.05
OD280/OD315 of diluted wines	3.33
Proline	820

kNN 算法实现新样本测试的代码为：

```
import numpy as np
#输入新的数据点
X_new=np.array([[13.2,2.77,2.51,18.5,96.6,1.04,2.55,0.57,1.47,6.2,1.05,3.33,820]])
#使用.predict 进行预测
prediction=knn.predict(X_new)
print('预测新红酒的分类为：{}'.format(wine_dataset['target_names'][prediction]))
```

运行程序，输出如下：

```
预测新红酒的分类为：['class_2']
```

由结果可知，新酒预测为 class_2。

【例 7-6】 使用 kNN 算法对 MNIST 手写数字图像进行识别。

MNIST 手写数字样本数据集由上万张 28×28 像素、已标注的图片组成。虽然该数据集不大，但是其包含 784 个特征可供最近邻算法训练。我们将计算这类分类问题的最近邻预测值，选用最近 k 邻域（案例中，k=4）模型。

```
"""导必要入库"""
import random
import numpy as np
import tensorflow as tf
import matplotlib.pyplot as plt
from PIL import Image
from tensorflow.examples.tutorials.mnist import input_data
from tensorflow.python.framework import ops
```

```python
ops.reset_default_graph()
"""创建图会话"""
sess = tf.Session()
#加载 MNIST 手写数据集,并指定 one-hot 编码
mnist = input_data.read_data_sets("MNIST_data/", one_hot=True)
"""抽样处理"""
选取部分测试量:可以被 6 整除,绘制最后批次的 6 张图片来查看效果
train_size = 1000
test_size = 102
rand_train_indices = np.random.choice(len(mnist.train.images), train_size, replace=False)
rand_test_indices = np.random.choice(len(mnist.test.images), test_size, replace=False)
x_vals_train = mnist.train.images[rand_train_indices]
x_vals_test = mnist.test.images[rand_test_indices]
y_vals_train = mnist.train.labels[rand_train_indices]
y_vals_test = mnist.test.labels[rand_test_indices]
"""声明 k 值与批量"""
k = 4
batch_size=6
"""初始化定位符"""
#在计算图中开始初始化占位符,并赋值
x_data_train = tf.placeholder(shape=[None, 784], dtype=tf.float32)
x_data_test = tf.placeholder(shape=[None, 784], dtype=tf.float32)
y_target_train = tf.placeholder(shape=[None, 10], dtype=tf.float32)
y_target_test = tf.placeholder(shape=[None, 10], dtype=tf.float32)
"""声明距离度量"""
distance = tf.reduce_sum(tf.abs(tf.subtract(x_data_train, tf.expand_dims(x_data_test,1))), axis=2)
#把距离函数定义为 L2 范数
distance = tf.sqrt(tf.reduce_sum(tf.square(tf.subtract(x_data_train, tf.expand_dims(x_data_test,1))), reduction_indices=1))
"""预测模型"""
top_k_xvals, top_k_indices = tf.nn.top_k(tf.negative(distance), k=k)
prediction_indices = tf.gather(y_target_train, top_k_indices)
#预测模式类别
count_of_predictions = tf.reduce_sum(prediction_indices, axis=1)
prediction = tf.argmax(count_of_predictions, axis=1)
"""计算预测值"""
#在测试集上遍历迭代运行
num_loops = int(np.ceil(len(x_vals_test)/batch_size))
test_output = []
actual_vals = []
for i in range(num_loops):
    min_index = i*batch_size
```

```
        max_index = min((i+1)*batch_size,len(x_vals_train))
        x_batch = x_vals_test[min_index:max_index]
        y_batch = y_vals_test[min_index:max_index]
        predictions = sess.run(prediction, feed_dict={x_data_train: x_vals_train,
x_data_test: x_batch, y_target_train: y_vals_train, y_target_test: y_batch})
        test_output.extend(predictions)
        actual_vals.extend(np.argmax(y_batch, axis=1))
"""计算模型训练准确度"""
accuracy = sum([1./test_size for i in range(test_size) if test_output[i]==actual_vals[i]])
print('Accuracy on test set: ' + str(accuracy))
"""绘制结果"""
actuals = np.argmax(y_batch, axis=1)
Nrows = 2
Ncols = 3
for i in range(len(actuals)):
        plt.subplot(Nrows, Ncols, i+1)
        plt.imshow(np.reshape(x_batch[i], [28,28]), cmap='Greys_r')
        plt.title('Actual: ' + str(actuals[i]) + ' Pred: ' + str(predictions[i]),
                                        fontsize=10)
        frame = plt.gca()
        frame.axes.get_xaxis().set_visible(False)
        frame.axes.get_yaxis().set_visible(False)
plt.show()
```

运行程序，效果如图 7-9 所示。

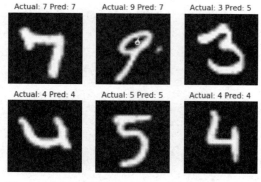

图 7-9　最近邻算法预测的最后批次的 6 张图片

7.3　朴素贝叶斯算法

什么是朴素贝叶斯？从字面上看，朴素贝叶斯可以理解为"朴素"+"贝叶斯"。"朴素"指的是特征条件独立，"贝叶斯"指贝叶斯定理。朴素贝叶斯分类是一种十分简单的分类算法，叫它朴素贝叶斯分类是因为这种方法的思想真的很朴素。

朴素贝叶斯的思想基础：对于给出的待分类项，待分类项在哪个类别出现的概率最大，就认为此待分类项属于哪个类别。

7.3.1 贝叶斯定理

贝叶斯定理解决了现实生活里经常遇到的问题：已知某条件概率，如何得到两个事件交换后的概率，也就是在已知 $P(A|B)$ 的情况下如何求得 $P(B|A)$。这里先解释什么是条件概率。

$P(A|B)$ 表示在事件 B 已经发生的前提下，事件 A 发生的概率，叫做事件 B 发生条件下事件 A 的条件概率。其基本求解公式为

$$P(A|B) = \frac{P(AB)}{P(B)}$$

而贝叶斯定理为

$$P(B|A) = \frac{P(A|B)P(B)}{P(A)}$$

7.3.2 朴素贝叶斯分类原理

朴素贝叶斯分类的正式定义如下。

（1）设 $x = \{a_1, a_2, \cdots, a_m\}$ 为一个待分类面，$a_i(i=1,2,\cdots,m)$ 为 x 的一个特征属性。

（2）有类别集合 $C = \{y_1, y_2, \cdots, y_n\}$。

（3）计算 $P(y_1|x), P(y_2|x), \cdots, P(y_n|x)$。

（4）如果 $P(y_k|x) = \max\{P(y_1|x), P(y_2|x), \cdots, P(y_n|x)\}$，则 $x \in y_k$。关键问题是如何计算第（3）步中的各个条件概率。可以这样做：

- 找到一个已知分类的待分类项集合，这个集合叫作训练样本集。
- 统计得到在各类别下各个特征属性的条件概率估计。即
  $P(a_1|y_1), P(a_2|y_1), \cdots, P(a_m|y_1); P(a_1|y_2), P(a_2|y_2), \cdots, P(a_m|y_2); \cdots;$
  $P(a_1|y_n), P(a_2|y_n), \cdots, P(a_m|y_n)$。
- 如果各个特征属性是条件独立的，则根据贝叶斯定理有如下推导：

$$P(y_i|x) = \frac{P(x|y_i)P(y_i)}{P(x)}$$

因为分母相对于所有类别为常数，因而只要将分子最大化即可。又因为各特征属性是条件独立的，所以有

$$P(x|y_i)P(y_i) = P(a_1|y_i)P(a_2|y_i)\cdots P(a_m|y_i)P(y_i) = P(y_i)\prod_{j=1}^{m}P(a_j|y_i)$$

7.3.3 朴素贝叶斯分类流程图

整个朴素贝叶斯分类分为三个阶段。

第一阶段：准备工作阶段。

这个阶段的任务是为朴素贝叶斯分类做必要的准备，主要工作是根据具体情况确定特征属性，并对每个特征属性进行适当划分，然后由人工对一部分待分类项进行分类，形成训练样本集合。这一阶段的输入是所有待分类数据，输出是特征属性和训练样本。这一阶段是整个朴素贝叶斯分类中唯一需要人工完成的阶段，其质量对整个过程将有重要影响，分类器的质量在很大程度上由特征属性、特征属性划分及训练样本质量决定。

第二阶段：分类器训练阶段。

这个阶段的任务就是生成分类器，主要工作是计算每个类别在训练样本中出现的频率及每个特征属性划分对每个类别的条件概率估计，并将结果记录下来。其输入是特征属性和训练样本，输出是分类器。这一阶段是机械性阶段，根据前面讨论的公式可以由程序自动计算完成。

第三阶段：应用阶段。

这个阶段的任务是使用分类器对待分类项进行分类，其输入是分类器和待分类项，输出是待分类项与类别的映射关系。这一阶段也是机械性阶段，由程序完成。

7.3.4 朴素贝叶斯算法的优缺点

朴素贝叶斯的优点如下。
- 朴素贝叶斯算法基于贝叶斯定理，逻辑清晰明了，容易实现。
- 本算法进行分类时，运行速度快，对内存的需求也相对不大。
- 本算法可靠性高，即使数据包含孤立的噪声点、无关属性和有缺失值的属性，分类的性能不会有太大的变化。

朴素贝叶斯算法的缺点如下。
- 朴素贝叶斯算法要求样本的各属性之间是独立的，而符合这个条件的真实数据较少。
- 当数据样本较少时，分类器可能无法正确分类。

7.3.5 朴素贝叶斯算法经典应用

Scikit-learn 提供了 3 种朴素贝叶斯模型，分别是 GaussianNB、MultinomialNB 和 BernoulliNB。这 3 种模型适用的分类场景各不相同，其中：
- GaussianNB：先验为高斯分布的朴素贝叶斯，一般地，如果样本特征的分布大部分是连续值，使用 GaussianNB 会比较好。
- MultinomialNB：先验为多项式分布的朴素贝叶斯，如果样本特征的大部分是多元离散值，使用 MultinomialNB 比较合适。

- BernoulliNB：先验为伯努利分布的朴素贝叶斯，如果样本特征是二元离散值或者很稀疏的多元离散值，使用 BernoulliNB 比较合适。

1. GaussianNB

GaussianNB 模型的主要参数仅有一个，即先验概率 priors，对应 Y 的各个类别的先验概率 $P(Y=C_k)$。这个值默认不给出，如果不给出，则 $P(Y=C_k)=\dfrac{m_k}{k}$。其中，m 为训练集样本总数量，m_k 为输出第 k 类别的训练集样本数。如果给出，就以 priors 为准。在使用 GaussianNB 的 fit() 拟合数据后，我们可以进行预测。此时预测有 3 种方法，包括 predict()、predict_log_proba() 和 predict_proba()。

- predict()：我们最常用的预测方法，直接输出测试集的预测类别。
- predict_proba()：它会给出测试集样本在各个类别上预测的概率。容易理解，predict_proba() 预测出的各个类别概率里的最大值对应的类别，也就是 predict() 得到类别。
- predict_log_proba()：和 predict_proba() 类似，它会给出测试集样本在各个类别上预测的概率的一个对数转化。转化后 predict_log_proba() 预测出的各个类别对数概率里的最大值对应的类别，也就是 predict() 得到类别。

【例 7-7】 GaussianNB 的实现。

```
from sklearn import datasets
iris=datasets.load_iris()
X=iris.data
y=iris.target

from sklearn.naive_bayes import GaussianNB
gnb=GaussianNB()
gnb.fit(X,y)
y_pred=gnb.fit(X,y).predict(iris.data)

print("Number of mislabeled points out of a total %d points:%d" % (iris.data.shape[0],(iris.target!=y_pred).sum())))
```

运行程序，输出如下：

Number of mislabeled points out of a total 150 points:6

此外，GaussianNB 的一个重要的功能是有 partial_fit()，这个函数一般用在训练集数据量非常大、一次不能全部载入内存的时候。这时我们可以把训练集分成若干等分，重复调用 partial_fit() 来一步步地学习训练集，非常方便。接下来介绍的 MultinomialNB 和 BernoulliNB 也有类似的功能。

2. BernoulliNB

BernoulliNB 一共有 4 个参数，其中 3 个参数的名字与意义和 MultinomialNB 的完全相同。唯一不同的一个参数是 binarize。这个参数主要是用来帮助 BernoulliNB 处理二项分布的，可以是数值，也可以不输入。如果不输入，则 BernoulliNB 认为每个数据特征都是二元的。否则，小于 binarize 的值的会归为一类，大于 binarize 的值的会归为另一类。

在使用 BernoulliNB 的 fit()或 partial_fit()拟合数据后，我们可以进行预测。此时预测有 3 种方法，包括 predict()、predict_log_proba()和 predict_proba()。由于方法和 GaussianNB 完全一样，这里就不再赘述了。

【例 7-8】 BernoulliNB 的实现

```
import numpy as np
X=np.random.randint(2,size=(6,100))
print(X[0])
Y=np.array([1,2,3,4,4,5])

from sklearn.naive_bayes import BernoulliNB
clf=BernoulliNB()
clf.fit(X,Y)
print(clf.predict(X[2:3]))
```

运行程序，输出如下：

```
[0 1 1 0 1 0 1 1 1 1 0 1 1 1 1 1 1 1 0 1 1 1 0 0 0 1 0 1 1 0 1 1 1 1
 0 0 0 1 0 0 0 0 1 0 0 0 0 1 1 1 0 1 1 1 0 0 0 0 1 1 0 1 1 0 0 1 1 0 1 0 1
 0 1 0 1 1 1 1 0 1 0 0 0 0 1 0 1 0 0 1 0 1 1 0 1 0 1]
[3]
```

3. MultinomialNB

MultinomialNB 的参数比 GaussianNB 的多，但是一共也只有 3 个。其中，参数 alpha 如果没有特别的需要，用默认值 1 即可。如果发现拟合的不好，需要调优时，可以选择稍大于 1 或稍小于 1 的数。布尔参数 fit_prior 表示是否要考虑先验概率，如果是 false，则所有的样本类别输出都有相同的类别先验概率。否则可以自己用第 3 个参数 class_prior 输入先验概率，或者不输入第 3 个参数 class_prior，让 MultinomialNB 自己从训练集样本来计算先验概率，此时的先验概率为 $P(Y=C_k)=\dfrac{m_k}{k}$。其中，m 为训练集样本总数量；m_k 为输出为第 k 类别的训练集样本数。

【例 7-9】 MultionmialNB 的实现。

```
import numpy as np
X=np.random.randint(5,size=(6,100))
print(X[0])
y=np.array([1,2,3,4,5,6])

from sklearn.naive_bayes import MultinomialNB
clf=MultinomialNB()
clf.fit(X,y)
```

```
print(clf.predict(X[2:3]))
```

运行程序，输出如下：

```
[3 3 4 2 1 1 1 3 1 1 1 2 4 1 0 0 4 4 4 3 4 4 4 0 3 4 4 0 2 0 0 2 2 2 4 1 4
 2 3 2 2 3 2 0 1 1 3 0 1 4 2 0 3 0 2 2 3 4 4 1 2 2 0 0 0 1 0 3 1 1 3 0 4 1
 3 2 0 1 0 3 3 0 4 1 2 3 4 1 0 3 3 2 4 2 1 1 4 3 0 1]
[3]
```

4．经典应用

在机器学习的背景下，很多数据均是来源于生活的真实数据，其往往不能满足众多的样本特征的独立。而朴素贝叶斯算法中的"朴素"就是样本特征的独立，往往需要假设其独立，以构建模型。下面通过两个真实的例子来演示其实际应用。

【例 7-10】 sales_data.xls 数据是天气、是否是周末、有没有促销对销量高低的影响的一组数据。

```
import pandas as pd
data=pd.read_excel(r'sales_data.xls',index_col='序号')
#导入数据，将序号列转变成索引
data_new=data.replace(['坏','否','低','好','是','高'],[-1,-1,-1,1,1,1])
#将数据内容转化成可以计算的数字。-1 代表：坏、否、低；1 代表：好、是、高
from sklearn.utils import shuffle
#这是一个可以将数据重新随机排序的模块
data_new=shuffle(data_new)
#对数据进行重新随机排列
data_train=data_new.iloc[:20,:3]
#创建训练集
data_test=data_new.iloc[:20,3:]
#创建测试的标签集
data_predict=data_new.iloc[20:,]
#创建最后要预测并检验结果准确率的预测集
from sklearn.naive_bayes   import GaussianNB
#导入高斯分布的贝叶斯模型
clf=GaussianNB()
#创建高斯分布的贝叶斯模型
clf.fit(data_train,data_test)
#将训练数据及标签数据放入模型进行训练
data_predict['贝叶斯拟合']=clf.predict(data_predict.iloc[:,:3])
#预测结果并赋值到预测集进行模型与实际标签比对，算出模型准确率
print(len(data_predict[data_predict['销量']==data_predict['贝叶斯拟合']])/len(data_predict))
```

运行程序，输出如下：

```
    data_predict['贝叶斯拟合']=clf.predict(data_predict.iloc[:,:3])
0.5714285714285714
```

【例7-11】 wine.data 数据集描述意大利同一地区生产的 3 种不同品种的酒，这些数据包括了 3 种酒中 13 种不同成分的数量（表 7-1 已介绍 13 种成分）。在 wine.data 数据集中，每行代表一种酒的样本，共有 178 个样本，一共有 14 列。其中，第一列为类标志属性，共有 3 类，分别记为"1""2""3"；后面的 13 列为每个样本对应属性的样本值。其中第一类有 59 个样本，第二类有 71 个样本，第三类有 48 个样本。下面通过多项式分布和高斯分布分别处理数据，通过准确率来观察模型的区域，并绘制 wine 数据特征分布。

```
import numpy as np
from sklearn.model_selection import train_test_split
from sklearn import metrics
X=np.loadtxt("wine.data",delimiter = ",",usecols=(1,2,3,4,5,6,7,8,9,10,11,12,13))
y=np.loadtxt("wine.data" , delimiter = "," , usecols=(0) )
x_train, x_test, y_train, y_test = train_test_split(X, y, test_size=0.2)
from sklearn.naive_bayes import GaussianNB,MultinomialNB
Gclf=GaussianNB().fit(x_train,y_train)
Mclf=MultinomialNB().fit(x_train,y_train)
g_pred = Gclf.predict(x_test)
m_pred = Mclf.predict(x_test)
#返回模型的准确率
print(("GaussianNB \n 训练集准确率:{:.2f}，预测集准确率:{:.2f}").format(Gclf.score(x_train,y_train),Gclf.score(x_test,y_test)))
print(("MultinomialNB \n 训练集准确率:{:.2f}，预测集准确率: {:.2f}").format(Mclf.score(x_train,y_train),Mclf.score(x_train,y_train)))
```

运行程序，输出如下：

```
GaussianNB
  训练集准确率:0.99，预测集准确率:0.97
MultinomialNB
  训练集准确率:0.89，预测集准确率: 0.89
```

由结果可看出，GaussianNB 模型要优于 MultinomialNB 模型。在数据处理过程中，使用高斯分布模型和多项式分布模型的较多，但二者往往不能精准判断哪个模型更优秀，下面的代码通过绘制其特征分布图来进行进一步的分析。

```
import matplotlib.pyplot as plt
x=np.loadtxt("wine.data", delimiter =",",usecols=(1,2,3,4,5,6,7,8,9,10,11,12,13))
fig = plt.figure(figsize=(20, 15))
for i in range(x.shape[1]):
    ax = fig.add_subplot(3, 5, i + 1)
    plt.hist(x[:,i:i+1])
plt.show()
```

运行程序，效果如图 7-10 所示。

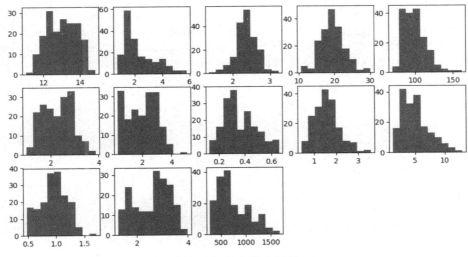

图 7-10 特征分布效果

由图 7-10 可看出，wine.data 数据集中各个特征的数据形态也并非完全符合正态分布的，说明在算法选择中并没有一个严格的规定。因此我们要从结果出发，选择最佳的参数去调节算法。例如在自然语言处理过程中，一般将文本量化成词向量的形式，通常推荐使用多项式分布的朴素贝叶斯模型进行处理，但实际上，尝试高斯分布的朴素贝叶斯模型很有可能得到更好的模型效果。

7.4 广义线性模型

线性模型是一类广泛应用于机器学习领域的预测模型，在过去的几十年里有众多学者都对其进行了深入的研究。线性模型是使用输入数据集特征的线性函数进行建模，并对其结果进行预测的方法。本节主要介绍几种常见的线性模型。

7.4.1 线性模型

线性模型原本是一个统计学术语，近年来越来越多地应用在机器学习领域。实际上线性模型并不是特指某一个模型，而是一类模型。在机器学习领域，常用的线性模型包括线性回归、岭回归、套索回归、弹性网络等。

1. 一般公式

在回归分析中，线性模型的一般预测公式为

$$\hat{y} = w_0 x_0 + w_1 x_1 + \cdots + w_p x_p + b$$

式中，$x_0, x_1, \cdots, x_p$ 为数据集中特征变量的数量（这个公式表示数据中的数据点一共有 p 个特征）；$w_i (i=0,1,\cdots,p)$ 和 b 为模型的参数；$\hat{y}$ 为模型对数据结果的预测值。对于只有一

个特征变量的数据集，公式可简化为

$$\hat{y} = w_0 x_0 + b$$

式中，w_0 为直线的斜率；b 是 y 轴偏移量，也就是截距。如果数据的特征值增加，则每个 w_i 值就会对应每个特征直线的斜率。如果换种方式来理解的话，那么模型给出的预测结果可以看作输入特征的加权和，而 w 参数就代表了每个特征的权重，当然，w 也可以是负数。

【例 7-12】 利用 Python 实现直线方程 $y = 0.6x + 2$。

```
import numpy as np
import matplotlib.pyplot as plt

plt.rcParams['axes.unicode_minus'] =False    #正常显示负号
plt.rcParams['font.sans-serif'] =['SimHei']   #显示中文标签

#令 x 为-6 到 6 之间，元素为 100 的等差数列
x=np.linspace(-6,6,100)
#输入直线方程
y=0.6*x+2
plt.plot(x,y,c='red')
#图题设为"直线"
plt.title('直线')
plt.show()
```

运行程序，效果如图 7-11 所示。

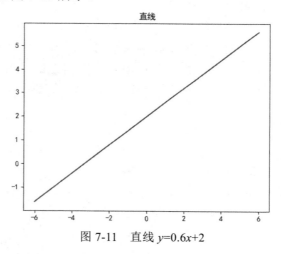

图 7-11　直线 $y=0.6x+2$

图 7-11 是通过训练数据集确定自身的系数（斜率）和截距的。
下面来了解一下线性模型的工作原理。

2．图形表示

我们在数学中学过，两个点可以确定一条直线。假设有两个点，它们的坐标是（1,4）

和（3,6），那么我们可以画一条直线来穿过这两个点，并且计算出这条直线的方程，代码为：

```
import numpy as np
import matplotlib.pyplot as plt

plt.rcParams['axes.unicode_minus'] =False    #正常显示负号
plt.rcParams['font.sans-serif'] =['SimHei']   #显示中文标签

#导入线性回归模型
from sklearn.linear_model import LinearRegression
#输入两个点的横坐标
X=[[1],[3]]
#输入两个点的纵坐标
y=[4,6]
#用线性模型拟合这两个点
lr=LinearRegression().fit(X,y)
#绘制两个点和直线的图形
z=np.linspace(0,5,20)
plt.scatter(X,y,s=75)
plt.plot(z,lr.predict(z.reshape(-1,1)),c='k')
#图题设为"直线"
plt.title('直线')
plt.show()
```

运行程序，效果如图 7-12 所示。

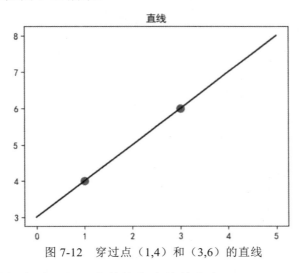

图 7-12　穿过点（1,4）和（3,6）的直线

下面我们可以确定穿过已知两点的这条直线的方程：

```
print('直线方程为： \n','y={:.3f}'.format(lr.coef_[0]),'x','+{:.3f}'.format(lr.intercept_))
```

运行程序，输出如下：

直线方程为：
y=1.000 x +3.000

通过结果，可知这条直线的方程为：$y = x + 3$。

这是数据中只有 2 个点的情况，那么如果有 3 个点会是怎样的情况呢？下面来验证一下：

```
import numpy as np
import matplotlib.pyplot as plt

plt.rcParams['axes.unicode_minus'] =False    #正常显示负号
plt.rcParams['font.sans-serif'] =['SimHei']   #显示中文标签

#导入线性回归模型
from sklearn.linear_model import LinearRegression
#输入 3 个点的横坐标
X=[[1],[3],[5]]
#输入 2 个点的纵坐标
y=[4,6,7]
#用线性模型拟合这 3 个点
lr=LinearRegression().fit(X,y)
#绘制 3 个点和直线的图形
z=np.linspace(0,5,20)
plt.scatter(X,y,s=75)
plt.plot(z,lr.predict(z.reshape(-1,1)),c='k')
#图题设为"直线"
plt.title('直线')
plt.show()
```

运行程序，效果如图 7-13 所示。

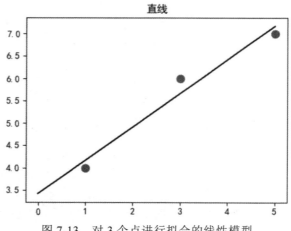

图 7-13 对 3 个点进行拟合的线性模型

由图 7-13 可以看到，这次直线没有穿过任何一个点，而是位于和 3 个点的距离和最小的位置。

下面的代码可以计算出这条直线的方程：

```
print('直线方程为：\n','y={:.3f}'.format(lr.coef_[0]),'x','+{:.3f}'.format(lr.intercept_))
```

运行程序，输出如下：

```
直线方程为：
 y=0.750 x +3.417
```

由结果可以看出，新的直线方程和只有 2 个数据点的直线方程已经发生了变化。线性模型让自己距离每个数据点的距离和为最小值。这也是线性回归模型的原理。

当然，在实际应用中，数据量要远远大于 2 个，下面我们就用数量更多的数据点来进行实验。

【例 7-13】 使用一个 2 次函数加上随机的扰动来生成 500 个点，然后尝试用 1、2、100 次方的多项式对该数据进行拟合。

拟合的目的是：根据训练数据拟合出一个多项式函数，这个函数能够很好地拟合现有数据，并且能对未知的数据进行预测。

```python
import matplotlib.pyplot as plt
import numpy as np
import scipy as sp
from scipy.stats import norm
from sklearn.pipeline import Pipeline
from sklearn.linear_model import LinearRegression
from sklearn.preprocessing import PolynomialFeatures
from sklearn import linear_model

'''数据生成 '''
x = np.arange(0, 1, 0.002)
y = norm.rvs(0, size=500, scale=0.1)
y = y + x**2
'''均方误差根'''
def rmse(y_test, y):
    return sp.sqrt(sp.mean((y_test - y) ** 2))
'''与均值相比的优秀程度，介于0～1。0 表示不如均值。1 表示完美预测'''
def R2(y_test, y_true):
    return 1 - ((y_test - y_true)**2).sum() / ((y_true - y_true.mean())**2).sum()

def R22(y_test, y_true):
    y_mean = np.array(y_true)
    y_mean[:] = y_mean.mean()
    return 1 - rmse(y_test, y_true) / rmse(y_mean, y_true)
plt.scatter(x, y, s=5)
```

```
degree = [1,2,100]
y_test = []
y_test = np.array(y_test)
for d in degree:
    clf = Pipeline([('poly', PolynomialFeatures(degree=d)),
                    ('linear', LinearRegression(fit_intercept=False))])
    clf.fit(x[:, np.newaxis], y)
    y_test = clf.predict(x[:, np.newaxis])

    print(clf.named_steps['linear'].coef_)
    print('rmse=%.2f, R2=%.2f, R22=%.2f, clf.score=%.2f' %
      (rmse(y_test, y),
        R2(y_test, y),
        R22(y_test, y),
        clf.score(x[:, np.newaxis], y)))

    plt.plot(x, y_test, linewidth=2)

plt.grid()
plt.legend(['1','2','100'], loc='upper left')
plt.show()
```

运行程序，输出如下，效果如图 7-14 所示。

```
[-0.17539795  1.00716736]
rmse=0.13, R2=0.84, R22=0.60, clf.score=0.84
[ 0.00297433 -0.06736445  1.07668518]
rmse=0.10, R2=0.91, R22=0.70, clf.score=0.91
…
rmse=0.09, R2=0.91, R22=0.70, clf.score=0.91
```

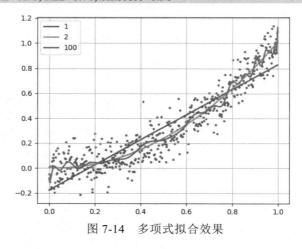

图 7-14 多项式拟合效果

3. 线性模型的特点

用于回归分析的线性模型在特征为 1 的数据集中，是使用一条直线来进行预测分析的；当数据的特征数量达到 2 个时，则是一个平面；而对具有更多特征数量的数据集来说，则是一个高维度的超平面。

如果和 kNN 模型生成的预测结果进行比较，我们会发现线性模型的预测方法是具有局限性的——很多数据都没有体现在这条直线上。从某种意义上来说，这是一个问题。因为使用线性模型的前提条件是假设目标 y 是数据特征的线性组合。但需要特别注意的是，使用一维数据集进行验证会有一些偏差，而对特征变量较多的数据集来说，线性模型显得十分强大。尤其当训练数据集的特征变量大于数据点的数量时，线性模型可以对训练数据做出近乎完美的预测。

7.4.2 线性回归

线性回归，也称为普通最小二乘法（OLS），是在回归分析中最简单也是最经典的线性模型。本节将介绍线性回归的原理和其在实践中的表现。

1．基本原理

线性回归的原理是，找到训练数据集中 y 的预测值和真实值的平方差最小时，所对应的 w 值和 b 值。线性回归没有可供用户调节的参数，这是它的优势，但也代表我们无法控制模型的复杂性。接下来我们使用 make_regression 函数生成的数据，生成一个样本数量为 100、特征数量为 2 的数据集，并且用 train_test_split 函数将数据集分割成训练数据集和测试数据集，再用线性回归模型计算出 w 值和 b 的值。

```
#导入数据集拆分工具
from sklearn.model_selection import train_test_split
from sklearn.linear_model import LinearRegression
from sklearn.datasets import make_regression
X, y = make_regression(n_samples=100,n_features=2,n_informative=2,random_state=38)
X_train, X_test, y_train, y_test = train_test_split(X, y, random_state=8)
lr = LinearRegression().fit(X_train, y_train)
#斜率 w 被存储在 coef_属性中，截距 b 被存储在 intercept_属性中
print("lr.coef_: {}".format(lr.coef_[:]))
print("lr.intercept_: {}".format(lr.intercept_))
```

运行程序，输出如下：

```
lr.coef_: [70.38592453   7.43213621]
lr.intercept_: -1.4210854715202004e-14
```

intercept_属性值一直是一个浮点数，而 coef_属性值则是一个 NumPy 数组，其中每个特征对应数据中的一个数值，由于这次使用 make_regression()生成的数据集中数据点有 2 个特征，所以 lr.coef_是一个二维数组。也就是说，本例中线性回归模型的方程为

$$y = 70.3859X_1 + 7.4321X_2 - 1.42\mathrm{e}^{-14}$$

2. 性能表现

下面检验线性回归在make_regression()生成的训练数据集和测试数据集上的性能如何。

```
print("训练数据集得分：{:.2f}".format(lr.score(X_train, y_train)))
print("测试数据集得分：{:.2f}".format(lr.score(X_test, y_test)))
```

运行程序，输出如下：

```
训练数据集得分：1.00
测试数据集得分：1.00
```

得出的结果令人满意，模型在训练数据集和测试数据集中分别取得了满分，也就是1.00分的好成绩。但如果我们向数据中添加噪声，那么得到的分数又会是多少呢？

真实生活中的数据集的特征往往要多得多，而且噪声也不少，这会给线性模型带来不少问题。下面演示一个经典实例。

【例7-14】 下面是一个糖尿病病情数据集，我们用线性回归来测试一下。

```
from sklearn.model_selection import train_test_split
from sklearn.linear_model import LinearRegression
from sklearn.datasets import load_diabetes
#载入糖尿病病情数据集
X, y = load_diabetes().data, load_diabetes().target
#将数据集拆分成训练数据集和测试数据集
X_train, X_test, y_train, y_test = train_test_split(X, y, random_state = 8)
#使用线性回归模型进行拟合
lr = LinearRegression().fit(X_train, y_train)
#进行测分
print("训练数据集得分：{:.2f}".format(lr.score(X_train, y_train)))
print("测试数据集得分：{:.2f}".format(lr.score(X_test, y_test)))
```

运行程序，输出如下：

```
训练数据集得分：0.53
测试数据集得分：0.46
```

对比这两个得分，会发现这次模型的分数降低了很多，模型在训练数据集的得分为0.53，而在测试数据集的得分只有0.46。

由于真实世界数据的复杂程度要比我们手工合成的数据高得多，线性回归的表现效果大幅下降。此外，由于线性回归自身的特点，非常容易出现过拟合现象。例如，例7-13的100次拟合，效果确实好一些，然而该模型的数据测试能力却极差。而且多项式系数出现了大量的大数值，甚至达到10^{12}。

我们修改一下代码，将500个样本中的最后2个从训练集中移除，在测试中仍然测试所有的500个样本。

```
clf.fit(x[:498, np.newaxis], y[:498])
```

这样修改后的多项式拟合结果如下，效果如图7-15所示。

```
[-0.17218044   0.98776965]
rmse=0.12, R2=0.84, R22=0.60, clf.score=0.84
[-0.00746517 -0.00849208   1.00227538]
rmse=0.10, R2=0.90, R22=0.68, clf.score=0.90
……
    4.98972974e+11]
rmse=0.19, R2=0.65, R22=0.41, clf.score=0.65
```

仅仅只是缺少了最后2个训练样本，100次多项式拟合结果的预测产生了剧烈的偏差，R2也急剧由0.91下降到0.65。而反观1、2次多项式拟合结果，R2略微上升。

这说明高次多项式过度拟合了训练数据，包括其中的大量噪声，导致其完全丧失了对数据趋势的预测能力。前面也看到，100次多项式拟合出的系数无比巨大。人们自然想到通过在拟合过程中限制这些系数的大小来避免生成这种畸形的拟合函数。

基本原理是将拟合多项式的所有系数的绝对值之和（L1正则化）或平方和（L2正则化）加入惩罚模型中，并指定一个惩罚力度因子η，来避免产生这种畸形系数。

这样的思想应用在岭（Ridge）回归（使用L2正则化）、套索回归（使用L1正则化）、弹性网络（Elastic Net，使用L1+L2正则化）等方法中，都能有效避免过拟合。

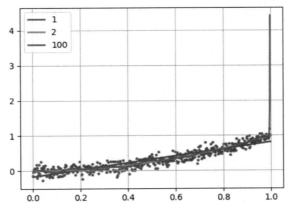

图7-15 clf.fit(x[:498, np.newaxis], y[:498])拟合效果

7.4.3 岭回归

岭回归也是回归分析中常用的线性模型，它实际上是一种改良的最小二乘法。本节将介绍岭回归的基本原理及其在实践中的性能表现。

1．基本原理

从实用的角度来说，岭回归实际上是一种能够避免过拟合的线性模型。模型会保留所有的特征变量，但是会减小特征变量的系数，让特征变量对预测结果的影响变小。岭回归通过改变其 alpha 参数来控制减小特征变量系数的程度。而这种保留全部特征变量且只降低特征变量系数避免过拟合的方法，称为 L2 正则化。

岭回归在 Scikit-learn 中是通过 linear_model.Ridge 函数来调用的，下面使用糖尿病病情的扩展数据集检验岭回归的表现。

```
from sklearn.model_selection import train_test_split
from sklearn.linear_model import Ridge
from sklearn.datasets import load_diabetes
#载入糖尿病病情数据集
X, y = load_diabetes().data, load_diabetes().target
#将数据集拆分成训练数据集和测试数据集
X_train, X_test, y_train, y_test = train_test_split(X, y, random_state = 8)
#使用岭回归模型进行拟合
lr = Ridge().fit(X_train, y_train)
#进行测分
print("岭回归训练数据集得分：{:.2f}".format(lr.score(X_train, y_train)))
print("岭回归测试数据集得分：{:.2f}".format(lr.score(X_test, y_test)))
```

运行程序，输出如下：

```
岭回归训练数据集得分：0.43
岭回归测试数据集得分：0.43
```

由结果可以看出，使用岭回归后，训练数据集的得分比线性回归的要稍微低一些，而测试数据集的得分却出人意料地和训练数据集的得分一致，这和我们的预期是基本一致的。在线性回归中，模型出现了轻微的过拟合现象。但由于岭回归是一个相对受限的模型，所以发生过拟合的可能性大大降低了。可以说，复杂度越低的模型，其在训练数据集上的表现越差，但是其泛化的能力越好。如果更在意模型在泛化方面的表现，那么就应该选择岭回归模型，而不是采用线性回归模型。

2．参数调节

岭回归是在模型的简单性（使系数趋近于 0）和它在训练集上的性能之间取得平衡的一种模型。用户可以使用 alpha 参数控制模型使其更加简单，还可以使训练数据集上的性能更好。在上述示例中，默认参数 alpha 为 1。

提示：alpha 的最佳设置取决于使用的特定数据集。增加 alpha 的值会降低特征变量的系数，使其趋于 0，从而降低模型在训练数据集上的性能，但更有助于泛化。下面的代码仍使用糖尿病病情数据集，alpha 设置为 10。

```
……
#使用岭回归模型进行拟合，alpha=10
lr10 = Ridge(alpha=10).fit(X_train, y_train)
#进行测分
print("训练数据集得分：{:.2f}".format(lr10.score(X_train, y_train)))
print("测试数据集得分：{:.2f}".format(lr10.score(X_test, y_test)))
```

运行程序，输出如下：

> 训练数据集得分：0.15
> 测试数据集得分：0.16

由结果可以看出，提高了 alpha 的值后，我们看到模型的得分大幅降低了，然而有意思的是，模型在测试数据集的得分超过了在训练数据集的得分。这说明，如果模型出现了过拟合的现象，那么可以通过提高 alpha 的值来降低过拟合的程度。

同时，降低 alpha 的值会让系统的限制变得不那么严格，如果我们用一个非常小的 alpha 值，那么系统的限制几乎可以忽略不计，得到的结果也非常接近线性回归。例如：

```
……
#修改 alpha 的值为 0.1
lr01 = Ridge(alpha=0.1).fit(X_train, y_train)
#进行测分
print("训练数据集得分：{:.2f}".format(lr01.score(X_train, y_train)))
print("测试数据集得分：{:.2f}".format(lr01.score(X_test, y_test)))
```

运行程序，输出如下：

> 训练数据集得分：0.52
> 测试数据集得分：0.47

由结果可以看出，把参数 alpha 设置为 0.1 似乎让模型在训练数据集上的得分比线性回归模型略低，但在测试数据集上的得分有轻微的提升。还可以尝试不断降低 alpha 的值来进一步改善模型的泛化表现。需要记住的是，alpha 的值是如何影响模型的复杂度的。

下面的代码利用图像来观察 alpha 的不同取值对应的 coef_ 属性。较高的 alpha 值代表模型的限制更加严格，所以我们认为在较高 alpha 值的条件下，coef_ 属性的值更小，反之 coef_ 属性的值更大。

```
from sklearn.model_selection import train_test_split
from sklearn.linear_model import Ridge
from sklearn.datasets import load_diabetes
from sklearn.linear_model import LinearRegression
import matplotlib.pyplot as plt
plt.rcParams['axes.unicode_minus'] =False    #正常显示负号
plt.rcParams['font.sans-serif'] =['SimHei']   #显示中文标签

#载入糖尿病病情数据集
X, y = load_diabetes().data, load_diabetes().target
#将数据集拆分成训练数据集和测试数据集
X_train, X_test, y_train, y_test = train_test_split(X, y, random_state = 8)
#使用岭回归模型进行拟合,alpha=1
lr1 = Ridge(alpha=1).fit(X_train, y_train)
plt.plot(lr1.coef_, '-.', label = 'Ridge alpha=1')
#使用岭回归模型进行拟合,alpha=10
```

```
lr10 = Ridge(alpha=10).fit(X_train, y_train)
plt.plot(lr10.coef_, '^', label = 'Ridge alpha=10')
#使用岭回归模型进行拟合,alpha=0.1
lr01 = Ridge(alpha=0.1).fit(X_train, y_train)
plt.plot(lr01.coef_, ':', label = '岭回归 alpha=0.1')
#绘制线性回归的系数作为对比
lr = LinearRegression().fit(X_train, y_train)
plt.plot(lr.coef_, 'o', label = 'linear regression')
plt.xlabel("系数指数")
plt.ylabel("系数的大小")
plt.hlines(0,0, len(lr.coef_))
plt.legend(loc='best')
plt.show()
```

运行程序，效果如图 7-16 所示。

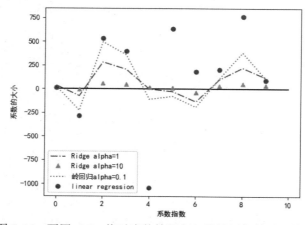

图 7-16　不同 alpha 值对应的岭回归与线性回归的对比效果

在图 7-16 中，横轴代表的是 coef_ 属性。$x=0$ 显示第一个特征变量的系数，$x=1$ 显示第二个特征变量的系数。以此类推，直到 $x=10$。纵轴显示特征变量的系数量级。从图中不难看出，当 alpha=10 时，特征变量的系数大多在 0 附近；当 alpha=1 时，岭模型的特征变量系数普遍增大了；当 alpha=0.1 时，特征变量的系数就更大了，甚至大部分与线性回归的重合了，而线性回归模型由于没有经过任何正则化处理，其所对应的特征变量系数就会非常大。

还有一个能够帮助我们更好理解正则化对模型影响的办法，就是取一个固定的 alpha 值，然后改变训练数据集的数据量。例如在糖尿病病情数据集中采样，然后用这些采样的子集对线性回归模型和 alpha=1 的岭回归模型进行评估并绘图，得到一个随数据集大小不断改变的模型评分折线图，该折线我们称之为学习曲线（Learning Curves）。

```
from sklearn.model_selection import learning_curve,KFold
from sklearn.model_selection import train_test_split
from sklearn.linear_model import Ridge
```

```python
import matplotlib.pyplot as plt
from sklearn.datasets import load_diabetes
from sklearn.linear_model import LinearRegression
import numpy as np

plt.rcParams['axes.unicode_minus'] =False    #正常显示负号
plt.rcParams['font.sans-serif'] =['SimHei']   #显示中文标签

#载入糖尿病病情数据集
X, y = load_diabetes().data, load_diabetes().target
#将数据集拆分成训练数据集和测试数据集
X_train, X_test, y_train, y_test = train_test_split(X, y, random_state = 8)
#定义一个绘制学习曲线的函数
def plot_learning_curve(est, X, y):
    training_set_size, train_scores, test_scores = learning_curve(est, X, y, train_sizes=np.linspace(.1, 1, 20), cv=KFold(20, shuffle=True,random_state=1))
    estimator_name = est.__class__.__name__
    line=plt.plot(training_set_size,train_scores.mean(axis=1),'-.',label='训练集'+estimator_name)
    plt.plot(training_set_size, test_scores.mean(axis=1), '-',label="测试集 " + estimator_name, c=line[0].get_color())
    plt.xlabel('训练集的大小')
    plt.ylabel('模型得分')
    plt.ylim(0, 1.1)

plot_learning_curve(Ridge(alpha=1), X, y)
plot_learning_curve(LinearRegression(), X, y)
plt.legend(loc=(0, 1.0), ncol=2, fontsize=10)
plt.show()
```

运行程序，效果如图7-17所示。

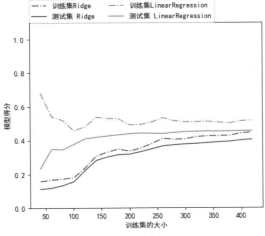

图7-17　岭回归与线性回归的学习曲线对比图

由图 7-17 可以看出，无论是岭回归，还是线性回归，训练数据集的得分都比测试数据集的得分高。而由于岭回归是经过正则化的模型，因此在整个图像中，它在训练数据集的得分要比线性回归的得分低。岭回归在测试数据集的得分与在训练数据集的得分差异相对要小一些，尤其是在数据子集比较小的情况下。在数据量小于 50 条时，线性回归几乎不能让机器学到任何东西。随着数据集规模的增大，两个模型的表现也越来越好，最后线性回归的得分赶上了岭回归的得分。不难想象，如果有足够多的数据，正则化就显得不是那么重要了，岭回归和线性回归的表现也相差不大。

7.4.4 套索回归

除岭回归外，还有一个对线性回归进行正则化的模型，即套索回归（Lasso）。下面进行介绍。

1．基本原理

和岭回归一样，Lasso 回归也会将系数限制在非常接近 0 的范围内，但它进行限制的方式稍微有一点不同，称之为 L1 正则化。与 L2 正则化不同的是，L1 正则化会导致在使用 Lasso 回归时，有一部分特征的系数会正好等于 0。也就是说，有一些特征会彻底被模型忽略，这也可以看成模型对特征进行自动选择的一种方式。把一部分系数变为 0 可以让模型更容易被理解，而且可以突出体现模型中最重要的那些特征。

下面再用糖尿病病情数据集来验证一下 Lasso 回归：

```
from sklearn.model_selection import learning_curve,KFold
from sklearn.model_selection import train_test_split
from sklearn.datasets import load_diabetes
from sklearn.linear_model import Lasso
import numpy as np

#载入糖尿病病情数据集
X, y = load_diabetes().data, load_diabetes().target
#将数据集拆分成训练数据集和测试数据集
X_train, X_test, y_train, y_test = train_test_split(X, y, random_state = 8)
lasso=Lasso().fit(X_train,y_train)
print("Lasso 回归在训练数据集的得分：{:.2f}".format(lasso.score(X_train, y_train)))
print("Lasso 回归在测试数据集的得分：{:.2f}".format(lasso.score(X_test, y_test)))
print("Lasso 回归使用的特征数：{}".format(np.sum(lasso.coef_ != 0)))
```

运行程序，输出如下：

```
Lasso 回归在训练数据集的得分：0.36
Lasso 回归在测试数据集的得分：0.37
Lasso 回归使用的特征数：3
```

由结果可以看出，Lasso 回归在训练数据集和测试数据集的得分都相当差。这意味着模型发生了欠拟合的问题,而且还发现,在 10 个特征中,Lasso 回归只有 3 个。与岭回归类似,Lasso 回归也有一个正则化参数 alpha,用来控制特征变量系数被约束到 0 的强度。

2．参数调节

在上面的例子中,默认了 alpha=1.0,为了降低欠拟合的程度,可以试着降低 alpha 的值。与此同时,还需要增加最大迭代次数(max_iter)的默认设置,代码为:

```
from sklearn.model_selection import learning_curve,KFold
from sklearn.model_selection import train_test_split
from sklearn.datasets import load_diabetes
from sklearn.linear_model import Lasso
import numpy as np

#载入糖尿病病情数据集
X, y = load_diabetes().data, load_diabetes().target
#将数据集拆分成训练集和测试集
X_train, X_test, y_train, y_test = train_test_split(X, y, random_state = 8)
#增加最大迭代次数的默认设置,否则模型会提示我们增加最大迭代次数
lasso01=Lasso(alpha=0.1,max_iter=100000).fit(X_train,y_train)
print("alpha=0.1 时 Lasso 回归在训练数据集的得分:{:.2f}".format(lasso01.score(X_train, y_train)))
print("alpha=0.1 时 Lasso 回归在测试数据集的得分:{:.2f}".format(lasso01.score(X_test, y_test)))
print("alpha=0.1 时 Lasso 回归使用的特征数:{}".format(np.sum(lasso01.coef_ != 0)))
```

运行程序,输出如下:

```
alpha=0.1 时 Lasso 回归在训练数据集的得分:0.52
alpha=0.1 时 Lasso 回归在测试数据集的得分:0.48
alpha=0.1 时 Lasso 回归使用的特征数:7
```

从结果可以看出,降低 alpha 的值可以拟合出更复杂的模型,从而在训练数据集和测试数据集都能获得较好的表现。相对岭回归,Lasso 回归的表现还要好一些,而且它只用了 10 个特征中的 7 个,这一点也会使模型更容易被人理解。

但是,如果我们把 alpha 的值设置得太低,就等于把正则化的效果去除了,那么模型就可能会像线性回归一样,出现过拟合的问题。例如,alpha=0.0001:

```
……
lasso0001=Lasso(alpha=0.0001,max_iter=100000).fit(X_train,y_train)
print("alpha=0.0001 时 Lasso 回归在训练数据集的得分:{:.2f}".format(lasso0001.score(X_train, y_train)))
print("alpha=0.0001 时 Lasso 回归在测试数据集的得分:{:.2f}".format(lasso0001.score(X_test, y_test)))
print("alpha=0.0001 时 Lasso 回归使用的特征数:{}".format(np.sum(lasso0001.coef_ != 0)))
```

运行程序,输出如下:

```
alpha=0.0001 时 Lasso 回归在训练数据集的得分:0.53
```

alpha=0.0001 时 Lasso 回归在测试数据集的得分：0.46

alpha=0.0001 时 Lasso 回归使用的特征数：10

从结果可以看出，Lasso 回归使用了全部的特征，而且在测试数据集中的得分稍微低于在 alpha=0.1 时的得分，这说明降低 alpha 的数值会让模型倾向于出现过拟合的现象。

3. Lasso 与 Ridge 回归的对比

接下来，继续用图像的方式来对不同 alpha 值的 Lasso 回归和 Ridge 回归进行系数对比。

```python
from sklearn.model_selection import learning_curve,KFold
from sklearn.model_selection import train_test_split
from sklearn.datasets import load_diabetes
from sklearn.linear_model import Lasso
from sklearn.linear_model import Ridge
import matplotlib.pyplot as plt
import numpy as np

plt.rcParams['axes.unicode_minus'] =False    #正常显示负号
plt.rcParams['font.sans-serif'] =['SimHei']    #显示中文标签

#载入糖尿病病情数据集
X, y = load_diabetes().data, load_diabetes().target
#将数据集拆分成训练集和测试集
X_train, X_test, y_train, y_test = train_test_split(X, y, random_state = 8)
#Lasso 回归，alpha=1
lasso=Lasso().fit(X_train,y_train)
plt.plot(lasso.coef_, label="Lasso 回归，alpha=1")
#Lasso 回归，alpha=0.1，最大迭代为 100000
lasso01=Lasso(alpha=0.1,max_iter=100000).fit(X_train,y_train)
plt.plot(lasso01.coef_, ':', label="Lasso 回归，alpha=0.1")
#Lasso 回归，alpha=0.0001，最大迭代为 100000
lasso0001=Lasso(alpha=0.0001,max_iter=100000).fit(X_train,y_train)
plt.plot(lasso0001.coef_, 'v', label="Lasso 回归，alpha=0.0001")
#Rigde 回归，alpha=0.1
ridge01 = Ridge(alpha=0.1).fit(X_train, y_train)
plt.plot(ridge01.coef_, 'o', label="Ridge 回归，alpha=0.1")
plt.legend(ncol=2,loc=(0,1.05))
plt.xlabel("系数序号")
plt.ylabel("系数量级")
plt.show()
```

运行程序，效果如图 7-18 所示。

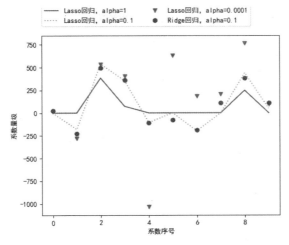

图 7-18 不同 alpha 值对应的 Lasso 回归系数与 Ridge 回归系数的对比效果

由图 7-18 可看出，当 alpha=1 时，不仅大部分系数为 0，而且仅存的几个非 0 系数也非常小。把 alpha 值降低到 0.01 时，如图中的虚线所示，大部分系数也是 0，但等于 0 的系数已经比 alpha=1 时少了很多。而当我们把 alpha 值降低到 0.0001 时，整个模型变得几乎没有被正则化，大部分系数都是非 0 的，并且数值变得相当大。作为对比，能看到圆点代表的是岭回归中的系数值。alpha=0.1 的岭回归模型在预测能力方面基本与 alpha=0.1 的 Lasso 回归模型一致，但仔细观察会发现，使用岭回归模型的时候，几乎所有的系数都是不等于 0 的。

在实践中，岭回归往往是这两个模型中的优选。但如果数据特征过多，而且其中只有一小部分是真正重要的，那么 Lasso 回归就是更好的选择。

7.4.5 弹性网络回归

Scikit-learn 还提供了一种模型，称为弹性网络（Elastic Net）回归模型。弹性网络回归模型综合了 Lasso 回归和岭回归的惩罚因子。在实际中这两个模型的组合是效果最好的，然而代价是用户需要调整两个参数，一个是 L1 正则化参数，另一个是 L2 正则化参数。

当多个特征和另一个特征相关的时候弹性网络回归模型非常有用。Lasso 回归模型倾向于随机选择其中一个，而弹性网络回归模型更倾向于选择两个。下面直接通过一个例子来演示弹性网络回归模型的应用。

【例 7-15】 本实例使用多线性回归的方法实现弹性网络回归算法，以 iris 数据集为训练数据，用花瓣长度、花瓣宽度和花萼宽度三个特征预测花萼长度。

```
#用 tensorflow 实现弹性网络算法（多变量）
#使用鸢尾花数据集，后三个特征作为特征，用来预测第一个特征。
#导入必要的编程库，创建计算图，加载数据集
import matplotlib.pyplot as plt
import tensorflow as tf
```

```python
import numpy as np
from sklearn import datasets
from tensorflow.python.framework import ops
#加载数据集
ops.get_default_graph()
sess = tf.Session()
iris = datasets.load_iris()
#x_vals 数据将是三列值的数组
x_vals = np.array([[x[1], x[2], x[3]] for x in iris.data])
y_vals = np.array([y[0] for y in iris.data])
#声明学习率、批量大小、占位符和模型变量，模型输出
learning_rate = 0.001
batch_size = 50
x_data = tf.placeholder(shape=[None, 3], dtype=tf.float32) #占位符大小为3
y_target = tf.placeholder(shape=[None, 1], dtype=tf.float32)
A = tf.Variable(tf.random_normal(shape=[3,1]))
b = tf.Variable(tf.random_normal(shape=[1,1]))
model_output = tf.add(tf.matmul(x_data, A), b)
#对于弹性网络回归算法，损失函数包括L1正则和L2正则
elastic_param1 = tf.constant(1.)
elastic_param2 = tf.constant(1.)
l1_a_loss = tf.reduce_mean(abs(A))
l2_a_loss = tf.reduce_mean(tf.square(A))
e1_term = tf.multiply(elastic_param1, l1_a_loss)
e2_term = tf.multiply(elastic_param2, l2_a_loss)
loss = tf.expand_dims(tf.add(tf.add(tf.reduce_mean(tf.square(y_target - model_output)), e1_term), e2_term), 0)
#初始化变量，声明优化器，然后遍历迭代运行，训练拟合得到参数
init = tf.global_variables_initializer()
sess.run(init)
my_opt = tf.train.GradientDescentOptimizer(learning_rate)
train_step = my_opt.minimize(loss)
loss_vec = []
for i in range(1000):
    rand_index = np.random.choice(len(x_vals), size=batch_size)
    rand_x = x_vals[rand_index]
    rand_y = np.transpose([y_vals[rand_index]])
    sess.run(train_step, feed_dict={x_data:rand_x, y_target:rand_y})
    temp_loss = sess.run(loss, feed_dict={x_data:rand_x, y_target:rand_y})
    loss_vec.append(temp_loss)
    if (i+1)%250 == 0:
        print('Step#' + str(i+1) +'A = ' + str(sess.run(A)) + 'b=' + str(sess.run(b)))
```

```
        print('Loss= ' +str(temp_loss))
#现在能观察到，随着训练迭代，损失函数已收敛。
plt.plot(loss_vec, 'k--')
plt.title('Loss per Generation')
plt.xlabel('Generation')
plt.ylabel('Loss')
plt.show()
```

运行程序，输出如下，效果如图 7-19 所示。

```
Step#250A = [[1.3540874 ]
 [0.59435207]
 [0.3663644 ]]b=[[-1.211261]]
Loss= [1.875951]
Step#500A = [[1.3676797 ]
 [0.59568465]
 [0.24205701]]b=[[-1.0936404]]
Loss= [1.7674278]
Step#750A = [[1.3525691 ]
 [0.61321384]
 [0.14781338]]b=[[-0.98448056]]
Loss= [1.7234828]
Step#1000A = [[1.3294091 ]
 [0.63726395]
 [0.07502691]]b=[[-0.8788463]]
Loss= [1.6159215]
```

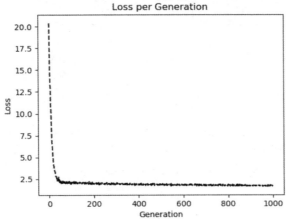

图 7-19　弹性网络回归迭代训练的损失函数

由图 7-19 可观察到，随着训练迭代，损失函数已收敛。弹性网络回归算法的实现是多线性回归。我们能发现，增加 L1 和 L2 正则项后的损失函数的收敛变慢。

7.5 决策树算法

什么是决策树？分类决策树模型是一种描述对实例进行分类过程的树形结构。决策树由节点（Node）和有向边（Directed Edge）组成。节点有两种类型：内部节点（Internal Node）和叶节点（Leaf Node）。内部节点表示一个特征或一个属性，叶节点表示一个类。

7.5.1 决策树算法概述

用决策树分类，从根节点开始，对实例的某一特征进行测试，根据测试结果，将实例分配到其子节点（每一个子节点对应特征的一个取值）。递归进行测试和分配，直至叶节点为止，得到分类结果。

我们来举个例子，看一下决策树的决策过程。

假设小文要出门了，需要选择一种出行方式，假设出行方式有以下几种：步行、骑车、驾车、乘坐地铁。如果距离很近，小文就选择步行；如果距离不是特别远，小文就选择骑车；如果距离特别远，小文就要选择驾车或乘坐地铁了。然后还要考虑是否限号，不限号就驾车，限号就只能乘坐地铁了，现在我们把这个决策过程绘制出来，如图 7-20 所示。

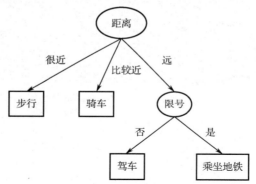

图 7-20 决策出行方式

图 7-20 展示了小文在选择出行方式时的策略，对照上述定义，可以看出这棵决策树有 2 个内部节点（距离、限号）、4 个叶节点（步行、骑车、驾车、乘坐地铁），也就是说在决策的时候要考虑 2 个特征，最终的结果可能有 4 种。

7.5.2 经典算法

下面将对决策树的几个经典算法进行介绍。

1. 信息熵

信息熵（Information Entropy）指的是一组数据所包含的信息量，使用概率来度量。

数据包含的信息越有序,则其所包含的信息量越小。数据包含的信息越杂,则其所包含的信息量越大。例如,在极端情况下,如果数据中的信息都是 0,或者都是 1,那么熵值为 0,因为我们从这些数据中得不到任何信息,或者说这组数据给出的信息是确定的。如果数据是均匀分布的,那么它的熵最大,因为我们根据数据不能知晓发生哪种情况的可能性比较大。

假设样本集合 D 中第 k 类样本所占的比例为 $p_k(k=1,2,\cdots,|y|)$,则 D 的信息熵定义为

$$\text{Ent}(D) = -\sum_{k=1}^{|y|} p_k \log_2 p_k \tag{7-1}$$

其中,$\text{Ent}(D)$($0 \leqslant \text{Ent}(D) \leqslant \log_2|y|$)值越小,$D$ 的信息越有序,纯度越高;值越大,则其信息越混乱。

对于式(7-1)中的 D,其是一个随机变量取值集合。设其是一个离散的随机变量,对于最简单的 0-1 分布,有 $p(D=1)=p$,则 $p(D=0)=1-p$,此时熵为 $-p\log_2 p-(1-p)\log_2(1-p)$。当 $p=1$ 或 $p=0$ 时,熵最小,取值为 0,此时的随机变量不确定性最小,信息最有序、纯度高。当 $p=0.5$ 时,熵最大,此时随机变量的不确定性最大,信息混乱、纯度低,熵函数如图 7-21 所示。

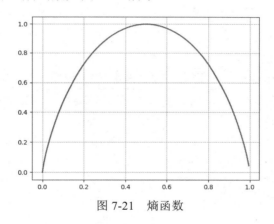

图 7-21 熵函数

【例 7-16】 生成二项分布信息熵。

```
import math
import matplotlib.pyplot as plt
import numpy as np

x = np.arange(0.000001,1,0.005)
y = [-a*math.log(a, 2)-(1-a)*math.log(1-a, 2) for a in x]
plt.plot(x, y, linewidth=2, color="#8F35EF")
plt.grid(True)
plt.show()
```

运行程序,效果如图 7-21 所示。

2. 信息增益

假定离散属性 a 有 V 个可能的取值 $\{a^1, a^2, \cdots, a^V\}$，如果使用 a 来对样本集 D 进行划分，则会产生 V 个分支节点，其中第 v 个分支节点包含了 D 中所有在属性 a 上取值为 a^v 的样本，即为 D^v。根据式（7-1）计算出 D^v 的信息熵，考虑到不同的分支节点所包含的样本数不同，给分支节点赋予权重 $\frac{D^v}{|D|}$，即对样本数越多的分支节点影响越大，于是可以计算出用属性 a 对样本集 D 进行划分所获得的"信息增益（Information Gain）"。

$$\text{Gain}(D,a) = \text{Ent}(D) - \sum_{v=1}^{V} \frac{D^v}{|D|} \text{Ent}(D^v) \qquad (7\text{-}2)$$

一般而言，信息增益越大，意味着使用属性 a 来进行划分所获得的"纯度提升"越大，因此，可用信息增益来进行决策树的划分属性选择，最优划分属性准则为 $a_* = \max_{a \in A} \text{Gain}(D, a)$。

假设现在统计了 17 天的气象数据，如图 7-22 所示，包含 Outlook、Temperature、Humidity、Windy 这 4 个维度的属性，我们希望通过这 4 个属性来判断是否适合出去郊游。那么在 Play 集合中，样本共有两类，即 $|y|=2$，计算出在正例（yes）与反例（no）的概率分别为 $p_1 = \frac{8}{17}$、$p_2 = \frac{9}{17}$。

		17天气象数据统计			
序号	Outlook	Temperature	Humidity	Windy	Play
1	Sunny	Cool	Normal	Not	yes
2	Sunny	Mild	Normal	Medium	yes
3	Sunny	Mild	Normal	Not	yes
4	Sunny	Cool	Normal	Medium	yes
5	Sunny	Hot	Normal	Not	yes
6	Sunny	Cool	High	Not	yes
7	Overcast	Mild	High	Not	yes
8	Sunny	Mild	Normal	Not	yes
9	Overcast	Mild	Normal	Medium	no
10	Sunny	Cool	High	Very	no
11	Rain	Hot	Normal	Very	no
12	Rain	Hot	High	Not	no
13	Overcast	Cool	Normal	Not	no
14	Overcast	Hot	Normal	Medium	no
15	Sunny	Mild	High	Not	no
16	Rain	Hot	Normal	Not	no
17	Overcast	Cool	Normal	Medium	no

图 7-22　气象数据

参照式（7-1），根据初始时刻属于 yes 和 no 类的概率，计算初始时刻的根节点信息熵。

$$\text{Ent}(D) = -\sum_{v=1}^{V} p_k \log_2 p_k = -\left(\frac{8}{17}\log_2\frac{8}{17} + \frac{9}{17}\log_2\frac{9}{17}\right) = 0.998$$

下面需要分别计算这 4 个维度的条件熵，通过式（7-2）来计算信息增益。4 个维度的计算方法相同，选取 Temperature 维度进行计算，得到表 7-2。

表 7-2　条件熵（Temperature）

可能属性取值	Cool	Mild	Hot
属性子集序号	{1,4,6,10,13,17}	{2,3,7,8,9,15}	{5,11,12,14,16}
属性占比	6/17	6/17	5/17
正例概率	p_1=3/6	p_1=4/6	p_1=1/5
反例概率	p_2=3/6	p_2=2/6	p_2=4/5
信息熵（据式（7-1）计算）	1.00	0.918	0.772
Temperature 信息增益（据（7-2）计算）	$\text{Gain}(D,\text{Temperature}) = 0.998 - \left(\frac{6}{17}\times 1 + \frac{6}{17}\times 0.918 + \frac{5}{17}\times 0.772\right) = 0.109$		

根据表 7-2 进行统计计算，可得到其他维度条件熵 Gain(D,Outlook)=0.381，Gain(D,Humidity)=0.006，Gain(D,Windy)=0.141，可以看出 Gain(D,Outlook) 最大，即有关 Outlook 的信息对分类有很大的帮助，提供最大的信息量，所以应该选择 Outlook 属性作为测试属性。选择 Outlook 作为测试属性后，生成 3 个分支节点，对每个分支节点再次逐步进行划分。根节点划分后，统计计算划分后的特征属性维度，同样在新样本案例下计算，那么在 Temperature、Humidity、Windy 这 3 个属性中找到 max(Gain(D,a))，进而从该属性进行切割。类似地对每个分支节点进行如上计算与划分，最终构建完成决策树。

3. 信息增益率

在 ID3 算法中，信息增益作为标准，容易偏向于取值较多的特征。信息增益的一个大的问题就是偏向选择分支多的属性导致过拟合。如果将序号作为一个属性，那么它每次取值特征都是不同的，如果计算它的信息增益，那么结果为 0.998，其结果按照信息增益划分切割将产生 17 个分支，每个分支有且仅有一个样本，这些分支节点的纯度已经达到最大。如果出现这个现象，将无法对新样本进行有效预测，即决策树并不具有泛化能力，那么能想到的解决办法自然就是对分支过多的情况进行惩罚了，于是就有了信息增益比，或者说信息增益率（Gain Ratio），定义为

$$\text{Grain\_ratio}(D,a) = \frac{\text{Gain}(D,a)}{\text{IV}(a)}$$

式中，$\text{IV}(a) = -\sum_{v=1}^{V}\frac{|D^v|}{|D|}\log_2\frac{|D^v|}{|D|}$。

IV(a) 称为属性 a 的基"固定值"，属性 a 的可能取值越多，则 V 的可能取值越多，IV(a) 的值通常会越大。例如对图 7-22 中的数据进行统计计算：

$$IV(\text{Humidity}) = \left(\frac{5}{17} \times \log_2 \frac{5}{17} + \frac{12}{17} \times \log_2 \frac{12}{17}\right) \approx 0.874$$

可以通过以下代码计算验证 IV(Humidity)：

```
import math
IV=(5/17)*math.log(5/17,2)+(12/17)*math.log(12/17,2)
print(-IV)
```

运行程序，输出如下：

```
0.8739810481273578
```

同样可计算出 IV(Temperature)=1.580，IV(序号)=4.088，整理计算结果如表 7-3 所示，可以看出 V 的取值越大，IV(a) 也越大。

表 7-3　IV(a)计算结果

IV 值	IV(Humidity)=0.874	IV(Temperature)=1.580	IV(序号)=4.088
属性取值个数	2	3	17

4. 基尼系数

在 ID3 算法中我们使用了信息增益来选择特征，优先选择信息增益大的；在 C4.5 算法中，我们采用了信息增益比来选择特征，以避免选取特征值多的特征。但是无论是 ID3 算法还是 C4.5 算法，都是基于信息论的熵模型的，会涉及大量的对数运算。有在简化模型的同时也不完全丢失熵模型的办法吗？有的，CART 分类树算法使用基尼系数来代替信息增益比，基尼系数代表了模型的不纯度，基尼系数越小，则不纯度越低，特征越好。这和信息增益是相反的。

$$\text{Gini}(D) = \sum_{K=1}^{|y|} \sum_{K' \neq k} p_k p_{k'} = 1 - \sum_{K=1}^{|y|} p_k^2$$

直白地说，Gini(D) 反映了数据集 D 中随机抽取两个样本类别标记不一致的概率，因此 Gini(D) 越小，则数据集 D 的纯度越高。

采用与式（7-2）相同的符号表示，属性 a 的 Gini 系数定义为

$$\text{Gini\_index}(D,a) = \sum_{v=1}^{V} \frac{|D^v|}{|D|} \text{Gini}(D^v)$$

在候选属性集合 A 中，选择划分后基尼系数最小的属性作为最优的划分属性，即 $a_* = \max_{a \in A} \text{Gini\_index}(D,a)$。以 Humidity 维度为例，其存在两种属性选择，计算过程如表 7-4 所示。

表 7-4　Humidity 维度属性统计

Play	Normal 属性	High 属性
yes	6	2
no	7	2

$$\text{Gini}(\text{Normal}) = 1 - \left(\frac{6}{13}\right)^2 - \left(\frac{7}{13}\right)^2 = 0.497$$

$$\text{Gini}(\text{High}) = 1 - \left(\frac{2}{4}\right)^2 - \left(\frac{2}{4}\right)^2 = 0.5$$

$$\text{Gini\_index}(D, \text{Humidity}) = \frac{4}{17} \times 0.5 + \frac{13}{17} \times 0.497 = 0.497706$$

建立决策树的关键是在当前状态下选择合适的属性作为分类的依据,根据不同的目标函数建立决策树。ID3 算法的核心是信息增益,C4.5 算法是 ID3 算法的改进,其核心是信息增益比,CART 算法的核心则是在 C4.5 算法的基础上改进的基尼系数。因此,这 3 种算法可总结为:

(1)从目标因变量来说,差异主要体现为:ID3 算法和 C4.5 算法只能用于分类,CART(分类回归树)算法不仅可以用于分类(0/1),还可以用于回归(0-1)。

(2)从节点划分形式来说,ID3 算法和 C4.5 算法的节点上可以产出多叉(低、中、高),而 CART 算法的节点上永远是二叉(低、非低)。

(3)从样本量考虑,小样本建议考虑 C4.5 算法,大样本建议考虑 CART 算法。C4.5 算法在处理过程中需对数据集进行多次排序,耗时较长,而 CART 算法本身是一种大样本的统计方法,小样本用它处理时泛化误差较大。

(4)从样本特征上的差异来说,多分类的分类变量在 ID3 算法和 C4.5 算法的层级之间只单次使用,在 CART 算法中可多次重复使用。C4.5 算法通过剪枝来修正树的准确性,而 CART 算法直接利用全部数据发现所有树的结构进行对比。

7.5.3 决策树算法经典应用

前面已对决策树的几种算法进行了介绍,本节将通过几个例子来演示决策树算法的经典应用。

【例 7-17】 通过 Python 编程实现对决策树的深度与拟合之间的关系的探讨,可以看出最大深度对拟合的影响。

```python
import numpy as np
from sklearn.tree import DecisionTreeRegressor
import matplotlib.pyplot as plt
plt.rcParams['axes.unicode_minus'] =False    #正常显示负号
plt.rcParams['font.sans-serif'] =['SimHei']    #显示中文标签

#创建一组随机数据
rng = np.random.RandomState(1)
X = np.sort(10 * rng.rand(160, 1), axis=0)
y = np.sin(X).ravel()
y[::5] += 2 * (0.5 - rng.rand(32))    #每 5 个点增加一次噪声
#拟合回归模型
```

```
regr_1 = DecisionTreeRegressor(max_depth=2)
regr_2 = DecisionTreeRegressor(max_depth=5)
regr_3 = DecisionTreeRegressor(max_depth=8)
regr_1.fit(X, y)
regr_2.fit(X, y)
regr_3.fit(X, y)
#预测
X_test = np.arange(0.0, 10.0, 0.01)[:, np.newaxis]
y_1 = regr_1.predict(X_test)
y_2 = regr_2.predict(X_test)
y_3 = regr_3.predict(X_test)
#绘制结果
plt.figure()
plt.scatter(X, y, s=20, edgecolor="black",
            c="darkorange", label="data")
plt.plot(X_test, y_1, color="cornflowerblue",
         label="max_depth=2", linewidth=2)
plt.plot(X_test, y_2, color="yellowgreen", label="max_depth=5", linewidth=2)
plt.plot(X_test, y_3, color="r", label="max_depth=8", linewidth=2)
plt.xlabel("数据")
plt.ylabel("目标")
plt.title("决策树回归")
plt.legend()
plt.show()
```

运行程序，效果如图 7-23 所示。

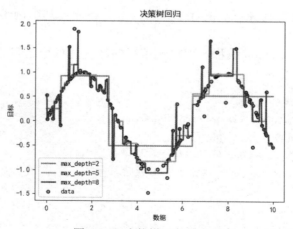

图 7-23　决策树回归效果图

例 7-17 利用决策树拟合存在噪声数据的正弦曲线，并进行了预测。从结果来看，它学习的局部线性回归结果是逼近正弦曲线的。

可以看到，如果树的最大深度（max_depth 参数控制）设置得太高，决策树就会学习到训练数据的细节,并从噪声中学习,也就是说,它过拟合了。

【例 7-18】 利用决策树,并根据头发和声音判断一位同学的性别。

根据需要,可统计出 8 种判断方法,如表 7-5 所示。

表 7-5 判断方法

头 发	声 音	性 别
长	粗	男
短	粗	男
短	粗	男
长	细	女
短	细	女
短	粗	女
长	粗	女
长	粗	女

实现代码为:

```
from math import log
import operator

def calcShannonEnt(dataSet):    #计算数据的熵(entropy)
    numEntries=len(dataSet)     #数据条数
    labelCounts={}
    for featVec in dataSet:
        currentLabel=featVec[-1]    #每行数据的最后一个字(类别)
        if currentLabel not in labelCounts.keys():
            labelCounts[currentLabel]=0
        labelCounts[currentLabel]+=1    #统计有多少个类及每个类的数量
    shannonEnt=0
    for key in labelCounts:
        prob=float(labelCounts[key])/numEntries    #计算单个类的熵值
        shannonEnt-=prob*log(prob,2)    #累加每个类的熵值
    return shannonEnt

def createDataSet1():    #创造示例数据
    dataSet = [['长', '粗', '男'],
               ['短', '粗', '男'],
               ['短', '粗', '男'],
               ['长', '细', '女'],
               ['短', '细', '女'],
               ['短', '粗', '女'],
               ['长', '粗', '女'],
```

```python
                        ['长', '粗', '女']]
    labels = ['头发','声音']   #两个特征
    return dataSet,labels

def splitDataSet(dataSet,axis,value):    #按某个特征分类后的数据
    retDataSet=[]
    for featVec in dataSet:
        if featVec[axis]==value:
            reducedFeatVec =featVec[:axis]
            reducedFeatVec.extend(featVec[axis+1:])
            retDataSet.append(reducedFeatVec)
    return retDataSet

def chooseBestFeatureToSplit(dataSet):    #选择最优的分类特征
    numFeatures = len(dataSet[0])-1
    baseEntropy = calcShannonEnt(dataSet)   #原始的熵
    bestInfoGain = 0
    bestFeature = -1
    for i in range(numFeatures):
        featList = [example[i] for example in dataSet]
        uniqueVals = set(featList)
        newEntropy = 0
        for value in uniqueVals:
            subDataSet = splitDataSet(dataSet,i,value)
            prob =len(subDataSet)/float(len(dataSet))
            newEntropy +=prob*calcShannonEnt(subDataSet)  #按特征分类后的熵
        infoGain = baseEntropy - newEntropy   #原始熵与按特征分类后的熵的差值
        #若按某特征划分后，熵值减少的最多，则次特征为最优分类特征
        if (infoGain>bestInfoGain):
            bestInfoGain=infoGain
            bestFeature = i
    return bestFeature
#按分类后类别数量排序，如最后分类为2男1女，则判定为男
def majorityCnt(classList):
    classCount={}
    for vote in classList:
        if vote not in classCount.keys():
            classCount[vote]=0
        classCount[vote]+=1
    sortedClassCount = sorted(classCount.items(),key=operator.itemgetter(1),reverse=True)
    return sortedClassCount[0][0]
```

```python
def createTree(dataSet,labels):
    classList=[example[-1] for example in dataSet]    #类别：男或女
    if classList.count(classList[0])==len(classList):
        return classList[0]
    if len(dataSet[0])==1:
        return majorityCnt(classList)
    bestFeat=chooseBestFeatureToSplit(dataSet)     #选择最优特征
    bestFeatLabel=labels[bestFeat]
    myTree={bestFeatLabel:{}}     #分类结果以字典形式保存
    del(labels[bestFeat])
    featValues=[example[bestFeat] for example in dataSet]
    uniqueVals=set(featValues)
    for value in uniqueVals:
        subLabels=labels[:]
        myTree[bestFeatLabel][value]=createTree(splitDataSet\
                    (dataSet,bestFeat,value),subLabels)
    return myTree

if __name__=='__main__':
    dataSet, labels=createDataSet1()    #创造示列数据
    print(createTree(dataSet, labels))    #输出决策树模型结果
```

运行程序，输出如下：

{'声音': {'细': '女', '粗': {'头发': {'长': '女', '短': '男'}}}}

这个结果表示：先按声音分类，声音细为女生；然后按头发分类：声音粗、头发短为男生，声音粗、头发长为女生。

需要说明判定分类结束的依据：若按某特征分类后出现了最终类（男或女），则判定分类结束。使用这种方法时，在数据比较大、特征比较多的情况下，很容易出现过拟合，于是需进行决策树剪枝。剪枝方法通常为：当按某一特征分类后的熵小于设定值时，停止分类。

7.6 随机森林

虽然决策树算法简单易理解，不需要对数据进行转换，但是它的缺点也很明显——决策树往往容易出现过拟合的问题。为了避免这个问题，我们可以让很多树组成团队来工作，也就是随机森林。

7.6.1 随机森林概述

随机森林有的时候也被称为随机决策森林，是一种集合学习方法，既可以用于分类，

也可以用于回归。所谓的集合学习算法，就是把多个机器学习算法综合在一起，制造出一个更大的算法模型，随机森林原始图如图 7-24 所示。

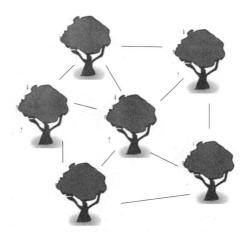

图 7-24　随机森林原始图

在机器学习领域，其实有很多中集合学习算法，目前应用比较广泛的是随机森林和梯度上升决策树。本节主要介绍随机森林。

7.6.2　随机森林的构建

决策树算法很容易出现过拟合的问题。那么为什么随机森林可以解决这个问题呢？因为随机森林能够把不同的决策树打包在一起，每棵树的参数都不相同，然后把每棵树预测的结果取平均值，这样既可以保留决策树的工作成效，又可以降低过拟合的风险。下面直接通过代码来实现随机森林的构建。

```python
#导入编程库
from sklearn import tree, datasets
from sklearn.model_selection import train_test_split
#导入随机森林模型
from sklearn.ensemble import RandomForestClassifier
#载入红酒数据集
wine = datasets.load_wine()
X = wine.data[:,:2]
y = wine.target
#将数据集拆分为训练集和测试集
X_train, X_test, y_train, y_test = train_test_split(X,y)
#设定随机森林中有 6 棵树
forest=RandomForestClassifier(n_estimators=6,random_state=3)
#显示模型拟合数据
print(forest.fit(X_train,y_train))
```

运行程序，输出如下：

```
RandomForestClassifier(bootstrap=True, class_weight=None, criterion='gini',
            max_depth=None, max_features='auto', max_leaf_nodes=None,
            min_impurity_decrease=0.0, min_impurity_split=None,
            min_samples_leaf=1, min_samples_split=2,
            min_weight_fraction_leaf=0.0, n_estimators=6, n_jobs=1,
            oob_score=False, random_state=3, verbose=0, warm_start=False)
```

由结果可看出，随机森林返回了包含其自身全部参数的信息，我们重点来看几个必要的参数。

首先是 bootstrap 参数，其代表的是 Bootstrap Sample，即"有放回抽样"，指每次从样本空间中可以重复抽取同一个样本。例如，原始样本是 ['百合','玫瑰','菊花','海棠']，经过 Bootstrap Sample 重构后的样本可能是['百合', '百合','玫瑰','海棠']，也有可能是['百合', '海棠",'菊花','海棠']。Bootstrap Sample 生成的数据集和原始数据集在数据量上是完全一样的，但由于进行了重复采样，因此其中有一些数据点会丢失。

为什么会这样呢？这是因为通过重新生成数据集，可以让随机森林中的每棵决策树在构建的时候，会彼此之间有些差异。再加上每棵树的节点都会选择不同的样本特征，经过这两步动作之后，可以完全肯定随机森林中的每棵树都不一样，这也符合我们使用随机森林的初衷。

max_features 参数用于控制所选择的特征数量的最大值，在不进行指定的情况下，随机森林默认自动选择最大特征数量。但需要注意的是，假如把 max_features 设置为样本全部的特征数 n_features，就意味着模型会在全部特征中进行筛选，这样在特征选择这一步，就没有随机性可言了。而如果把 max_features 的值设为 1，就意味着模型在数据特征上完全没有选择的余地，只能去寻找这 1 个被随机选出来的特征向量的阈值。所以结论是：max_features 的取值越高，随机森林里的每一棵决策树就会"长得更像"，因为它们有更多的不同特征可以选择，也就会更容易拟合数据。反之，如果 max_features 取值越低，就会迫使每棵决策树的样子更加不同，而且因为特征太少，决策树不得不制造更多的节点来拟合数据。

n_estimators 这个参数控制的是随机森林中决策树的数量。在随机森林构建完成后，每棵决策树都会单独进行预测。如果是用来进行回归分析，随机森林就会把所有决策树预测的值取平均数；如果是用来进行分类，则在森林内部会进行"投票"，每棵树预测出数据类别的概率。

下面的代码实现用图像直观地观察随机森林的分类表现：

```
import numpy as np
import matplotlib.pyplot as plt
from matplotlib.colors import ListedColormap
plt.rcParams['axes.unicode_minus'] =False   #正常显示负号
plt.rcParams['font.sans-serif'] =['SimHei']  #显示中文标签

clf = tree.DecisionTreeClassifier(max_depth=1)
```

```
clf.fit(X_train,y_train)
#定义图像中分区的颜色和散点的颜色
cmap_light = ListedColormap(['#FFAAAA', '#AAFFAA', '#AAAAFF'])
cmap_bold = ListedColormap(['#FF0000', '#00FF00', '#0000FF'])
#分别用样本的两个特征值创建图像横轴和纵轴
x_min, x_max = X_train[:, 0].min() - 1, X_train[:, 0].max() + 1
y_min, y_max = X_train[:, 1].min() - 1, X_train[:, 1].max() + 1
xx, yy = np.meshgrid(np.arange(x_min, x_max, .02), np.arange(y_min, y_max, .02))
Z = clf.predict(np.c_[xx.ravel(), yy.ravel()])
#给每个分类中的样本分配不同的颜色
Z = Z.reshape(xx.shape)
plt.figure()
plt.pcolormesh(xx, yy, Z, cmap=cmap_light)

#用散点把样本表示出来\n",
plt.scatter(X[:, 0], X[:, 1], c=y, cmap=cmap_bold, edgecolor='k', s=20)
plt.xlim(xx.min(), xx.max())
plt.ylim(yy.min(), yy.max())
plt.title("随机森林分类:(max_depth = 1)")
plt.show()
```

运行程序，效果如图 7-25 所示。

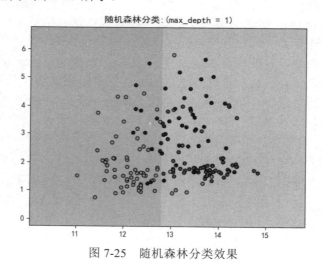

图 7-25　随机森林分类效果

7.6.3　随机森林的优势与不足

目前在机器学习领域，无论是分类还是回归，随机森林都是应用最广泛的算法之一，可以说随机森林十分强大，并不需要用户反复调节参数。而且，和决策树一样，随机森林算法不要求对数据进行预处理。

从优势的角度来说，随机森林集成了决策树的所有优点，而且能够弥补决策树的不足，但并不是说把决策树弃之不用。决策树依旧是强悍的，尤其是随机森林中每棵决策树的层级要比单独的决策树更深，所以如果需要向非专业人士展示模型的工作过程，则还是需要用到决策树的。

还有，随机森林支持并行处理。对超大数据集来说，随机森林会比较耗时，不过我们可以用多进程并行处理的方式来解决这个问题。

需要注意的是，随机森林生成每棵决策树的方法是随机的，那么不同的 random_state 参数会导致模型完全不同，所以如果不希望建模的结果不太过于不稳定，一定要固化 random_state 这个参数的数值。

不过，虽然随机森林有诸多优点，尤其是并行处理功能在处理超大数据集时具有良好的性能表现。但它也有不足，对超高维数据集、稀疏数据集等来说，使用随机森林有点"尴尬"，在这种情况下，线性模型比随机森林的表现更好一些。另外，随机森林相对更消耗内存，速度也比线性模型要慢，所以如果希望更节省内存和时间，那么建议选择线性模型。

7.7 支持向量机

支持向量机（Support Vector Machine，SVM）虽然诞生至今只有短短的 20 多年，但是由于具有良好的分类性能，它席卷了机器学习领域，并牢牢压制了神经网络领域很多年。SVM 是一种二分类模型，它的目的是寻找一个超平面来对样本进行分割，分割的原则是间隔最大化，最终转化为一个凸二次规划问题来求解。

7.7.1 分类间隔

首先来回顾一下逻辑回归（Logistic Regression）。在逻辑回归中，我们的假设函数（Hypothesis Function）为

$$h_\theta(x) = g(\theta^T x)$$

对于一个输入 $x^{(i)}$，如果 $h_\theta(x^{(i)}) \geqslant 0.5$，我们将预测结果为"1"，等价于 $\theta^T x \geqslant 0$。对于一个正例（即 $y=1$）来说，$\theta^T x$ 的值越大，$h_\theta(x)$ 的值就会越接近于 1，也就是说，我们有更大的置信度（Confidence）来说明对于输入 x，它的标签（类别）属于 1。对于反例也有同样的道理。

因此，我们其实希望得到一组 θ，对于每个输入 x，当 $y=1$ 时，$\theta^T x$ 的值都能够尽可能的大于 0（$\theta^T x > 0$）；或者当 $y=0$ 时，$\theta^T x$ 的值尽可能小于 0（$\theta^T x < 0$）。这样我们就会有更大的确信度了。

下面考虑一个线性分类的问题。

如图 7-26 所示，叉表示正样本，圆圈表示负样本。直线就是决策边界（它的方程表

示为 $\theta^T x = 0$），或者叫作分类超平面（Separating Hyperplane）。

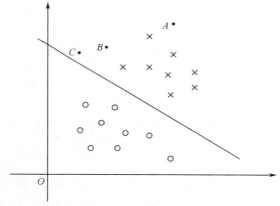

图 7-26　线性分类问题

对于图中的 A 点来说，它距离决策边界很远。如果要我们预测一下 A 点对应的 y 值，则我们应该会很确定 y=1。反过来，对于 C 点来说，它距离决策边界很近。虽然它也是在决策边界的上方，但是只要决策边界稍微改变，它就可能变成在决策边界的下方了。因此，相较而言，我们预测 A 点的置信比预测 C 点的要高。

对于一组训练集，我们希望所有的样本都距离决策边界很远，这样置信度就高。而要使样本距离决策边界都很远，我们只需要保证距离决策边界最近的点的距离很大即可，那么其他点的距离肯定就更大了。

分类超平面可以有多个，图 7-27 中的灰色线已经将两个类别分开了，但是为什么说它不太好（not as good）呢？因为距离灰色线最近的点（最下面的三角形）的边距很小（small margin）。相反，对于黑色线，距离它最近的点（最上面的三角形）的边距很大（large margin），这个大是指比灰色线的距离（margin）要大。我们要找的就是最近点边距最大的超平面。

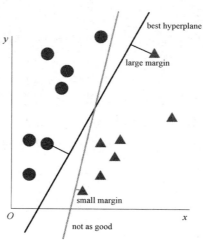

图 7-27　分类超平面图

那么怎么来刻画这个距离呢？首先为了方便，分类的标签记为 $y \in \{-1,1\}$，而不是逻辑回归中的 $\{0,1\}$，这只是一种区分方式。另外，以前我们用的是参数向量 $\boldsymbol{\theta}$，现在将 $\boldsymbol{\theta}$ 分成 $\boldsymbol{w}$ 和 b，$b = \theta_0$，$x_0 = 1$。所以分类器写为

$$h_{w,b}(x) = g(\boldsymbol{w}^T x + b)$$

式中，$\begin{cases} g(z) = 1 & z \geq 0 \\ g(z) = -1 & \text{其他} \end{cases}$，注意这里不像逻辑回归那样先算出概率，再判断 y 是否等于 1。这里直接预测 y 是否为 1。

7.7.2 函数间距

如图 7-28 所示，点 x 到直线的距离 $L = \beta \|x\|$。

现在来定义一下函数间距。对于一个训练样本 $(x^{(i)}, y^{(i)})$，定义相应的函数间距为

$$\hat{\gamma}^{(i)} = y^{(i)}(\boldsymbol{w}^T x^{(i)} + b) = y^{(i)} g(x^{(i)})$$

注意，前面乘上类别 $y^{(i)}$ 之后可以保证这个 margin 的非负性（因为 $g(x) < 0$ 对应 $y = -1$ 的那些点）。

所以，如果 $y^{(i)} = 1$，为了让函数间距比较大（预测的置信度就大），则需要 $\boldsymbol{w}^T x^{(i)} + b$ 是一个大的正数。反过来，如果 $y^{(i)} = -1$，为了让函数间距比较大（预测的置信度就大），则需要 $\boldsymbol{w}^T x^{(i)} + b$ 是一个大的负数。

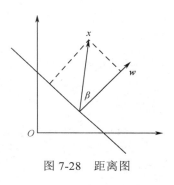

图 7-28　距离图

接着就是要找所有点中距离最小的点了。对于给定的数据集 $S = (x^{(i)}, y^{(i)}); i = 1, 2, \cdots, m$，定义 $\hat{\gamma}$ 是数据集中函数间距最小的，即

$$\hat{\gamma} = \min_{i=1,2,\cdots,m} \hat{\gamma}^{(i)}$$

但这里有一个问题，对于函数间距来说，当 $\boldsymbol{w}$ 和 b 被替换成 $2\boldsymbol{w}$ 和 $2b$ 时，$g(\boldsymbol{w}^T x^{(i)} + b) = g(2\boldsymbol{w}^T x^{(i)} + 2b)$，这不会改变 $h_{w,b}(x)$ 的值，所以引入了几何间距。

7.7.3 几何间距

如图 7-29 所示，直线为决策边界（由 $\boldsymbol{w}$、b 决定），向量 $\boldsymbol{w}$ 垂直于直线（为什么？$\boldsymbol{\theta}^T x = 0$，非零向量的内积为 0，说明它们互相垂直）。假设 A 点代表样本 $x^{(i)}$，它的类别为 $y = 1$。假设 A 点到决策边界的距离为 $\gamma^{(i)}$，也就是线段 AB。

那么，应该如何计算 $\gamma^{(i)}$？首先我们知道 $\dfrac{\boldsymbol{w}}{\|\boldsymbol{w}\|}$ 表示的是在 $\boldsymbol{w}$ 方向上的单位向量。因为 A 点代表的是样本 $x^{(i)}$，所以 B 点为：$x^{(i)} - \gamma^{(i)} \cdot \dfrac{\boldsymbol{w}}{\|\boldsymbol{w}\|}$。又因为 B 点在决策边界上，所以 B 点满足 $\boldsymbol{w}^T x + b = 0$，也就是

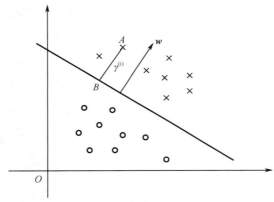

图 7-29 几何间距

$$w^T\left(x^{(i)} - \gamma^{(i)} \cdot \frac{w}{\|w\|}\right) + b = 0$$

解方程，得

$$\gamma^{(i)} = \frac{w^T x^{(i)} + b}{\|w\|} = \left(\frac{w}{\|w\|}\right)^T x^{(i)} + \frac{b}{\|w\|}$$

当然，上面这个方程对应的是正例的情况，反例的时候上面方程的解就是一个负数，这与平常说的距离不相符，所以需要乘上 $y^{(i)}$，即

$$\gamma^{(i)} = y^{(i)}\left(\left(\frac{w}{\|w\|}\right)^T x^{(i)} + \frac{b}{\|w\|}\right)$$

可以看到，当 $\|w\|=1$ 时，函数间距与几何间距就是一样的了。

同样地，有了几何间距的定义后，接着就要找所有点中间距最小的点了。对于给定的数据集 $S = (x^{(i)}, y^{(i)})$，$i = 1, 2, \cdots, m$，我们定义 γ 是数据集中最小的函数间距，即

$$\gamma = \min_{i=1,2,\cdots,m} \gamma^{(i)}$$

对于一组训练集，我们需要寻找哪个超平面最近点的边距最大。因为这样的置信度是最大的。所以现在的问题是

$$\max_{\lambda, w, b} \gamma$$

$$\text{s.t.} \begin{cases} y^{(i)}(w^T x^{(i)} + b) \geq \gamma, & i = 1, 2, \cdots, m \\ \|w\| = 1 \end{cases}$$

这个问题就是说，我们想要最大化边距 γ，而且必须保证每个训练集得到的边距都要大于或等于这个边距 γ。$\|w\|=1$ 保证函数边距与几何边距是一样的。但问题是 $\|w\|=1$ 很难理解，所以根据函数边距与几何边距之间的关系，我们变换一下问题：

$$\max_{\lambda, w, b} \frac{\hat{\gamma}}{\|w\|}$$

$$\text{s.t.} \quad y^{(i)}(w^T x^{(i)} + b) \geq \hat{\gamma}, \quad i = 1, 2, \cdots, m$$

此处，目标是最大化 $\dfrac{\hat{\gamma}}{\|\mathbf{w}\|}$，限制条件为所有样本的函数边距要大于或等于 $\hat{\gamma}$。

如上所述，对于函数间距来说，等比例缩放 $\mathbf{w}$ 和 b 不会改变 $g(\mathbf{w}^\mathrm{T}x+b)$ 的值。因此，可以令 $\hat{\gamma}=1$，因为无论 $\hat{\gamma}$ 的值是多少，都可以通过缩放 $\mathbf{w}$ 和 b 来使得 $\hat{\gamma}$ 的值变为1。

最大化 $\dfrac{\hat{\gamma}}{\|\mathbf{w}\|}=\dfrac{1}{\|\mathbf{w}\|}$，注意等号左右两边的 $\mathbf{w}$ 是不一样的。

其实对于上面的问题，如果那些式子都除以 $\hat{\gamma}$，即变成

$$\max_{\gamma,\mathbf{w},b} \dfrac{\hat{\gamma}/\hat{\gamma}}{\|\mathbf{w}\|/\hat{\gamma}}$$
$$\text{s.t.} \quad y^{(i)}(\mathbf{w}^\mathrm{T}x^{(i)}+b)/\hat{\gamma} \geq \hat{\gamma}/\hat{\gamma}, \quad i=1,2,\cdots,m$$

也就是

$$\max_{\gamma,\mathbf{w},b} \dfrac{1}{\|\mathbf{w}\|/\hat{\gamma}}$$
$$\text{s.t.} \quad y^{(i)}(\mathbf{w}^\mathrm{T}x^{(i)}+b)/\hat{\gamma} \geq 1, \quad i=1,2,\cdots,m$$

然后令 $\mathbf{w}=\dfrac{\mathbf{w}}{\hat{\gamma}}$，$b=\dfrac{b}{\hat{\gamma}}$，即做了一个变量替换。

$$\max_{\gamma,\mathbf{w},b} \dfrac{1}{\|\mathbf{w}\|}$$
$$\text{s.t.} \quad y^{(i)}(\mathbf{w}^\mathrm{T}x^{(i)}+b) \geq 1, \quad i=1,2,\cdots,m$$

而最大化 $\dfrac{1}{\|\mathbf{w}\|}$ 相当于最小化 $\|\mathbf{w}\|^2$，所以问题变成

$$\min_{\gamma,\mathbf{w},b} \dfrac{1}{2}\|\mathbf{w}\|^2$$
$$\text{s.t.} \quad y^{(i)}(\mathbf{w}^\mathrm{T}x^{(i)}+b) \geq 1, \quad i=1,2,\cdots,m$$

(7-3)

现在，我们把问题转换成一个可以有效求解的问题了。上面的优化问题就是一个典型的凸二次规划问题，这种优化问题可以使用 QP（Quadratic Programming）来求解。但是上面的问题有着特殊结构，通过 Lagrange Duality 变换到对偶变量（Dual Variable）的优化问题之后，可以找到一种更加有效的方法来进行求解，而且通常情况下这种方法比直接使用通用的 QP 优化包进行优化高效得多。也就说，除用解决 QP 问题的常规方法之外，还可以应用拉格朗日对偶性，通过求解对偶问题得到最优解，这就是线性可分条件下支持向量机的对偶算法。这样做的优点在于：一是对偶问题往往更容易求解；二是可以自然地引入核函数，进而推广到非线性分类问题。

7.7.4 核函数

前面介绍的方法一直都是基于数据是线性可分的。如图 7-30 所示，数据显然不是线性可分的。我们知道二次曲线方程一般可以写成

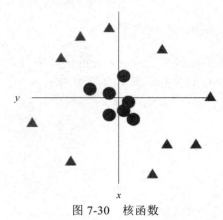

图 7-30 核函数

$$w_1 x_1^2 + w_2 x_2^2 + w_3 x_1 x_2 + w_4 x_1 + w_5 x_2 + w_6 = 0$$

在这里我们的特征变量可以写成

$$\phi(x) = \begin{bmatrix} x_1^2 \\ x_2^2 \\ x_1 x_2 \\ x_1 \\ x_2 \end{bmatrix}$$

以前的输入是向量 x，现在由于是非线性的，所以的输入映射成 $\phi(x)$，在此要把向量 x 替换成 $\phi(x)$。

但是注意到一个问题，x 都是以内积的形式存在的，即 $\langle x^T, z \rangle$。现在替换成 $\phi(x)$，就会变成 $\langle \phi(x)^T, \phi(z) \rangle$。

定义这个内积为

$$K(x, z) = \langle \phi(x)^T, \phi(z) \rangle$$

来看一个例子，假设 $x = (x_1, x_2)$，$z = (z_1, z_2)$。考虑

$$K(x, z) = (x^T, z)^2$$

将其展开得到

$$K(x, z) = x_1^2 z_1^2 + x_2^2 z_2^2 + 2 x_1 x_2 z_1 z_2 = \sum_{i,j=1}^{2} (x_i x_j)(z_i z_j)$$

如果有

$$\phi(x) = \begin{bmatrix} x_1 x_1 \\ x_1 x_2 \\ x_2 x_2 \end{bmatrix}$$

那么

$$K(x, z) = \langle \phi(x)^T, \phi(z) \rangle = x_1^2 z_1^2 + x_2^2 z_2^2 + 2 x_1 x_2 z_1 z_2$$

另外，如果注意到

$$K(x, z) = (x^T z + 1)^2 = x_1^2 z_1^2 + x_2^2 z_2^2 + 2 x_1 x_2 z_1 z_2 + 2 x_1 z_1 + 2 x_2 z_2 + 1$$

同样，映射成

$$\phi(x) = \begin{bmatrix} x_1 x_1 \\ \sqrt{2} x_1 \\ \sqrt{2} x_2 \\ x_1 x_2 \\ x_2 x_2 \\ 1 \end{bmatrix}$$

会发现这与内积 $\langle \phi(x)^T, \phi(z) \rangle$ 的结果是一样的。也就是说，如果我们写成 $K(x, z) = (x^T z + 1)^2$ 的形式，就不用映射成 $\phi(x)$。这样就没有维度爆炸带来的后果了。

1. 核函数的选择

现在来看两个直观的效果。核函数写成内积的形式：$K(\boldsymbol{x},\boldsymbol{z}) = \langle \phi(\boldsymbol{x})^T, \phi(\boldsymbol{z}) \rangle$。如果内积的值很大，那么说明 $\phi(\boldsymbol{x})$ 与 $\phi(\boldsymbol{z})$ 的距离比较远，反过来，如果它们的内积的值很小，则说明这两个向量接近于垂直。所以 $K(\boldsymbol{x},\boldsymbol{z})$ 可以衡量 $\phi(\boldsymbol{x})$ 与 $\phi(\boldsymbol{z})$ 有多接近，或者说 x 与 z 有多接近。我们该如何选择核函数？或许高斯函数是一个不错的选择。

$$K(\boldsymbol{x},\boldsymbol{z}) = \exp\left(-\frac{\|\boldsymbol{x}-\boldsymbol{z}\|^2}{2\sigma^2}\right)$$

从高斯函数的表达式中可以看出，如果 x 与 z 很接近，那么 $K(\boldsymbol{x},\boldsymbol{z})$ 的值就比较大（接近 1），反之就比较小（接近 0）。这被称为高斯核函数。从 $K(\boldsymbol{x},\boldsymbol{z}) = (\boldsymbol{x}^T\boldsymbol{z}+1)^2$ 也可以看出，$K(\boldsymbol{x},\boldsymbol{z})$ 的值是大于 0 的。另外，核函数也要关于 y 轴对称。

2. 松弛变量与软间隔最大化

另外一个问题是松弛变量的问题。我们之前一直谈论的分类是基于数据都比较优雅且易于区分的。但是如果是下面的情况呢？

图 7-31 中的左图是理想的数据集，在右图中会发现有一个点比较偏离正常值。它也许是一个噪点，也许是人工标记的时候标错了。但在使用 SVM 分类时，却会因为这个点的存在而导致分类超平面是那条实线，一般情况下，我们都知道虚线分类超平面是比较合理的。我们应该怎么做呢？

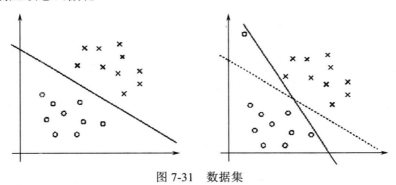

图 7-31　数据集

为了处理这种情况，我们允许数据点在一定程度上偏离超平面，所以我们重新罗列优化问题：

$$\min_{\gamma,\boldsymbol{w},b} \frac{1}{2}\|\boldsymbol{w}\|^2 + C\sum_{i=1}^{m}\xi_i$$
$$\text{s.t.} \begin{cases} y^{(i)}(\boldsymbol{w}^T\boldsymbol{x}^{(i)}+b) \geq 1, & i=1,2,\cdots,m \\ \xi_i \geq 0, & i=1,2,\cdots,m \end{cases}$$

这样就允许一些点的间距小于 1 了。并且如果有些点的间距为 $1-\xi_i$，就会给目标函数一些惩罚，即增加了 $C\xi_i$。新的拉格朗日函数为

$$L(\boldsymbol{w},b,\xi,\alpha,\gamma)=\frac{1}{2}\boldsymbol{w}^\mathrm{T}\boldsymbol{w}+C\sum_{i=1}^{m}\xi_i-\sum_{i=1}^{m}\alpha_i[y^{(i)}(\boldsymbol{x}^\mathrm{T}\boldsymbol{w}+b)-1+\xi_i]-\sum_{i=1}^{m}\gamma_i\xi_i$$

其中，α_i 与 γ_i 是拉格朗日乘子（都大于 0）。经过相同的推导，得到

$$\max_{\alpha}W(\alpha)=\sum_{i=1}^{m}\alpha_i-\frac{1}{2}\sum_{i,j=1}^{m}y^{(i)}y^{(j)}\alpha_i\alpha_j\left\langle x^{(i)},x^{(j)}\right\rangle$$

$$\text{s.t.}\begin{cases}0\leqslant\alpha_i\leqslant C,\quad i=1,2,\cdots,m\\ \sum_{i=1}^{m}\alpha_iy^{(i)}=0\end{cases}\quad(7\text{-}3)$$

所以加上松弛变量后，问题转换为如式（7-3）所示的形式。

7.7.5　支持向量机核函数的实现

下面我们通过代码，用图像来直观理解 SVM 与核函数。

```
import numpy as np
import matplotlib.pyplot as plt
from sklearn import svm
from sklearn.datasets import make_blobs
#先创建50个数据点，让它们分为两类
X, y = make_blobs(n_samples=50, centers=2, random_state=6)
#创建一个线性内核的支持向量机模型
clf = svm.SVC(kernel='linear', C=1000)
clf.fit(X, y)
#把数据点画出来
plt.scatter(X[:, 0], X[:, 1], c=y, s=30, cmap=plt.cm.Paired)
#建立图像坐标
ax = plt.gca()
xlim = ax.get_xlim()
ylim = ax.get_ylim()
#生成两个等差数列
xx = np.linspace(xlim[0], xlim[1], 30)
yy = np.linspace(ylim[0], ylim[1], 30)
YY, XX = np.meshgrid(yy, xx)
xy = np.vstack([XX.ravel(), YY.ravel()]).T
Z = clf.decision_function(xy).reshape(XX.shape)
#把分类的决策边界画出来
ax.contour(XX, YY, Z, colors='k', levels=[-1, 0, 1], alpha=0.5,linestyles=['-.', '-', '-.'])
ax.scatter(clf.support_vectors_[:, 0], clf.support_vectors_[:, 1], s=100,linewidth=1, facecolors='none')
plt.show()
```

运行程序，效果如图 7-32 所示。

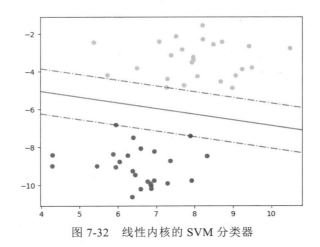

图 7-32 线性内核的 SVM 分类器

从图 7-32 中可看出，在分类器两侧分别有两条点虚线，那些正好压在点虚线上的数据点就是支持向量。而实例中的这种方法称为"最大边界间隔超平面"，指的是中间这条线（在高维数据中是一个超平面），其与所有支持向量之间的距离都是最大的。

如果把 SVM 的内核换成 RBF（径向基内核，Radial Basis Function Kernel），会得到怎样的结果呢？

```
#创建一个 RBF 内核的支持向量机模型
clf_rbf = svm.SVC(kernel='rbf', C=1000)
clf_rbf.fit(X, y)
#把数据点画出来\n",
plt.scatter(X[:, 0], X[:, 1], c=y, s=30, cmap=plt.cm.Paired)

#建立图像坐标
ax = plt.gca()
xlim = ax.get_xlim()
ylim = ax.get_ylim()
#生成两个等差数列
xx = np.linspace(xlim[0], xlim[1], 30)
yy = np.linspace(ylim[0], ylim[1], 30)
YY, XX = np.meshgrid(yy, xx)
xy = np.vstack([XX.ravel(), YY.ravel()]).T
Z = clf_rbf.decision_function(xy).reshape(XX.shape)
#把分类的决策边界画出来
ax.contour(XX, YY, Z, colors='k', levels=[-1, 0, 1], alpha=0.5,linestyles=['-.', '-', '-.'])
ax.scatter(clf_rbf.support_vectors_[:, 0], clf_rbf.support_vectors_[:, 1], s=100,linewidth=1, colors='none')
plt.show()
```

运行程序，效果如图 7-33 所示。

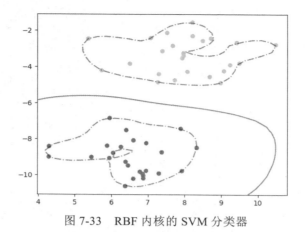

图 7-33 RBF 内核的 SVM 分类器

从图 7-33 中可以看到分类器的样子变得完全不一样了。

7.7.6 核函数与参数选择

在此需要特别指出的是，在线性模型中，linearSVM 算法是一种使用了线性内核的 SVM 算法。不过 linearSVM 算法不支持对核函数进行修改，因为它默认只能使用线性内核。下面通过绘图来让大家直观地体验不同内核的 SVM 算法在分类中的不同表现：

```
from sklearn.datasets import load_wine
from sklearn import svm
import matplotlib.pyplot as plt
import numpy as np
def make_meshgrid(x, y, h=.02):
    x_min, x_max = x.min() - 1, x.max() + 1
    y_min, y_max = y.min() - 1, y.max() + 1
    xx, yy = np.meshgrid(np.arange(x_min, x_max, h),np.arange(y_min, y_max, h))
    return xx, yy

def plot_contours(ax, clf, xx, yy, **params):
    Z = clf.predict(np.c_[xx.ravel(), yy.ravel()])
    Z = Z.reshape(xx.shape)
    out = ax.contourf(xx, yy, Z, **params)
    return out

plt.rcParams['axes.unicode_minus'] =False      #正常显示负号
plt.rcParams['font.sans-serif'] =['SimHei']    #显示中文标签

#使用酒的数据集
wine = load_wine()
```

```
#选取数据集的前两个特征
X = wine.data[:, :2]
y = wine.target

C = 1.0    #SVM 正则化参数\n",
models = (svm.SVC(kernel='linear', C=C),svm.LinearSVC(C=C),svm.SVC(kernel='rbf', gamma=0.7, C=C),svm.SVC(kernel='poly', degree=3, C=C))
models = (clf.fit(X, y) for clf in models)
titles = ('SVC 与线性内核','LinearSVC (线性内核)','SVC 与 RBF 内核','SVC 与多项式(深度为3)内核')

fig, sub = plt.subplots(2, 2)
plt.subplots_adjust(wspace=0.4, hspace=0.4)

X0, X1 = X[:, 0], X[:, 1]
xx, yy = make_meshgrid(X0, X1)

for clf, title, ax in zip(models, titles, sub.flatten()):
    plot_contours(ax, clf, xx, yy,cmap=plt.cm.plasma, alpha=0.8)
    ax.scatter(X0, X1, c=y, cmap=plt.cm.plasma, s=20, edgecolors='k')
    ax.set_xlim(xx.min(), xx.max())
    ax.set_ylim(yy.min(), yy.max())
    ax.set_xlabel('特征 0')
    ax.set_ylabel('特征 1')
    ax.set_xticks(())
    ax.set_yticks(())
    ax.set_title(title)
plt.show()
```

运行程序，效果如图 7-34 所示。

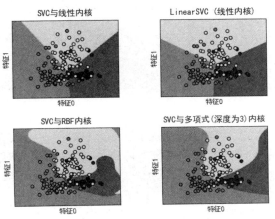

图 7-34　不同的 SVM 分类器对酒数据集进行的分类

从图 7-34 中可以看出，线性内核的 SVC 与 LinearSVC 得到的结果非常近似，但仍然有一点差别。其中一个原因是 LinearSVC 对 L2 范数进行了最小化，而线性内核的 SVC 是对 L1 范数进行最小化的。不管怎么样，LinearSVC 和线性内核的 SVC 生成的决策边界都是线性的，在更高维数据集中将会是相交的超平面。而 RBF 内核的 SVC 和多项式内核的 SVC 分类器的决策边界则完全不是线性的，它们更加具有弹性。决定了它们边界形状的是参数。在多项式内核的 SVC 中，起决定性作用的参数就是 degree（深度）和正则化参数 C，在实例中使用的 degree 为 3，即对原始数据集的特征进行乘 3 次方操作。而在 RBF 内核的 SVC 中，起决定作用的是正则化参数 C 和参数 gamma，下面将介绍一下 RBF 内核 SVC 的 gamma 参数调节。

通过下面的代码可以观察到不同 gamma 值对 RBF 内核的 SVC 分类器的影响：

```
C = 1.0   #SVM 正则化参数
models = (svm.SVC(kernel='rbf', gamma=0.1, C=C),svm.SVC(kernel='rbf', gamma=1, C=C),svm.SVC(kernel='rbf', gamma=10, C=C))
models = (clf.fit(X, y) for clf in models)
#设定图题
titles = ('gamma = 0.1','gamma = 1','gamma = 10')
#设置子图形个数和排列
fig, sub = plt.subplots(1, 3,figsize = (10,3))
X0, X1 = X[:, 0], X[:, 1]
xx, yy = make_meshgrid(X0, X1)
#使用定义好的函数进行绘图
for clf, title, ax in zip(models, titles, sub.flatten()):
    plot_contours(ax, clf, xx, yy,cmap=plt.cm.plasma, alpha=0.8)
    ax.scatter(X0, X1, c=y, cmap=plt.cm.plasma, s=20, edgecolors='k')
    ax.set_xlim(xx.min(), xx.max())
    ax.set_ylim(yy.min(), yy.max())
    ax.set_xlabel('特征 0')
    ax.set_ylabel('特征 1')
    ax.set_xticks(())
    ax.set_yticks(())
    ax.set_title(title)
#显示图像
plt.show()
```

运行程序，效果如图 7-35 所示。

由图 7-35 可以看出，自左到右 gamma 值从 0.1 增加到 10，gamma 值越小，RBF 内核的直径越大，这样就会有更多的点被模型圈进决策边界中，所以决策边界也就越平滑，这时的模型也就越简单；而随着参数的增加，模型更倾向于把每一个点放到相应的决策边界中，这时模型的复杂度也相应提高了。因此，gamma 值越小，模型越倾向于欠拟合；而 gamma 值越大，则模型越倾向于过拟合。

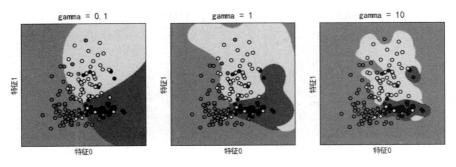

图 7-35 不同 gamma 值对应的 RBF 内核 SVC 分类器图

8 数据预处理

在工程实践中，获取的数据因为各种各样的原因，如数据有缺失值、数据有重复值，需要进行预处理。数据处理没有标准的流程，通常会因为任务的不同、数据集属性不同而有所不同。

导致缺失值产生的原因多种多样，主要分为客观原因和主观原因两种。客观原因是据存储失败、存储器损坏、机器故障等导致某段时间数据未能收集。主观原因是人的误、历史局限或有意隐藏造成数据缺失。

下面直接通过几种方法来进行预处理介绍。

1. StandarScalar()

下面先来生成一些数据，用来说明数据预处理的一些原理和方法。此处使用 ake_blobs 函数创建数据：

```
import numpy as np
import matplotlib.pyplot as plt
from sklearn.datasets import make_blobs
#使用 make_blobs 函数生成数据
X, y = make_blobs(n_samples=40, centers=2, random_state=50, cluster_std=2)
#绘制创建数据的散点图
plt.scatter(X[:,0], X[:,1], c=y, cmap=plt.cm.cool)
plt.show()
```

运行程序，效果如图 7-36 所示。

在使用 make_blobs 函数时，指定了样本数量 n_samples 为 40，分类 centers 为 2，随 状态 random_state 为 50，标准差 cluster_std 为 2。从图 7-36 中可以看出，数据集中 本有 2 个特征，分别对应 x 轴和 y 轴，特征 1 的数值大约在-8 到 7 之间，而特征 2 的 值大约在-10 到 0 之间。

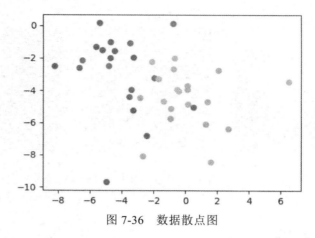

图 7-36　数据散点图

下面利用 preprocessing（StandardScaler 函数）模块对生成的数据集进行预处理操作。

```
#导入 StandardScaler 函数
from sklearn.preprocessing import StandardScaler
#使用 StandardScaler 函数进行预处理
X_1 = StandardScaler().fit_transform(X)
#用散点图绘制经过预处理的数据点
plt.scatter(X_1[:,0], X_1[:,1], c=y, cmap=plt.cm.cool)
plt.show()
```

运行程序，效果如图 7-37 所示。

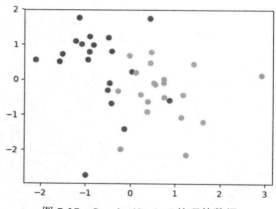

图 7-37　StandardScaler()处理的数据

对比图 7-36 及图 7-37，可能会发现数据点的分布情况没有变化，但图像的 x 轴和 y 轴发生了变化。现在数据所有特征 1 的数值都在-2 到 3 之间，而特征 2 的数值都在-3 到 2 之间。这是因为：StandardScaler()的原理是，将所有数据的特征值转换为均值为 0、方差为 1 的状态，这样可以确保数据的"大小"都是一致的，有利于模型的训练。

2. MinMaxScaler()

除 StandardScaler()外,还有其他一些不同的方法,如 MinMaxScaler():

```
#导入 MinMaxScaler 函数
from sklearn.preprocessing import MinMaxScaler
#使用 MinMaxScaler 函数进行预处理
X_2 = MinMaxScaler().fit_transform(X)
#用散点图绘制经过预处理的数据点
plt.scatter(X_2[:,0], X_2[:,1], c=y, cmap=plt.cm.cool)
plt.show()
```

运行程序,效果如图 7-38 所示。

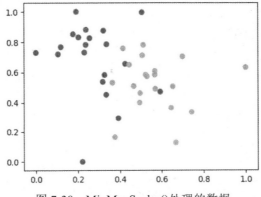

图 7-38　MinMaxScaler()处理的数据

对比图 7-36~图 7-38,可以看到这次所有数据的两个特征值都被转换到 0 到 1 之间。于使用 make_blobs 函数生成的二维数据集,也可以想象成通过 MinMaxScalar()把所有的据压进了一个长和宽都是 1 的方格子当中,这样会让模型训练的速度更快且准确率也提高。

3. RobustScaler()

还有一种数据转换的方法,和 StandardScaler()比较近似,但是它并不是用均值和方来进行转换的,而是使用中位数和四分位数。它的作用是直接把一些异常值剔除出去,面来看看它的用法:

```
#导入 MinMaxScaler 函数
from sklearn.preprocessing import RobustScaler
#使用 RobustScaler 函数进行预处理
X_3 = RobustScaler().fit_transform(X)
#用散点图绘制经过预处理的数据点
plt.scatter(X_3[:,0], X_3[:,1], c=y, cmap=plt.cm.cool)
plt.show()
```

运行程序,效果如图 7-39 所示。

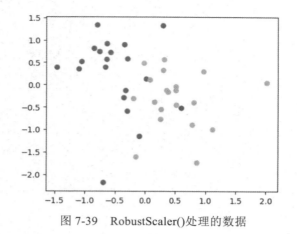

图 7-39　RobustScaler()处理的数据

从图 7-39 中可以看出，RobustScaler()将数据的特征 1 控制在-1.5～2，而特征 2 控制在-2～1.5。和 StandarScaler()非常类似，但因为其原理不同，所以得到的结果也有所不同。

4．Normalizer()

下面再来看一个比较特殊的方法，即利用 Normalizer 函数，这种方法将所有样本的特征向量的欧几里得距离转化为 1。也就是说，它把数据的分布变成一个半径为 1 的圆，或者变成一个球。Normalizer()通常在我们只想保留数据特征向量的方向而忽略其数值时使用。下面的代码通过图像来展示 Normalizer()的工作方式：

```
#导入 Normalizer 函数
from sklearn.preprocessing import Normalizer
#使用 Normalizer 函数进行预处理
X_4 = Normalizer().fit_transform(X)
#用散点图绘制经过预处理的数据点
plt.scatter(X_4[:,0], X_4[:,1], c=y, cmap=plt.cm.cool)
plt.show()
```

运行程序，效果如图 7-40 所示。

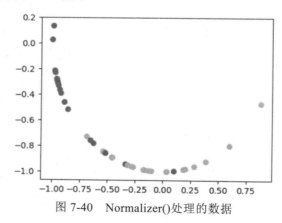

图 7-40　Normalizer()处理的数据

由图 7-40 可知，Normalizer()是把原始数据改变得最彻底。除此之外，还有 MaxAbsScaler()、QuantileTransformer()、Binarizer()等数据预处理方法，在此不再做介绍。

5. 提高模型准确率

前面介绍了几种数据预处理的方法，目的是提高模型的准确率。那么效果怎么样呢？下面通过一个例子来演示结果。

```python
#导入红酒数据
from sklearn.datasets import load_wine
#导入 MLP 神经网络
from sklearn.neural_network import MLPClassifier
from sklearn.model_selection import train_test_split
wine = load_wine()
#建立训练集和测试集
X_train, X_test, y_train, y_test = train_test_split(wine.data, wine.target,random_state=62)
#打印数据形态
print(X_train.shape, X_test.shape)
```

运行程序，输出如下：

```
(133, 13) (45, 13)
```

由结果可看出，我们已经成功地将数据集拆分为训练集和测试集，训练集的样本数量为 133 个，测试集的样本数量为 45 个。

用训练数据集来训练一个 MLP 神经网络，查看神经网络在测试集中的得分：

```python
#设定 MLP 神经网络参数
mlp = MLPClassifier(hidden_layer_sizes=[100,100],max_iter=400,random_state=62)
#使用 MLP 拟合数据
mlp.fit(X_train, y_train)
print('模型得分: {:.2f}'.format(mlp.score(X_test, y_test)))
```

代码中，设定 MLP 的隐藏层为 2 个，每层有 100 个节点，最大迭代次数为 400，并指定了 random_state 的值为 62，这是为了在重复使用该模型的时候，其训练的结果都是一致的。运行程序，输出如下：

```
模型得分: 0.24
```

由结果可看出，其得分太低了，只有 0.24，令人十分不满意。下面尝试对数据集进行一些预处理操作：

```python
#导入 MinMaxScaler 函数
from sklearn.preprocessing import MinMaxScaler
#使用 MinMaxScaler 进行数据预处理
scaler = MinMaxScaler()
scaler.fit(X_train)
X_train_pp = scaler.transform(X_train)
X_test_pp = scaler.transform(X_test)
```

```
#重新训练模型
mlp.fit(X_train_pp, y_train)
print('数据预处理后的模型得分:{:.2f}'.format(mlp.score(X_test_pp,y_test)))
```

运行程序，输出如下：

数据预处理后的模型得分:1.00

由结果可看出，模型得分令人十分满意。经过预处理后，大大提升了神经网络的准确率，由未经过处理的 0.24 分，直接提升到 1.00 分。进一步说明了在经过数据预处理后 MLP 神经网络在测试数据集中进行了完善的分类。

注意：在以上代码中，先用 MinMaxScaler 函数拟合了原始的训练数据集，再用它去转换原始的训练数据集和测试数据集。千万不要用它先拟合原始的测试数据集，再去转换测试数据集，这样就失去了数据转换的意义了。

7.9 数据降维

降维是一种对高维特征数据预处理的方法。降维是将高维数据保留下最重要的一些特征，去除噪声和不重要的特征，从而实现提升数据处理速度的目的。在实际的生产和应用中，降维在一定的信息损失范围内，可以为我们节省大量的时间和成本。降维也成为应用非常广泛的数据预处理方法。

降维具有如下一些优点：
（1）使数据集更易使用。
（2）降低算法的计算开销。
（3）去除噪声。
（4）使结果容易理解。

降维的算法有很多，如奇异值分解（SVD）、主成分分析（PCA）、因子分析（FA）、独立成分分析（ICA）。本节主要介绍 PCA。

1．PCA 原理

主成分分析是一种矩阵的压缩算法，在减少矩阵维度的同时尽可能保留原矩阵的信息，简单来说就是将 $n \times m$ 的矩阵转换成 $n \times k$ 的矩阵，仅保留矩阵中所存在的主要特性，从而可以大大节省空间和数据量。

主成分分析的基本思想是设法将原来众多的、具有一定相关性的指标 $X_1, X_2, \cdots, X_p$（如 p 个指标），重新组合成一组较少个数的、互不相关的综合指标 F_m 来代替原来指标，那么综合指标应该怎样去提取呢？

设 F_1 表示原变量的第一个线性组合所形成的主成分指标，即 $F_1 = a_{11}X_1 + a_{21}X_2 + a_{p1}X_p$，由数学知识可知，每一个主成分所提取的信息量可用其方差来度量，其方差 $Var(F_1)$ 越大，表示 F_1 包含的信息越多。通常希望第一主成分 F_1 所包含的信息量最大，因此在所有的线生组合中选取的 F_1 应该是 $X_1, X_2, \cdots, X_p$ 的所有线性组合中方差最大的，因此称 F_1 为第一主或分。如果第一主成分不足以代表原来 p 个指标的信息，再考虑选取第二个主成分指标 F_2，为有效地反映原信息，F_1 已有的信息就不需要再出现在 F_2 中了，即 F_2 与 F_1 要保持独立、不相关，用数学语言表达就是其协方差 $\text{Cov}(F_1, F_2) = 0$，所以 F_2 是 F_1 不相关的 $X_1, X_2, \cdots, X_p$ 所有线性组合中方差最大的，因此称 F_2 为第二主成分，以此类推构造出的 $F_1, F_2, \cdots, F_m$ 为原变量指标 $X_1, X_2, \cdots, X_p$ 的第 $1, 2, \cdots, m$ 个主成分，即

$$\begin{cases} F_1 = a_{11}X_1 + a_{12}X_2 + a_{1p}X_p \\ F_2 = a_{21}X_1 + a_{22}X_2 + a_{2p}X_p \\ \cdots \\ F_m = a_{m1}X_1 + a_{m2}X_2 + a_{mp}X_p \end{cases}$$

2. PCA 算法

PAC 的算法分析如下：

输入样本集 $D = \{\boldsymbol{x}_1, \boldsymbol{x}_2, \cdots, \boldsymbol{x}_N\}$；低维空间维度 d，即输出投影矩阵 $\boldsymbol{W} = \{\boldsymbol{w}_1, \boldsymbol{w}_2, \cdots, \boldsymbol{w}_d\}$。

其实现步骤为：

- 对所有样本进行中心化操作：

$$\boldsymbol{x}_i \leftarrow \boldsymbol{x}_i - \frac{1}{N}\sum_{j=1}^{N} \boldsymbol{x}_j$$

- 计算样本的协方差矩阵 $\boldsymbol{XX}^\text{T}$；
- 对协方差矩阵 $\boldsymbol{XX}^\text{T}$ 做特征值分解；
- 取最大的 d 个特征值对应的特征向量 $\boldsymbol{w}_1, \boldsymbol{w}_2, \cdots, \boldsymbol{w}_d$，构造投影矩阵 $\boldsymbol{W} = \{\boldsymbol{w}_1, \boldsymbol{w}_2, \cdots, \boldsymbol{w}_d\}$。

通常低维空间维度 d 的选取有两种方法：

- 通过交叉验证法选取较好的 d（降维后的学习器的性能比较好）。
- 从算法原理的角度设置一个阈值，比如 $t = 95\%$，然后选取使下式成立的最小 d 值：

$$\frac{\sum_{i=1}^{d}\lambda_i}{\sum_{i=1}^{n}\lambda_i} \geq t$$

其中，λ_i 按从大到小的顺序排列。

3. PCA 的可视化

下面还是以酒的数据集为例，对数据降维以便进行可视化：

```
#导入数据预处理工具
from sklearn.preprocessing import StandardScaler
#导入红酒数据集
from sklearn.datasets import load_wine
wine = load_wine()
#对红酒数据集进行预处理
scaler = StandardScaler()
```

```
X = wine.data
y = wine.target
X_scaled = scaler.fit_transform(X)
print (X_scaled.shape)
```

运行程序，输出如下：

```
(178, 13)
```

得到的数据为：样本数量为 178 个，特征数量依然是 13 个。下面用代码实现 PCA 模块对数据的处理：

```
from sklearn.decomposition import PCA
#设置主成分数量为2，以便进行可视化
pca = PCA(n_components=2)
pca.fit(X_scaled)
#PCA 为无监督学习，此处只对 X_scaled 进行拟合
X_pca = pca.transform(X_scaled)
#打印主成分提取后的数据形态
print(X_pca.shape)
```

运行程序，输出如下：

```
(178, 2)
```

从结果中可以看出，数据集的样本数量仍然是 178 个，但特征数量只剩下 2 个了。下面通过散点图了解经过 PCA 降维的数据的可视化情况：

```
import matplotlib.pyplot as plt
plt.rcParams['axes.unicode_minus'] =False   #正常显示负号
plt.rcParams['font.sans-serif'] =['SimHei']   #显示中文标签

#将三个分类中的主成分提取出来
X0 = X_pca[wine.target==0]
X1 = X_pca[wine.target==1]
X2 = X_pca[wine.target==2]
#绘制散点图
plt.scatter(X0[:,0],X0[:,1],c='b',s=60,edgecolor='k')
plt.scatter(X1[:,0],X1[:,1],c='g',s=60,edgecolor='k')
plt.scatter(X2[:,0],X2[:,1],c='r',s=60,edgecolor='k')

plt.legend(wine.target_names, loc='best')
plt.xlabel('成分 1')
plt.ylabel('分成 2')
plt.show()
```

运行程序，效果如图 7-41 所示。

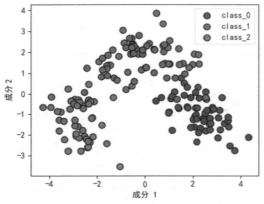

图 7-41 经过 PCA 降维的酒数据集

在介绍 PCA 降维之前,为了进行酒数据集的可视化,只能取酒数据集的前两个特征,而去掉了其余 11 个特征,这是不科学的。现在使用 PCA 将数据集的特征向量降至二维,从而轻松进行了可视化处理,同时又不会丢失太多的信息。

但有的人会问,原来的 13 个特征和经过 PCA 降维后的两个主成分是怎样的关系呢?从数学角度讲,它们应用了内积和投影。此处直接通过图形的方式来说明这个问题,实现代码如下:

```
#使用主成分绘制热度图
plt.matshow(pca.components_, cmap='plasma')
#纵轴为主成分数
plt.yticks([0,1],['component 1','component 2'])
plt.colorbar()
#横轴为原始特征数量
plt.xticks(range(len(wine.feature_names)),wine.feature_names,rotation=60,ha='left')
plt.show()
```

运行程序,效果如图 7-42 所示。

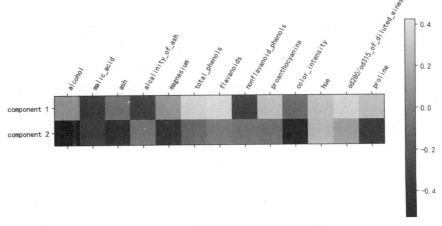

图 7-42 主成分成各特征之间的关系

在图 7-42 中，颜色由深至浅代表一个-0.5～0.4 的数值。而在两个主成分中，分别涉及了所有的 13 个特征。如果某个特征对应的数字是正数，则说明它和主成分之间是正相关的关系，如果是负数则相反。

7.10 智能推荐系统

随着互联网上的数字信息越来越多，用户如何有效地找到自己想要的内容成为一个新的挑战。推荐系统（Recommender System）是一个用于处理数字数据过载问题的信息过滤系统，它能够根据用户之前的活动推断出偏好、兴趣和行为等信息并快速地找出适合用户的内容。

7.10.1 推荐问题的描述

推荐系统的核心问题是为用户推荐与其兴趣相似度比较高的商品。此时，需要一个函数 $f(x)$，函数 $f(x)$ 可以计算候选商品与用户之间的相似度，并向用户推荐相似度较高的商品。为了能够预测出函数 $f(x)$，可以利用到的历史数据主要有：用户的历史行为数据、与该用户相关的其他用户信息、商品之间的相似性、文本的描述等。

假设集合 C 表示所有的用户，集合 S 表示所有需要推荐的商品。函数 f 表示商品 x 到用户 c 之间有效性的效用函数。例如

$$f: C \times S \to R$$

其中，R 是一个全体排序集合。对于每一个用户 $c \in C$，希望从商品的集合中选择出商品，即 $s \in S$，以使应用函数 f 的值最大。

推荐问题的算法有很多，本节主要介绍协同过滤算法。

7.10.2 协同过滤算法

基于协同过滤的推荐算法理论上可以推荐世界上的任何一种东西，如图片、音乐、视频等。协同过滤算法主要是通过对未评分项进行评分预测来实现的。不同的协同过滤算法之间也有很大的不同。

基于用户的协同过滤算法基于一个这样的假设："跟你喜好相似的人喜欢的东西你也很有可能喜欢。"所以基于用户的协同过滤的主要任务就是找出用户的最近邻居，从而根据最近邻居的喜好做出未知项的评分预测。这种算法主要分为 3 个步骤：

（1）用户评分。可以分为显性评分和隐形评分两种。显性评分就是直接给项目评分（如百度的用户评分），隐形评分就是通过评价或购买行为给项目评分。

（2）寻找最近邻居。这一步就是寻找与你距离最近的用户，测算距离一般采用以下种算法：皮尔森相关系数、余弦相似性、调整余弦相似性。调整余弦相似性算法似乎效果会好一些。

（3）推荐。产生了最近邻居集合后，就根据这个集合对未知项进行评分预测。把评分最高的 N 项推荐给用户。这种算法存在性能上的瓶颈，当用户数越来越多的时候，寻找最近邻居的复杂度也会大幅度的增长。

为了能够为用户推荐与其品味相似的项，通常有两种方法：

（1）通过相似用户进行推荐。通过比较用户之间的相似性推荐，越相似表明两者之间的品味越相近，这样的方法被称为基于用户的协同过滤算法（User-based Collaborative Filtering）。

（2）通过相似项进行推荐。通过比较项之间的相似性推荐，为用户推荐与其打过分的项相似的项，这被称为基于项的协同过滤算法（Item-based Collaborative Filtering）。

在基于用户的协同过滤算法中，利用用户访问行为的相似性向目标用户推荐其可能感兴趣的项，如图 7-43 所示。

在图 7-43 中，假设用户分别为 u_1、u_2 和 u_3，其中，用户 u_1 互动过的商品有 i_1 和 i_3，用户 u_2 互动过的商品为 i_2，用户 u_3 互动过的商品有 i_1、i_3 和 i_4。通过计算，用户 u_1 和用户 u_3 较为相似，对于用户 u_1 来说，用户 u_3 互动过的商品 i_4 是用户 u_1 未互动过的，因此会为用户 u_1 推荐商品 i_4。

在基于项的协同过滤算法中，根据所有用户对物品的评价，发现物品和物品之间的相似性，然后根据用户的历史偏好将类似的物品推荐给该用户，如图 7-44 所示。

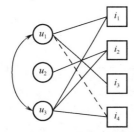
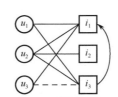

图 7-43　基于用户的协同过滤算法　　图 7-44　基于项的协同过滤算法

在图 7-44 中，假设用户分别为 u_1、u_2 和 u_3，其中，用户 u_1 互动过的商品有 i_1 和 i_3，用户 u_2 互动过的商品是有 i_1、i_2 和 i_3，用户 u_3 互动过的商品有 i_1。通过计算，商品 i_1 和商品 i_3 较为相似，对于用户 u_3 来说，用户 u_1 互动过的商品 i_3 是用户 u_3 未互动过的，因此会为用户 u_3 推荐商品 i_3。

7.10.3　协同过滤算法的实现

基于物品的协同过滤算法（简称 ItemCF）为用户推荐那些和他们之前喜欢的物品相似的物品。不过 ItemCF 不是利用物品的内容计算物品之间的相似度的，而是利用用户的行为记录的。

该算法认为，物品 A 和物品 B 具有很大的相似度是因为喜欢物品 A 的用户大都也喜欢物品 B。这里有一个假设，就是每个用户的兴趣都局限在某几个方面，因此如果两个物品属于同一个用户的兴趣列表中，那么这两个物品可能就属于有限的几个领域。而如果两个物品同时出现在很多用户的兴趣列表中,那么它们可能就属于同一领域,因而具有很大的相似度。

下面举一个例子说明(只考虑用户有历史购买行为的物品)。

用户 A 购买物品 a、b、d,用户 B 购买物品 b、c、e,用户 C 购买物品 c、d,用户 D 购买物品 b、c、d,用户 E 购买物品 a、d,如表 7-6 所列。

表 7-6 用户与物品关系

用　户	物　品
A	a、b、d
B	b、c、e
C	c、d
D	b、c、d
E	a、d

数据集格式为(用户,兴趣程度 r_{ui} =1,物品),每行记录都是唯一的,兴趣评分由 r_{ui} 决定。

uid_score_bid= ['A,1,a','A,1,b','A,1,d','B,1,b','B,1,c','B,1,e','C,1,c','C,1,d','D,1,b','D,1,c','D,1,d','E,1,a','E,1,d']

Python 代码为:

```python
import math
uid_score_bid = ['A,1,a','A,1,b','A,1,d','B,1,b','B,1,c','B,1,e','C,1,c','C,1,d','D,1,b','D,1,c','D,1,d','E,1,a','E,1,d']
class ItemBasedCF:
    def __init__(self,train_file):
        self.train_file = train_file
        self.readData()
    def readData(self):
        #读取文件,并生成数据集(用户,兴趣程度,物品)
        self.train = dict()
        for line in self.train_file:
            user,score,item = line.strip().split(",")
            self.train.setdefault(user,{})
            self.train[user][item] = int(float(score))
        print(self.train) #输出数据集

    def ItemSimilarity(self):
        C = dict()    #物品-物品的共现矩阵
        N = dict()    #物品被多少个不同用户购买
        for user,items in self.train.items():
            for i in items.keys():
```

```python
                N.setdefault(i,0)
                N[i] += 1    #物品 i 出现 1 次就计数加 1
                C.setdefault(i,{})
                for j in items.keys():
                    if i == j : continue
                    C[i].setdefault(j,0)
                    C[i][j] += 1   #物品 i 和 j 共现 1 次就计数加 1
        print ('N:',N)
        print ('C:',C)

        #计算相似度矩阵
        self.W = dict()
        for i,related_items in C.items():
            self.W.setdefault(i,{})
            for j,cij in related_items.items():
                #按上述物品相似度公式计算相似度
                self.W[i][j] = cij / (math.sqrt(N[i] * N[j]))
        for k,v in self.W.items():
            print (k+':'+str(v))
        return self.W
    #给用户 user 推荐前 N 个最感兴趣的物品
    def Recommend(self,user,K=3,N=10):
        rank = dict() #记录 user 的推荐物品（没有历史行为的物品）和兴趣程度
        action_item = self.train[user]    #用户 user 购买的物品和兴趣评分 r_ui
        for item,score in action_item.items():
            #使用与物品 item 最相似的 K 个物品进行计算
            for j,wj in sorted(self.W[item].items(),key=lambda x:x[1],reverse=True)[0:K]:
                if j in action_item.keys():   #如果物品 j 已经购买过，则不进行推荐
                    continue
                rank.setdefault(j,0)
                #如果物品 j 没有购买过，则累计物品 j 与 item 的相似度乘以兴趣评分，作为 user 对物品 j 的兴趣程度
                rank[j] += score * wj
        return dict(sorted(rank.items(),key=lambda x:x[1],reverse=True)[0:N])
#声明一个 ItemBased 推荐的对象
Item = ItemBasedCF(uid_score_bid)
Item.ItemSimilarity()
recommedDic = Item.Recommend("A")   #计算给用户 A 的推荐列表
for k,v in recommedDic.items():
    print (k,"\t",v )
```

运行程序，输出结果：

数据集 self.train

{'A': {'a': 1, 'b': 1, 'd': 1}, 'B': {'b': 1, 'c': 1, 'e': 1}, 'C': {'c': 1, 'd': 1}, 'D': {'b': 1, 'c': 1, 'd': 1}, 'E': {'a': 1, 'd': 1}}

物品被多少个不同用户购买：

N: {'a': 2, 'b': 3, 'd': 4, 'c': 3, 'e': 1}

物品-物品的共现矩阵：

C: {'a': {'b': 1, 'd': 2}, 'b': {'a': 1, 'd': 2, 'c': 2, 'e': 1}, 'd': {'a': 2, 'b': 2, 'c': 2}, 'c': {'b': 2, 'e': 1, '

物品相似矩阵：

a:{'b': 0.4082482904638631, 'd': 0.7071067811865475}

b:{'a': 0.4082482904638631, 'd': 0.5773502691896258, 'c': 0.6666666666666666, 'e': 0.5773502691896258}

d:{'a': 0.7071067811865475, 'b': 0.5773502691896258, 'c': 0.5773502691896258}

c:{'b': 0.6666666666666666, 'e': 0.5773502691896258, 'd': 0.5773502691896258}

e:{'b': 0.5773502691896258, 'c': 0.5773502691896258}

用户 A 的推荐列表：

c   1.2440169358562925

e   0.5773502691896258

第 8 章 智能模型分析

在第 7 章已对人工智能知识中的机器学习内容进行了相关介绍,本章主要对智能数据表达、数据升维、模型评估等进行介绍。

8.1 数据表达

1. 哑变量

下面我们先来了解哑变量(Dummy Variables)。哑变量被称为虚拟变量,是一种在统计学和经济学领域非常广泛应用的,用来把某些类型变量转换为二值变量的方法。其在回归分析中的使用尤其广泛。下面我们用一个例子来展示 get_dummies 函数的使用方法。

```
#导入 pandas
import pandas as pd
#输入一个数据表
flows=pd.DataFrame({'数值特征':[2,4,6,8,9],'类型特征':['百合','牡丹','玫瑰','兰花','蔷薇']})
#显示 flows 数据表
print(flows)
```

运行程序,生成花数据集效果如图 8-1 所示。

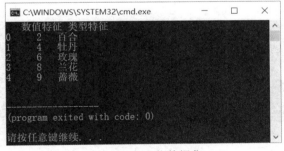

图 8-1 生成花数据集

图 8-1 就是使用 pandas 的 DataFrame 函数生成的一个完整数据集的效果,其中包括整型数值特征[2,4,6,8,9],还包括字符串组成的类型特征百合、牡丹、玫瑰、兰花、蔷薇。

下面使用 get_dummies 函数来将类型特征转换为只有 0 和 1 的二值数值特征,代码如下:

```
#转换数据表中的字符串为数值
flows_dum = pd.get_dummies(flows)
#显示转换后的数据表
print(flows_dum)
```

由图 8-2 可以看出，通过 get_dummies 函数的转换，前面的字符串类型变量全部变成了 0 和 1 的数值变量，或者说，变成了一个稀疏矩阵。细心的读者可能会发现，数值特征并没有发生变化，这也正是 get_dummies 函数的机智过人之处，它在默认情况下是不会对数值特征进行转换的。

图 8-2　经过 get_dummies 函数转化的花数据集

如果我们希望把数值特征也进行 get_dummies 转换，那么可以先将数值特征转换为字符串，然后通过 get_dummies 函数中的 columns 参数来转换，如：

```
#将数值也看作字符串
flows['数值特征'] = flows['数值特征'].astype(str)
#再用 get_dummies 函数转换字符串
pd.get_dummies(flows, columns=['数值特征'])
```

在代码中，先用 astype(str) 指定了"数值特征"这一列是字符串类型的数据，然后在 get_dummies 函数中指定 columns 参数为"数值特征"这一列，这样 get_dummies 函数就会只转换数值特征了。运行程序，效果如图 8-3 所示。

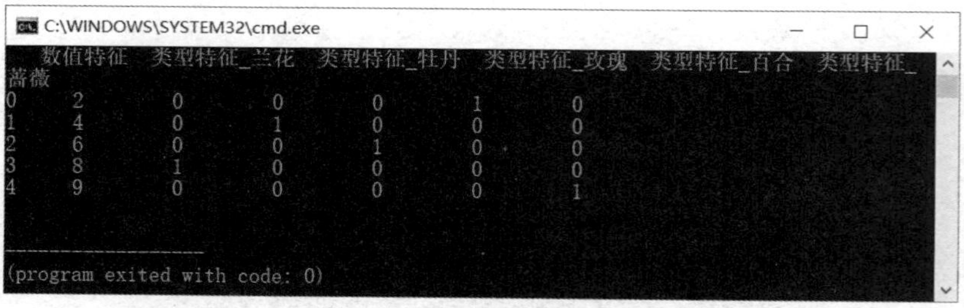

图 8-3　指定 get_dummies 函数转换数值特征的结果

注意：其实，就算我们不用 flows['数值特征'] = flows['数值特征'].astype(str)这行代码把数值转换为字符串类型，仍然会得到同样的结果。但是在大规模数据集中，还是建议先进行转换字符串的操作，以避免产生不可预料的错误。

2．数据装箱处理

在机器学习中，不同的算法建立的模型会有很大的差别。即使是在同一个数据集中，这种差别也会存在。这是由于算法工作原理不同所造成的，如 KNN 和 MLP 算法。采用下面代码直接生成数据，然后直观感受在相同数据下不同算法的差异。

```python
#导入 numpy
import numpy as np
#导入绘图工具
import matplotlib.pyplot as plt
#生成随机数列
rnd = np.random.RandomState(38)
x = rnd.uniform(-6,6,size=50)
#向数据中添加噪声
y_no_noise = (np.cos(6*x)+x)
X = x.reshape(-1,1)
y = (y_no_noise + rnd.normal(size=len(x)))/2
plt.plot(X,y,'o',c='b')   #绘图
plt.show()   #显示图形
```

运行程序，效果如图 8-4 所示。

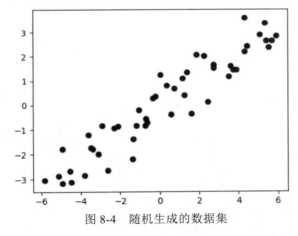

图 8-4　随机生成的数据集

下面代码分别用 MLP 算法和 kNN 算法对这个数据集进行回归分析：

```python
#导入神经网络
from sklearn.neural_network import MLPRegressor
#导入 kNN
from sklearn.neighbors import KNeighborsRegressor
#生成一个等差数列
line = np.linspace(-6,6,1000,endpoint=False).reshape(-1,1)
#分别用两种算法拟合数据
mlpr = MLPRegressor().fit(X,y)
knr = KNeighborsRegressor().fit(X,y)
#绘图
plt.plot(line, mlpr.predict(line),'-.',label='MLP')
```

```
plt.plot(line, knr.predict(line),label='KNN')
plt.plot(X,y,'o',c='b')
plt.legend(loc='best')
plt.show()
```

代码保持 MLP 和 kNN 算法中的参数都为默认值,即 MLP 有 1 个隐藏层,节点数为 100,而 kNN 的 n_neighbors 数量为 5。运行程序,效果如图 8-5 所示。

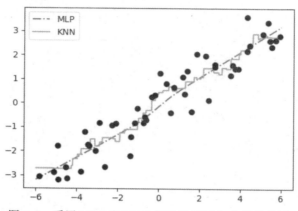

图 8-5　采用 MLP 和 KNN 算法进行回归分析的差异

由图 8-5 可看出,MLP 算法产生的回归线非常接近线性模型的结果,而 KNN 算法则相对复杂一些,它试图覆盖更多的数据点。即使用肉眼观察,也能发现这两种算法进行的回归分析有显明的差别。

那么在现实生活中,应该采用哪个算法的预测结果呢?下面通过对数据进行"装箱处理"(Binning)解决这个问题,这种处理方法也称为"离散化处理"(Discretization)。

```
#设置箱体数为 11
bins=np.linspace(6,6,11)
#将数据进行装箱操作
target_bin = np.digitize(X, bins=bins)
#打印装箱数据范围
print('装箱数据范围:\n{}'.format(bins))
#打印前十个数据点的特征值
print('前十个数据点的特征值:\n{}'.format(X[:10]))
#找到它们所在的箱子
print('前十个数据点所在的箱子:\n{}'.format(target_bin[:10]))
```

代码中的这个实验数据集,是在-6 到 6 之间随机生成 50 个数据点,因此我们在生成"箱子"的时候,也指定范围,从-6 到 6,生成 11 个元素的等差数列,这样每两个数值之间就形成了一个箱子,一共 10 个。运行程序,效果如图 8-6 所示。

由图 8-6 可看出,第一个箱子的数据范围是-6～-4.8,第二个箱子的数据范围是-4.8～-3.6,以此类推。第 1 个数据点-1.38272257 所在的箱子是第 4 个,第 2 个数据点 4.31649416 所在的箱子是第 9 个,而第 3 个数据点 5.33039563 所在的箱子是第 10 个,以此类推。

图 8-6　数据装箱情况

接下来的代码就是要用新的方法来表已经装箱的数据，所要用到的方法就是 Scikit-learn 的独热编码 OneHotEncoder。OneHotEncoder 和 pandas 的 get_dummies 的功能基本是一样的，但是 OneHotEncoder 目前只能用于整型数值的类型变量。

```
#导入独热编码
from sklearn.preprocessing import OneHotEncoder
onehot = OneHotEncoder(sparse = False)
onehot.fit(target_bin)
#使用独热编码转换数据
X_in_bin = onehot.transform(target_bin)
#打印信息
print('装箱后的数据形态：{}'.format(X_in_bin.shape))
print('\n 装箱后的前十个数据点：\n{}'.format(X_in_bin[:10]))
```

运行程序，效果如图 8-7 所示。

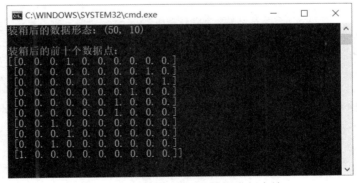

图 8-7　使用独热编码对数据进行表达

从结果可看出，虽然数据集中样本的数量仍然是 50 个，但特征数变成了 10 个。这是因为生成的箱子是 10 个，而新的数据点的特征是用其所在箱子号码来表示的。例如，第 1 个数据点在第 4 个箱子中，则其特征列表中第 4 个数字是 1，其他数字是 0，以此类推。

这就相当于把原先数据集中的连续特征转化成了类别特征。下面的代码用 MLP 和 kNN 算法重新进行了回归分析，观察结果的变化。

```
#使用独热编码进行数据表达
new_line = onehot.transform(np.digitize(line,bins=bins))
#使用新的数据来训练模型
new_mlpr = MLPRegressor().fit(X_in_bin, y)
new_knr = KNeighborsRegressor().fit(X_in_bin,y)
#绘图
plt.plot(line, new_mlpr.predict(new_line),'-.',label='New MLP')
plt.plot(line, new_knr.predict(new_line),label='New KNN')
plt.plot(X,y,'o',c='b')
#设置图注
plt.legend(loc='best')
plt.show()
```

代码中，对需要预测的数据也要进行相同的装箱操作，这样才能得到正确的预测结果。运行程序，效果如图 8-8 所示。

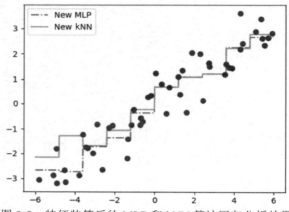

图 8-8 特征装箱后的 MLP 和 kNN 算法回归分析效果

由图 8-8 可看出，MLP 算法模型和 kNN 算法模型变得更相似了，尤其在大于 0 的部分，两个模型几乎完全重合。如果和图 8-5 对比，则我们会发现 MLP 算法的回归模型变得更复杂，而 kNN 算法的模型变得更简单。所以这是对样本特征进行装箱的一个好处：它可以纠正模型过拟合和欠拟合的问题。尤其是针对大规模、高维度的数据集使用线性模型时，装箱处理可大幅提高线性模型的预测准确率。

8.2 数据升维

在第 7 章中我们学习了利用 PCA 把高维数据降维，本节将学习如何把低维数据进行升维处理。

在实际应用中,经常会遇到数据集的特征不足的情况。碰到这个问题,就需要对数据集的特征进行扩充。在此介绍两种在统计建模中常用的方法——添加交互式特征(Interaction Features)和添加多项式特征(Polynomial Features)。这两种方法目前在机器学习领域的应用非常广泛。

1. 添加交互式特征

下面先来介绍"交互式特征",交互式特征是在原始数据特征中添加交互项,使特征数量增加。在 Python 中,可以通过 NumPy 的 hstack 函数来对数据添加交互项。通过下面的代码来了解 hstack 函数的原理。

```python
import numpy as np
#生成两个数组
array_1 = [1,3,5,6,9]
array_2 = [4,8,6,9,0]
#使用 hstack 将两个数组进行堆叠
array_3 = np.hstack((array_1, array_2))
print('将数组 2 添加到数据 1 中后得到:{}'.format(array_3))
```

在代码中,先建立了一个数组 array_1,并赋值为数列[1,3,5,6,9],然后又建立了另一个数组 array_2,赋值为数列[4,8,6,9,0],之后使用 np.hstack 函数将两个数组堆叠在一起。运行程序,效果如图 8-9 所示。

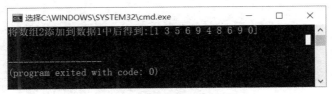

图 8-9 两个数组进行堆叠

由图 8-9 的效果可看到,原来两个 5 维数组被堆叠在一起,形成了一个新的 10 维数组。也就是说使 array_1 和 array_2 产生了交互。假如 array_1 和 array_2 分别代表两个数据点的特征,那么生成的 array_3 就是它们的交互特征。

下面继续用前面生成的数据集进行实验,看对特征进行交互式操作会对模型产生什么样的影响。

```python
#将原始数据和装箱后的数据进行堆叠
X_stack=np.hstack([X,X_in_bin])
print(X_stack.shape)
```

代码把数据集中的原始特征和装箱后的特征堆叠在一起,形成了一个新的特征 X_stack。运行程序,输出如下:

```
(50, 11)
```

从结果可以看出,X_stack 的数量仍然是 50 个,而特征数量变成 11。下面的代码实现用新的特征 X_stack 来训练模型。

```
plt.rcParams['axes.unicode_minus'] =False   #正常显示负号
plt.rcParams['font.sans-serif'] =['SimHei']   #显示中文标签
#将数据进行堆叠
line_stack = np.hstack([line, new_line])
#重新训练模型
mlpr_interact = MLPRegressor().fit(X_stack, y)
#绘制图形
plt.plot(line, mlpr_interact.predict(line_stack),label='MLP 交互')
plt.ylim(-4,4)
for vline in bins:
    plt.plot([vline,vline],[-5,5],':',c='r')
plt.legend(loc='lower right')
plt.plot(X, y,'o',c='r')
plt.show()
```

运行程序，效果如图 8-10 所示。

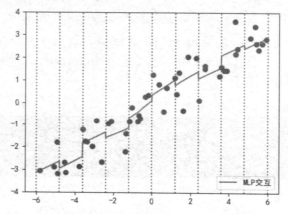

图 8-10　每个箱子中斜率相同的 MLP 神经网络模型

对比图 8-8 及图 8-10 的 MLP 模型，会发现在每个数据的箱体中，图 8-8 中的模型是水平的，而图 8-10 中的模型是倾斜的。也就是说，在添加了交互式特征之后，在每个数据所在的箱体中，MLP 模型增加了斜率。相比图 8-8 中的模型来说，图 8-10 中的模型复杂度是有所提高的。

但是，这样的操作方式让每个箱体中的模型斜率都是一样的，这不是我们想要的结果，我们希望达到的效果是，每个箱体中都有各自的截距和斜率。所以要换一种数据处理方式，尝试以下代码：

```
#使用新的堆叠方式处理数据
X_multi = np.hstack([X_in_bin, X*X_in_bin])
#显示结果
print(X_multi.shape)
print(X_multi[0])
```

运行程序,效果如图 8-11 所示。

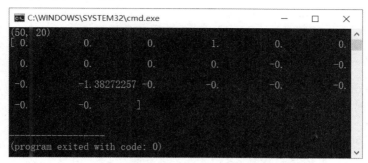

图 8-11 新的数据形态和第一个数据点的特征

由结果可看出,经过以上处理,新的数据集特征 X_multi 变成了每个样本有 20 个特征值的形态。尝试打印出第一个样本,我们会发现 20 个特征中大部分数值是 0,而在之前的 X_in_bin 中,数值为 1 的特征与原始数据中 X 的第一个特征值-1.38272257 保留了下来。

下面的代码用处理过的数据集训练神经网络,观察模型的结果会有什么不同。

```
#重新训练模型
mlpr_multi = MLPRegressor().fit(X_multi, y)
line_multi = np.hstack([new_line, line * new_line])
#绘制图形
plt.plot(line, mlpr_multi.predict(line_multi), label = 'MLP 回归')
for vline in bins:
    plt.plot([vline,vline],[-6,6],':',c='gray')
plt.plot(X, y, 'o', c='r')
plt.legend(loc='lower right')
plt.show()
```

运行程序,效果如图 8-12 所示。

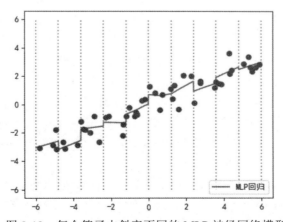

图 8-12 每个箱子中斜率不同的 MLP 神经网络模型

经过这样的处理后，我们会发现，每个箱子中模型的"截距"和"斜率"都不一样了。而采用这种数据处理方法的目的，主要是为了让比较容易出现欠拟合现象的模型能有更好的表现。下面来介绍另一种方法添加多项式特征。

2．添加多项式特征

什么是多项式，在数学中，多项式指的是多个单项式相加所组成的代数式。下面是一个典型的多项式：

$$ax^4 + bx^3 + cx^2 + dx + e$$

其中，ax^4、bx^3、cx^2、dx 和 e 都是单项式。

在机器学习中，常用的扩展样本特征的方式就是将特征 X 进行乘方，如 X^5、X^4、X^3 等。在 Scikit-learn 中内置了一个功能，称为 PolynomialFatures，使用这个功能可以轻松地将原始数据集的特征进行扩展，如：

```
import numpy as np
#导入多项式特征工具
from sklearn.preprocessing import PolynomialFeatures
#向数据集添加多项式特征
poly = PolynomialFeatures(degree=20, include_bias = False)
#生成随机数列
rnd = np.random.RandomState(38)
x = rnd.uniform(-6,6,size=50)
X = x.reshape(-1,1)
X_poly = poly.fit_transform(X)
print (X_poly.shape)
```

在代码中，首先指定了 PolynomialFeatures 的 degree 参数为 20，这样可以生成 20 个特征。include_bias 设定为 False，如果设定为 True 的话，PolynomialFeatures 只会为数据集添加数值为 1 的特征。运行程序，输出如下：

```
(50, 20)
```

由结果可看出，现在我们处理过的数据集中，仍然是 50 个样本，但每个样本的特征数变成了 20 个。

那么 PolynomialFeatures 对数据进行了怎样的调整呢？下面我们来打印一个样本特征看一下：

```
#打印一个样本特征
print('原始数据集中的第一个样本特征：\n{}'.format(X[0]))
print('\n 处理后的数据集中第一个样本特征：\n{}'.format(X_poly[0]))
```

运行程序，效果如图 8-13 所示。

从结果中可以看出，原始数据集的样本只有一个特征，而处理后的数据集有 20 个特征。如果细心计算，则可以发现处理后样本的第一个特征就是原始数据的样本特征，而第二个特征是原始数据特征的 2 次方，第三个特征是原始数据特征的 3 次方，以此类推。

图 8-13　经过多项式特征添加前后的样本特征对比

下面通过代码来验证：

```
#打印多项式特征处理的方式
print ('PolynomialFeatures 对原始数据的处理:\n{}'.format(poly.get_feature_names()))
```

运行程序，效果如图 8-14 所示。

图 8-14　多项式的特征处理方式

由结果可看出，PolynomialFeatures 确实是把原始数据样本进行了 1～20 的乘方处理。经过这样的处理后，机器学习的模型会有什么变化呢？下面用线性回归来验证一下：

```
import matplotlib.pyplot as plt
plt.rcParams['axes.unicode_minus'] =False    #正常显示负号
plt.rcParams['font.sans-serif'] =['SimHei']   #显示中文标签
#导入线性回归
from sklearn.linear_model import LinearRegression
#使用处理后的数据训练线性回归模型
LNR_poly = LinearRegression().fit(X_poly, y)
line = np.linspace(-6,6,1000,endpoint=False).reshape(-1,1)
line_poly = poly.transform(line)
#绘制图形
plt.plot(line,LNR_poly.predict(line_poly), label='线性回归')
plt.xlim(np.min(X)-0.5,np.max(X)+0.5)
plt.ylim(np.min(y)-0.5,np.max(y)+0.5)
plt.plot(X,y,'o',c='r')
plt.legend(loc='lower right')
plt.show()
```

运行程序，效果如图 8-15 所示。

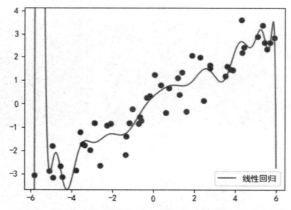

图 8-15　对经过多项式特征处理的数据进行线性回归

由图 8-15 可以得出这样的结论：对于低维数据集，线性模型常常会出现欠拟合的问题。当我们将数据集进行多项式特征扩展后，可以在一定程度上解决线性模型欠拟合的问题。

提示：如前面介绍的那样，我们使用了一些对数据集特征进行扩展的方法，从而提升了线性模型或神经网络模型的回归分析性能，这种方法在数据特征与目标呈现非线性关系时效果格外明显。其实，除上面用到的 PolynomialFeatures 这种将特征值转化为多项式的方法外，还可以用类似正弦函数 sin()、对数函数 log()，或者指数函数 exp()等来进行相似的操作。

8.3　模型评估

在第 7 章的学习中，我们常常使用 Scikit-learn 中的 train_test_split 方法将数据集拆分成训练数据集和测试数据集，然后使用训练数据集来训练模型，再用模型去拟合测试数据集并对模型进行评分，以评估模型的准确度。除这种方法外，我们还可以用一种更加直接的方式来验证模型的表现，下面将进行学习。

1．交叉验证法

在统计学中，交叉验证法是一种非常常用的对模型泛化性能进行评估的方法。和之前所学的 train_test_split 方法不同的是，交叉验证法会反复地拆分数据集，并用来训练多个模型。

在 Scikit-learn 中默认使用的交叉验证法是 K 折交叉验证法（K-fold Cross Validation）。这种方法很容易理解——它将数据集拆分成 k 个部分，再用 k 个数据集对模型进行训练和评分。例如令 $k=4$，则数据集被拆分成 4 个，其中第 1 个子集会被作为测试数据集，另外 3 个用来训练模型。之后再用第 2 个子集作为测试集，而另外 3 个用来训练模型。以此类推，直到把 4 个数据集全部用完，这样就会得到 4 个模型的评分。

此外，交叉验证法中还有其他的方法，如"随机拆分交叉验证法"（Shuffle-split Cross

Validation）和留一法（Leave-One-Out）。

下面用代码来演示交叉验证法的使用方法：

```python
#导入红酒数据集
from sklearn.datasets import load_wine
#导入交叉验证工具
from sklearn.model_selection import cross_val_score
#导入用于分类的支持向量机模型
from sklearn.svm import SVC
#载入红酒数据集
wine = load_wine()
#设置 SVC 的核函数为 linear
svc = SVC(kernel='linear')
#使用交叉验证法对 SVC 进行评分
scores = cross_val_score(svc, wine.data, wine.target)
print('交叉验证得分：{}'.format(scores))
```

运行程序，输出如下：

```
交叉验证得分：[0.83333333 0.95        1.        ]
```

在代码中，先导入了 Scikit_learn 的交叉验证评分类，然后使用 SVC 对酒的数据集进行分类，在默认情况下，cross_val_score 会使用 3 个折叠，因此，会得到 3 个分数。

那么空间模型得分是其中的哪一个呢？此处一般使用 3 个得分的平均分来计算，可以通过如下代码来计算平均分：

```python
#使用 mean 函数获得分数平均值
print('交叉验证平均分:{:.3f}'.format(scores.mean()))
```

运行程序，输出如下：

```
交叉验证平均分:0.928
```

由结果可看出，在酒的数据集中，交叉验证法平均分为 0.928 分，是一个不错的分数。

如果希望将数据集拆成 5 个部分来评分，则修改 cross_val_score 函数的 cv 参数即可，例如：

```python
#设置 cv 参数为 6
scores = cross_val_score(svc, wine.data, wine.target, cv=6)
print('交叉验证得分：\n{}'.format(scores))
```

运行程序，输出如下：

```
交叉验证得分：
[0.86666667 0.9        0.93333333 0.96666667 1.         1.        ]
```

接下来依然可使用 score.mean() 来获得分数的平均值，代码为：

```python
#计算 vc=6 的交叉验证平均分
print('交叉验证平均分:{:.3f}'.format(scores.mean()))
```

运行程序，输出如下：

交叉验证平均分:0.944

从结果中可以看出交叉验证法给出的模型平均分为 0.944，说明模型的表现还是不错的。需要说明的是，在 Scikit-learn 中，cross_val_score 对分类模型默认使用的是 K 折叠交叉验证法，而对不平衡数据集则使用分层 K 折交叉验证法。

那什么是分层 K 折交叉验证法，需要先分析一下酒的数据集：

```
#打印红酒数据集的分类标签
print('酒的分类标签: \n{}'.format(wine.target))
```

运行程序，输出如下：

```
酒的分类标签：
[0 0 0 0 0 0 0 0 0 0 0 0 0 0 0 0 0 0 0 0 0 0 0 0 0 0 0 0 0 0 0 0 0 0
 0 0 0 0 0 0 0 0 0 0 0 0 0 0 0 0 0 0 0 0 0 0 0 0 1 1 1 1 1 1 1 1 1 1 1
 1 1 1 1 1 1 1 1 1 1 1 1 1 1 1 1 1 1 1 1 1 1 1 1 1 1 1 1 1 1 1 1 1 1 1
 1 1 1 1 1 1 1 1 1 1 1 1 1 1 1 1 2 2 2 2 2 2 2 2 2 2 2 2 2 2 2 2 2 2 2
 2 2 2 2 2 2 2 2 2 2 2 2 2 2 2 2 2 2 2 2 2 2 2 2 2 2 2 2]
```

从结果中可看出，如果用不分层的 K 折交叉验证法，那么在拆分数据集时，有可能每个子集中都是同一个标签，这样的模型评分不会太高。而分层 K 折交叉验证法的优势在于，它会在每个不同分类中进行拆分，确保每个子集中都有数据量基本一致的不同分类标签。例如，有一个人口性别数据集，其中 75%是"男性"，25%是"女性"，分层 K 折交叉验证法会保证在每个子集中都有 75%的男性、25%的女性。

2. 随机拆分交叉验证法

接下来我们介绍另一种方法——随机拆分交叉验证法（ShuffleSplit Cross Validation）。这种方法的原理是，先从数据集中随机抽取一部分作为训练集，再从其余的部分随机抽取一部分作为测试集，评分后再迭代，重复上一步的动作，直到完成预期迭代次数。下面的代码仍使用酒的数据集进行演示：

```
#导入随机差分工具
from sklearn.model_selection import ShuffleSplit
#导入交叉验证工具
from sklearn.model_selection import cross_val_score
#设置拆分的份数为 10
shuffle_split = ShuffleSplit(test_size=.2, train_size=.7,n_splits = 10)
#对拆分好的数据集进行交叉验证
scores = cross_val_score(svc, wine.data, wine.target, cv=shuffle_split)
print('随机拆分交叉验证模型得分： \n{}'.format(scores))
```

代码中，把每次迭代的测试集设置为数据集的 20%，而训练集设置为数据集的 70%，并且把数据集拆分成 10 个子集。运行程序，输出如下：

随机拆分交叉验证模型得分：
[0.94444444 0.94444444 0.91666667 0.91666667 0.91666667 0.94444444
0.94444444 0.97222222 0.97222222 0.97222222]

从结果可看出，ShuffleSplit 一共为 SVC 模型进行了 10 次评分，而模型最终的得分是 10 个分数的平均值。

3．留一法

留一法即"挨个试试法"。这种方法有点像 K 折交叉验证法，不同的是，它把每个数据点都当作一个测试集，所以数据集里有多少样本，它就要迭代多少次。如果数据集大的话，那么这个方法耗时太久，但如果数据集很小的话，则它的评分准确度是最高的。下面用酒的数据集来演示留一法：

```python
#导入 LeaveOneOut 工具
from sklearn.model_selection import LeaveOneOut
#设置 cv 参数为 LeaveOneOut
cv = LeaveOneOut()
#重新进行交叉验证
scores = cross_val_score(svc, wine.data, wine.target, cv=cv)
#打印迭代次数
print('迭代次数:{}'.format(len(scores)))
#打印评分结果
print("模型平均分：{:.3f}".format(scores.mean()))
```

运行程序，经过大概 10 余秒的时间，得到结果如下：

迭代次数:178
模型平均分：0.955

由于酒的数据集中一共有 178 个样本，这意味着使用留一法迭代了 178 次，最后得出的评分为 0.955。

4．使用交叉验证法的原因

有的读者会问，既然我们有了 train_test_split 方法，为什么还要使用交叉验证法呢？原因是：当我们使用 train_test_split 方法进行数据集的拆分时，train_test_split 用的是随机拆分的方法，万一我们拆分的测试集中的数据都是比较容易分类或回归的，而训练集中的数据分类或回归比较难，那么模型的得分就会偏高，反之模型的得分就会偏低。我们不可能把所有的 random_state 遍历一次，而交叉验证法正好弥补了这个缺陷，它的工作原理使它要对多次拆分进行评分再取平均值，这样就不会出现前面所说的问题。

此外，train_test_split 总是按照 25%～75%的比例来拆分训练集与测试集（默认情况下），但当使用交叉验证法时，可以更加灵活地指定训练集和测试集的大小，如当 cv 参数为 10 时，训练集就会占整个数据集的 90%，测试集占 10%；当 cv 参数为 20 时，训练集的占比就会达到 95%，而测试集的占比 5%。这也意味着训练集会更大，对模型的准确率也有提升的作用。

不过交叉验证法往往要比 train_test_split 更加消耗计算资源，所以在实际应用中，我们可以灵活使用这两种方法来对模型进行评估。接下来我们将介绍怎样调整模型的参数，以使模型的评分更高。

8.4 优化模型参数

本节主要介绍使用网格搜索的方法优化模型的参数，以使模型的评分更高。

1. 网格搜索

以 Lasso 算法为例进行介绍，在 Lasso 算法中有两个参数比较重要，一个是正则化系数 alpha，另一个是最大迭代次数 max_iter。在默认情况下，alpha 的取值是 1.0，而 max_iter 的默认值是 1000。当 alpha 分别取 10.0、1.0、0.1、0.01，而 max_iter 分别取 100、1000、5000、10000 时，模型的表现有什么差别？如果按照前面的方法调整，要试 16 次才可以找到最高分，如表 8-1 所示。

表 8-1 Lasso 算法中不同的参数调整次数

迭代次数	alpha 取值			
	alpha=0.01	alpha=0.1	alpha=1.0	alpha=10.0
max_iter=100	1	2	3	4
max_iter=1000	5	6	7	8
max_iter=5000	9	10	11	12
max_iter=10000	13	14	15	16

下面以酒的数据集为例，用网格搜索的方法，一次找到模型评分最高的参数：

```
#导入红酒数据集
from sklearn.datasets import load_wine
#载入红酒数据集
wine = load_wine()
#导入 Lasso 回归模型
from sklearn.linear_model import Lasso
#导入数据集拆分工具
from sklearn.model_selection import train_test_split
#将数据集拆分为训练集与测试集
X_train, X_test, y_train, y_test=train_test_split(wine.data,wine.target,random_state=38)
#设置初始分数为 0
best_score = 0
#设置 alpha 参数
for alpha in [0.01,0.1,1.0,10.0]:
    #最大迭代数遍历
```

```
            for max_iter in [100,1000,5000,10000]:
                lasso = Lasso(alpha=alpha,max_iter=max_iter)
                #训练 Lasso 回归模型
                lasso.fit(X_train, y_train)
                score = lasso.score(X_test, y_test)
                #令最佳分数为所有分数中的最高值
                if score > best_score:
                    best_score = score
                    #定义字典，返回最佳参数和最佳最大迭代数
                    best_parameters={'alpha':alpha,'最大迭代次数':max_iter}
print("模型最高分为：{:.3f}".format(best_score))
print('最佳参数设置：{}'.format(best_parameters))
```

在代码中使用了 for 循环，让模型遍历全部的参数设置，并找出最高分和对应的参数。运行程序，输出如下：

```
模型最高分为：0.889
最佳参数设置：{'alpha': 0.01, '最大迭代次数': 100}
```

由结果可看出，使用网格搜索方法快速找到了模型的最高分 0.889，并且看到在模型得分最高时，alpha 为 0.01，而最大迭代次数 max_iter 为 100。

这种方法也是有局限性的。因为 16 次评分都是基于同一个训练集和测试集进行的，这只能代表模型在该训练集和测试集中的得分情况，不能反映出新数据集的情况。修改一下 train_test_split 的 random_state 参数：

```
#导入红酒数据集
from sklearn.datasets import load_wine
#载入红酒数据集
wine = load_wine()
#导入 Lasso 回归模型
from sklearn.linear_model import Lasso
#导入数据集拆分工具
from sklearn.model_selection import train_test_split
#修改 random_state 参数为 0
X_train, X_test, y_train, y_test=train_test_split(wine.data,wine.target,random_state=0)
#下面代码保持不变
best_score = 0
#设置 alpha 参数
for alpha in [0.01,0.1,1.0,10.0]:
    for max_iter in [100,1000,5000,10000]:
        lasso = Lasso(alpha=alpha,max_iter=max_iter)
        lasso.fit(X_train, y_train)
        score = lasso.score(X_test, y_test)
        if score > best_score:
```

```
                    best_score = score
                    best_parameters={'alpha':alpha,'最大迭代次数':max_iter}
print("模型最高分为：{:.3f}".format(best_score))
print('最佳参数设置：{}'.format(best_parameters))
```

运行程序，输出如下：

```
模型最高分为：0.830
最佳参数设置：{'alpha': 0.1, '最大迭代次数': 100}
```

由结果可看出，稍微对 train_test_split 拆分数据集的方式做一些改变，模型的最高分就降到了 0.83，而且此时 Lasso 模型的最佳参数设置也从 0.01 变成了 0.1。为了解决这个问题，可以将交叉验证法和网格搜索法结合起来寻找最佳参数。

2. 交叉验证法与网格搜索法相结合

下面仍以酒的数据集为例，学习如何将交叉验证法与网格搜索法结合起来找到模型的最优参数：

```
#导入 NumPy
import numpy as np
#导入红酒数据集
from sklearn.datasets import load_wine
#载入红酒数据集
wine = load_wine()
#导入 Lasso 回归模型
from sklearn.linear_model import Lasso
#导入交叉验证工具
from sklearn.model_selection import cross_val_score
#导入数据集拆分工具
from sklearn.model_selection import train_test_split
#修改 random_state 参数为 0
X_train, X_test, y_train, y_test=train_test_split(wine.data,wine.target,random_state=0)
#设置初始分数为 0
best_score = 0
#设置 alpha 参数
for alpha in [0.01,0.1,1.0,10.0]:
    #最大迭代数遍历
    for max_iter in [100,1000,5000,10000]:
        lasso = Lasso(alpha=alpha,max_iter=max_iter)
        scores=cross_val_score(lasso,X_train,y_train,cv=6)
        score=np.mean(scores)
        #另最佳分数为所有分数中的最高值
        if score > best_score:
            best_score = score
            #定义字典，返回最佳参数和最佳最大迭代数
```

```
                best_parameters={'alpha':alpha,'最大迭代次数':max_iter}
    print("模型最高分为：{:.3f}".format(best_score))
    print('最佳参数设置：{}'.format(best_parameters))
```

运行程序，输出如下：

```
模型最高分为：0.865
最佳参数设置：{'alpha': 0.01, '最大迭代次数': 100}
```

以下代码用拆分好的 X_train 来进行交叉验证，以便找到最佳参数设置后，再用来拟合 X_test 并计算模型的得分：

```
……
for alpha in [0.01,0.1,1.0,10.0]:
    #最大迭代数遍历
    for max_iter in [100,1000,5000,10000]:
        lasso = Lasso(alpha=0.01,max_iter=100).fit(X_train,y_train)

print("模型最高分为：{:.3f}".format(lasso.score(X_test,y_test)))
```

运行程序，输出如下：

```
模型最高分为：0.819
```

得到这个结果并不是参数的问题，而是 Lasso 算法会对样本的特征进行正则化，导致一些特征的系数变为 0，也就是说会抛弃一些特征值。对于酒的数据集来说，本身特征数量并不多，因此使用 Lasso 算法进行分类的得分是会相对低一些。

另外，在 Scikit-learn 中内置了一个 CridSearchCV 类，有了这个类，我们在进行参数调优时就会稍微简单一些。下面将上面的例子用 GridSearchCV 来实现：

```
#导入红酒数据集
from sklearn.datasets import load_wine
#载入红酒数据集
wine = load_wine()
#导入 Lasso 回归模型
from sklearn.linear_model import Lasso
#导入数据集拆分工具
from sklearn.model_selection import train_test_split
X_train, X_test, y_train, y_test=train_test_split(wine.data,wine.target,random_state=0)
#导入网格搜索工具
from sklearn.model_selection import GridSearchCV
#将需要遍历的参数定义为字典
params = {'alpha':[0.01,0.1,1.0,10.0],'max_iter':[100,1000,5000,10000]}
lasso = Lasso(alpha=0.01,max_iter=100).fit(X_train,y_train)
#定义网格搜索中使用的模型和参数
grid_search = GridSearchCV(lasso,params,cv=6)
#使用网格搜索模型拟合数据
```

```
grid_search.fit(X_train, y_train)
print('模型最高分：{:.3f}'.format(grid_search.score(X_test, y_test)))
print('最优参数：{}'.format(grid_search.best_params_))
```

运行程序，输出如下：

```
模型最高分：0.819
最优参数：{'alpha': 0.01, 'max_iter': 100}
```

由代码可看出，使用 GridSearchCV 写出的代码更简洁。而且它得到的结果和前面用 cross_val_score 结合网格搜索得到的结果是一样的。但是需要说明的是，在 GridSearchCV 中，还有一个属性称为 best_score_，这个属性会存储模型在交叉验证中所得的最高分，而不是存储在测试数据集上的得分。可以用下面的代码进行打印显示：

```
#打印网格搜索中的 best_score_ 属性
print('交叉验证最高得分：{:.3f}'.format(grid_search.best_score_))
```

运行程序，输出如下：

```
交叉验证最高得分：0.865
```

注意：GridSearchCV 虽然是个非常好的功能函数，但是由于需要反复建模，所需要的计算时间往往更长。

8.5 可信度评估

虽然分类算法的目标是为目标数据预测离散型的结果数据，但实际上算法在分类过程中，会认为某个数据点有"80%"的可能性属于分类 1，而有"20%"的可能性属于分类 2，那么在最终结果中，模型会依据"可能性比较大"的方式来分配分类标签。下面我们来看看，在机器学习中，算法是如何对这种分类的可能性进行计算的。

1. 预测准确率

在 Scikit-learn 中，很多用于分类的模型都有一个 predict_proba 功能，这个功能就是用于计算模型在对数据集进行分类时，每个样本属于不同分类的可能性是多少。下面用实例来进行说明：

```
#导入数据集生成工具
from sklearn.datasets import make_blobs
#导入绘图工具
import matplotlib.pyplot as plt
#生成样本数为 200、分类为 2、标准差为 5 的数据集
X, y=make_blobs(n_samples=200, random_state=1,centers=2,cluster_std=5)
#绘制散点图
plt.scatter(X[:,0],X[:,1],c=y, cmap=plt.cm.cool, edgecolor='r')
plt.show()
```

运行程序，效果如图 8-16 所示。

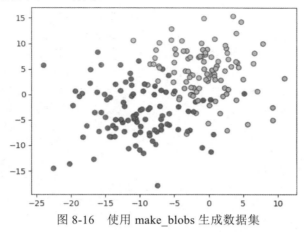

图 8-16 使用 make_blobs 生成数据集

从图 8-16 中可看到两类样本在中间有一些重合，下面使用高斯朴素贝叶斯模型来进行分类：

```
#导入数据集拆分工具
from sklearn.model_selection import train_test_split
#导入高斯朴素贝叶斯模型
from sklearn.naive_bayes import GaussianNB
#将数据集拆分为训练集与测试集
X_train, X_test, y_train, y_test=train_test_split(X,y,random_state=68)
#训练高斯朴素贝叶斯模型
gnb = GaussianNB()
gnb.fit(X_train, y_train)
#获得高斯朴素贝叶斯分类的准确概率
predict_proba = gnb.predict_proba(X_test)
print('预测准确率形态：{}'.format(predict_proba.shape))
```

从代码中可以看出，模型预测准确率是存储在 GaussianNB 的 predict_proba 属性当中的。运行程序，输出如下：

```
预测准确率形态：(50, 2)
```

结果说明，在 predict_proba 属性中存储了 50 个数组（也就是测试数据集的大小），每个数组中有 2 个元素。我们可以打印前 5 个数组看看是什么样子的：

```
print(predict_proba[:5])
```

运行程序，输出如下：

```
[[0.98849996 0.01150004]
 [0.0495985  0.9504015 ]
 [0.01648034 0.98351966]
 [0.8168274  0.1831726 ]
 [0.00282471 0.99717529]]
```

这个结果反映的是所有测试集中前 5 个样本的分类准确率，如第一个数据点有 98.8% 的概率属于第 1 个分类，而只有不到 1.2%的概率属于第 2 个分类，所以模型会将这个点归为第一个分类当中。后面 4 个数据点也是一样的道理。

可以用图像更直观地观察 predict_proba 在分类过程中的表现，代码如下：

```
import numpy as np
#设置横纵轴的范围
x_min, x_max = X[:, 0].min() - .5, X[:, 0].max() + .5
y_min, y_max = X[:, 1].min() - .5, X[:, 1].max() + .5
#用不同色彩表示不同分类
xx, yy = np.meshgrid(np.arange(x_min, x_max, 0.2),np.arange(y_min, y_max, 0.2))
Z = gnb.predict_proba(np.c_[xx.ravel(), yy.ravel()])[:, 1]
Z = Z.reshape(xx.shape)
#绘制等高线
plt.contourf(xx, yy, Z, cmap=plt.cm.summer, alpha=.8)
#绘制散点图
plt.scatter(X_train[:, 0], X_train[:, 1], c=y_train, cmap=plt.cm.cool,edgecolor='b')
plt.scatter(X_test[:, 0], X_test[:, 1], c=y_test, cmap=plt.cm.cool,edgecolor='b', alpha=0.6)
#设置横纵轴范围
plt.xlim(xx.min(), xx.max())
plt.ylim(yy.min(), yy.max())
#设置横纵轴的单位
plt.xticks(())
plt.yticks(())
plt.show()
```

运行程序，效果如图 8-17 所示。

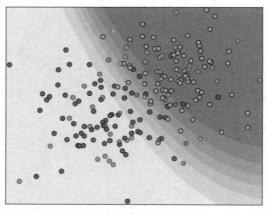

图 8-17　高斯朴素贝叶斯模型中的 predict_proba 效果图

从图 8-17 中可看出，半透明的深色圆点和浅色圆点代表的是测试集中的样本数据。浅色区域代表第一个分类，而深色区域代表另一个分类，在两个区域中间，有一部分颜色渐变的区域，处于这个区域中的数据点便是模型中间交叉的部分。

注意：并不是每个分类算法都有 predict_proba 属性，不过还可以使用另外一种方式来检查分类的可信度，就是决定系数（decision_function）。

2．决定系数

同预测准确率类似，决定系数（decision_function）也会给我们返回一些数值，告诉模型认为某个数据点处于某个分类的概率有多大。不同的是，在二元分类任务中，它只返回一个值，如果是正数，则代表该数据点属于分类1；如果是负数，则代表该数据点属于分类2。还是用前面生成的数据集来进行实验，不过由于高斯朴素贝叶斯模型没有 decision_function 属性，在此换成 SVC 算法来进行：

```
#导入数据集生成工具
from sklearn.datasets import make_blobs
#生成样本数为200、分类为2、标准差为5的数据集
X, y=make_blobs(n_samples=200, random_state=1,centers=2,cluster_std=5)
#导入数据集拆分工具
from sklearn.model_selection import train_test_split
#拆分数据集
X_train, X_test, y_train, y_test=train_test_split(X,y,random_state=68)
#导入SVC
from sklearn.svm import SVC
import matplotlib.pyplot as plt
#使用训练集训练模型
svc = SVC().fit(X_train, y_train)
#获取SVC的决定系数
dec_func = svc.decision_function(X_test)
print ('决定系数的前 5 个数据：\n',dec_func[:5])
```

运行程序，输出如下：

```
决定系数的前 5 个数据：
 [ 0.02082432  0.87852242  1.01696254  -0.30356558  0.95924836]
```

由结果可看出，在 5 个数据点中，有 4 个 decision_function 的数值为正数，1 个为负数。这说明 decision_function 为正的 4 个数据点属于分类 1，为负的数据点属于分类 2。下面的代码用图形展示了 decision_function 的工作原理：

```
import numpy as np
#设置横纵轴的范围
x_min, x_max = X[:, 0].min() - .5, X[:, 0].max() + .5
y_min, y_max = X[:, 1].min() - .5, X[:, 1].max() + .5
plt.rcParams['axes.unicode_minus'] =False    #正常显示负号
plt.rcParams['font.sans-serif'] =['SimHei']   #显示中文标签
#用不同色彩表示不同分类
xx, yy = np.meshgrid(np.arange(x_min, x_max, 0.2),np.arange(y_min, y_max, 0.2))
#使用决定系数进行绘图
```

```
Z = svc.decision_function(np.c_[xx.ravel(), yy.ravel()])
Z = Z.reshape(xx.shape)
#绘制等高线
plt.contourf(xx, yy, Z, cmap=plt.cm.summer, alpha=.8)
#绘制散点图
plt.scatter(X_train[:, 0], X_train[:, 1], c=y_train, cmap=plt.cm.cool,edgecolor='b')
plt.scatter(X_test[:, 0], X_test[:, 1], c=y_test, cmap=plt.cm.cool,edgecolor='b', alpha=0.6)
#设置横纵轴范围
plt.xlim(xx.min(), xx.max())
plt.ylim(yy.min(), yy.max())
plt.title('SVC 决定系数')
plt.xticks(())
plt.yticks(())
plt.show()
```

运行程序，效果如图 8-18 所示。

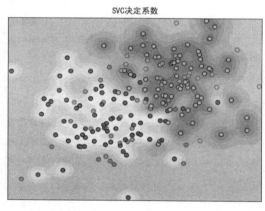

图 8-18　SVC 的决定系数原理

对比图 8-17 与图 8-18，发现 SVC 的 decision_function 和 GaussianNB 的 predict_proba 有相似的地方，但也有很大的差异。在图 8-18 中，分类同样是用浅色和深色区域来表示，如果某个数据点所处的区域颜色越浅，则说明模型越确定这个数据点属于分类 1，反之则属于分类 2。而那些处于渐变色区域的数据点，则是重叠的那些数据点。

8.6　管道模型

在机器学习中，把一系列算法打包在一起，让它们各司其职，形成一个流水线，这就是我们所说的管道模型。

1. 管道模型的概念

前面的学习中，已经了解了如何进行数据的预处理，如何使用交叉验证对模型进行评估，以及如何使用网格搜索来找到模型的最优参数。假设要用某个数据集进行模型训练，做法如下：

首先生成数据集，然后对数据集进行预处理：

```python
#导入数据集生成器
from sklearn.datasets import make_blobs
#导入数据集的拆分工具
from sklearn.model_selection import train_test_split
#导入预处理工具
from sklearn.preprocessing import StandardScaler
#导入多层感知器神经网络
from sklearn.neural_network import MLPClassifier
#导入绘图工具
import matplotlib.pyplot as plt
#生成样本数量为200、分类为2、标准差为5的数据集
X, y = make_blobs(n_samples=200, centers=2, cluster_std=5)
#将数据集拆分为训练集和测试集
X_train, X_test, y_train, y_test=train_test_split(X,y,random_state=38)
#对数据进行预处理
scaler = StandardScaler().fit(X_train)
X_train_scaled = scaler.transform(X_train)
X_test_scaled = scaler.transform(X_test)
#打印处理后的数据形态
print('训练集数据形态: ',X_train_scaled.shape)
print('测试集数据形态: ', X_test_scaled.shape)
```

在程序中，选择使用 MLP 多层感知神经网络作为下一步要用的分类器模型，用 StandarScaler 作为数据预处理的工具，用 make_blobs 生成样本数量为 200、分类数为 2、标准差为 5 的数据集。运行程序，输出如下：

```
训练集数据形态：   (150, 2)
测试集数据形态：   (50, 2)
```

由结果可看出，训练集中的数据样本为 150 个，而测试集中的样本数量为 50 个，特征数都是 2 个。

下面的代码用于查看未经预处理的训练集和经过预处理的数据集的差别：

```python
plt.rcParams['axes.unicode_minus'] =False    #正常显示负号
plt.rcParams['font.sans-serif'] =['SimHei']   #显示中文标签
#原始的训练集
plt.scatter(X_train[:,0],X_train[:,1])
#经过预处理的训练集
plt.scatter(X_train_scaled[:,0],X_train_scaled[:,1],marker='s',edgecolor='b')
#添加图题
plt.title('原始训练集与预处理后的训练集')
plt.show()
```

运行程序，效果如图 8-19 所示。

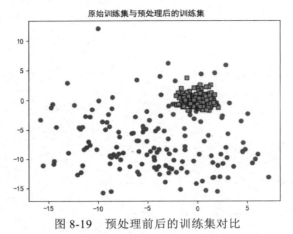

图 8-19　预处理前后的训练集对比

从图 8-19 中可以看出，StandardScaler 将训练集的数据变得更加"聚拢"，这样有利于使用神经网络模型进行拟合。

下面的代码要用到前面学到的网格搜索来确定 MLP 的最优参数，选择参数 hidden_layer_sizes 和 alpha 进行实验：

```
#导入网格搜索模型
from sklearn.model_selection import GridSearchCV
#设定网格搜索的模型参数字典
params = {'hidden_layer_sizes':[(50,),(100,),(100,100)],'alpha':[0.0001, 0.001, 0.01, 0.1]}
#建立网格搜索模型
grid = GridSearchCV(MLPClassifier(max_iter=1600,random_state=38), param_grid=params, cv=3)
#拟合数据
grid.fit(X_train_scaled, y_train)
print('模型最佳得分：{:.2f}'.format(grid.best_score_))
print('模型最佳参数：{}'.format(grid.best_params_))
```

该代码测试当 MLP 的隐藏层为（50,）、（100,）和（100,100）及 alpha 值为 0.0001，0.001，0.01 和 0.1 时，哪个参数组合可以让模型的得分最高，其中 max_iter 设置为 1600。运行程序，输出如下：

```
模型最佳得分：0.88
模型最佳参数：{'alpha': 0.0001, 'hidden_layer_sizes': (50,)}
```

由结果可看出，当 alpha=0.0001 时，有 1 个 50 个节点的隐藏层，即 hidden_layer_sizes 参数为（50,）时，模型评分最高，得分为 0.88。下面拟合测试集：

```
print('测试集得分：{}'.format(grid.score(X_test_scaled, y_test)))
```

运行程序，输出如下：

```
测试集得分：0.84
```

得出的结果并不是准确的，因为在交叉验证中，将训练集又拆分成了 training fold 和

validation fold，但用 StandardScaler 进行预处理时，是使用 training fold 和 validation fold 一起进行的拟合。这样一来，交叉验证的得分就是不准确的。为了解决这个问题，可以使用管道模型（Pipeline），下面用代码进行演示：

```
#导入管道模型
from sklearn.pipeline import Pipeline
#建立包含预处理和神经网络的管道模型
pipeline = Pipeline([('scaler',StandardScaler()),('mlp',MLPClassifier(max_iter=1600,random_state=38))])
#用管道模型对训练集进行拟合
pipeline.fit(X_train, y_train)
print('使用管道模型的 MLP 模型评分：{:.2f}'.format(pipeline.score(X_test,y_test)))
```

在代码中，导入了 Scikit-learn 中的 Pipeline 类，然后在这条"流水线"中"安装"了两个"设备"，一个是用来进行预处理的 StandardScaler，另一个是最大迭代次数为 1600 的 MLP 多层感知神经网络。然后用管道模型 Pipeline 来拟合训练数据集，并对测试集进行评分。运行程序，输出如下：

```
使用管道模型的 MLP 模型评分：0.90
```

得到模型评分为 0.90，比之前差了一点，如果是来自真实世界的数据，那么得分的差距会更加明显。接下来介绍如何使用管道模型进行网格搜索，以寻找最佳参数组合。

2．利用管道模型进行网格搜索

前面介绍了如何使用管道模型将数据预处理训练集和模型训练集打包在一起，下面来介绍如何利用管道模型进行网格搜索。继续使用前面的数据，以便进行对比：

```
#设置参数字典
params = {'mlp__hidden_layer_sizes':[(50,),(100,),(100,100)],'mlp__alpha':[0.0001, 0.001, 0.01, 0.1]}
#将管道模型加入网格搜索
grid = GridSearchCV(pipeline, param_grid=params, cv=3)
#对训练集进行拟合
grid.fit(X_train, y_train)
print('交叉验证最高分:{:.2f}'.format(grid.best_score_))
print('模型最优参数：{}'.format(grid.best_params_))
print('测试集得分：{}'.format(grid.score(X_test,y_test)))
```

运行程序，输出如下：

```
交叉验证最高分:0.81
模型最优参数：{'mlp__alpha': 0.0001, 'mlp__hidden_layer_sizes': (50,)}
测试集得分：0.78
```

由结果可以看出，管道模型在交叉验证集中的最高分是 0.81，MLP 的最优参数是 alpha=0.0001，hidden_layer_sizes 的数值为（50,）。测试集的得分为 0.78。

观察上面的代码，发现我们传给 params 参数的方法发生了一些变化，就是在

hidden_layer_sizes 和 alpha 前面都添加了 mlp__这样一个前缀。这是因为 Pipeline 中会有多个算法，我们需要让其知道这个参数是传给哪一个算法的。

此外，我们还可以通过代码来透视一下 Pipeline 的处理过程：

print('Pipeline 的处理过程：\n',pipeline.steps)

运行程序，输出如下：

```
Pipeline 的处理过程：
 [('scaler', StandardScaler(copy=True, with_mean=True, with_std=True)), ('mlp', MLPClassifier
(activation='relu', alpha=0.0001, batch_size='auto', beta_1=0.9,
      beta_2=0.999, early_stopping=False, epsilon=1e-08,
      hidden_layer_sizes=(100,), learning_rate='constant',
      learning_rate_init=0.001, max_iter=1600, momentum=0.9,
      nesterovs_momentum=True, power_t=0.5, random_state=38, shuffle=True,
      solver='adam', tol=0.0001, validation_fraction=0.1, verbose=False,
      warm_start=False))]
```

由结果可看出，pipeline.steps 将包含在管道模型中的数据预处理和多层感知神经网络 MLP 的全部参数返回，如同流水线上的工作流程一样。从这个结果中可以看出，在 GridsearchCV 进行每一步交叉验证前，Pipeline 都会对训练集和验证集进行 StandardScaler 预处理操作。

当然，管道模型不仅可以把数据预处理和模型训练集成在一起，还可以将很多不同的算法打包进来。

8.7 选择和参数调优

本节将会探讨如何使用管道模型选择更好的算法模型，以及找到模型中更优的参数。

1. 使用管道模型进行选择

这部分内容主要讨论如何利用管道模型从若干算法中找到适合数据集的算法。例如，对于酒数据集来说，是使用随机森林算法好一些，还是使用 MLP 多层感知神经网络好一些。可以利用管道模型进行对比：

```
#导入随机森林模型
from sklearn.ensemble import RandomForestRegressor
params      =      [{'reg':[MLPRegressor(random_state=38)],'scaler':[StandardScaler(),None]},
{'reg':[RandomForestRegressor(random_state=38)],'scaler':[None]}]
#下面对 Pipeline 进行实例化
pipe = Pipeline([('scaler',StandardScaler()),('reg',MLPRegressor())])
grid = GridSearchCV(pipe, params, cv=3)
grid.fit(X,y)
```

```
print('最佳模型是：\n{}'.format(grid.best_params_))
print('\n 模型最佳得分是:{:.2f}'.format(grid.best_score_))
```

运行程序，输出如下：

```
最佳模型是：
{'reg': RandomForestRegressor(bootstrap=True, criterion='mse', max_depth=None,
          max_features='auto', max_leaf_nodes=None,
          min_impurity_decrease=0.0, min_impurity_split=None,
          min_samples_leaf=1, min_samples_split=2,
          min_weight_fraction_leaf=0.0, n_estimators=10, n_jobs=1,
          oob_score=False, random_state=38, verbose=0, warm_start=False), 'scaler': None}
模型最佳得分是:0.86
```

从结果中可以看出，经过网格搜索的评估，在 MLP 和随机森林二者之间，MLP 神经网络的表现更好一些。其模型预测的准确度，也就是模型最佳得分达到了 0.86。这还是在没有调整参数的情况下得到的。下面尝试在使用网格搜索和管道模型进行模型选择的同时，一并寻找更优参数。

2. 管道模型寻找更优参数

在上一个例子中，用于对比的两个模型使用的基本都是默认参数，如 MLP 的隐藏层使用的缺省值（100,），而随机森林使用的 n_cstimators 也默认为 10 个。如果我们修改了参数，会不会使 MLP 的表现不如随机森林呢？

下面带着这个问题进行尝试。可以通过在网络搜索中扩大搜索空间，将需要对比的模型参数放进管道模型中进行对比：

```
#在参数字典中增加 MLP 隐藏层和随机森林中 estimator 数量的选项
params = [{'reg':[MLPRegressor(random_state=38)],'scaler':[StandardScaler(),None], 'reg__hidden_layer_sizes':[(50,),(100,),(100,100)]},{'reg':[RandomForestRegressor(random_state=38)],'scaler':[None],'reg__n_estimators':[10,50,100]}]
#建立管道模型
pipe = Pipeline([('scaler',StandardScaler()),('reg',MLPRegressor())])
#建立网络搜索
grid = GridSearchCV(pipe, params, cv=3)
#拟合数据
grid.fit(X,y)
print('最佳模型是：\n{}'.format(grid.best_params_))
print('\n 模型最佳得分是:{:.2f}'.format(grid.best_score_))
```

在代码中可看到，除了在上一例中给管道模型设置的参数 params，这次还把几个想要实验的参数也包含在 params 的字典当中，一个是 MLP 的隐藏层数量，传入一个列表，分别是（50,）、（100,）和（100,100）；另一个是随机森林的 n_estimators 数量，分别是 10、50 和 100。接下来就让 GridSearchCV 去遍历两个模型中所有给出的备选参数，看看结果是怎样的。运行代码，先得到一个报警信息：

```
C:\Users\ASUS\AppData\Local\Programs\Python\Python36\lib\site-packages\sklearn\neural_netw
ork\multilayer_perceptron.py:564: ConvergenceWarning: Stochastic Optimizer: Maximum iterations (200)
reached and the optimization hasn't converged yet.
  % self.max_iter, ConvergenceWarning)
```

这段信息是提示我们，在 MLP 中，最大迭代次数 max_iter 的参数值是缺省的，为 200，而在模型拟合的过程中，MLP 某一个参数的设置使得它在达到最大迭代次数之后仍然没有实现模型优化的最佳收敛程度。要解决这个问题，只要把 max_iter 的数值调高即可。这里先不做修改，观察网格搜索返回的结果：

```
最佳模型是：
{'reg': MLPRegressor(activation='relu', alpha=0.0001, batch_size='auto', beta_1=0.9,
       beta_2=0.999, early_stopping=False, epsilon=1e-08,
       hidden_layer_sizes=(100, 100), learning_rate='constant',
       learning_rate_init=0.001, max_iter=200, momentum=0.9,
       nesterovs_momentum=True, power_t=0.5, random_state=38, shuffle=True,
       solver='adam', tol=0.0001, validation_fraction=0.1, verbose=False,
       warm_start=False), 'reg__hidden_layer_sizes': (100, 100), 'scaler': StandardScaler(copy=True, with_mean=True, with_std=True)}
模型最佳得分是:0.89
```

在多给出几个参数选项后，两个模型的表现出现了逆转。这次的网格搜索发现，当 MLP 的隐藏层为 (50,) 时，MLP 模型的评分超过了随机森林，达到了 0.89。如果继续多提供一些参数供管道模型进行选择，如让随机森林的 n_estimators 数量可以选择 500 或 1000，那么结果可能还会出现反转。例如：

```
#再次给出新的参数字典
params = [{'reg':[MLPRegressor(random_state=38)],'scaler':[StandardScaler(),None],
'reg__hidden_layer_sizes':[(50,),(100,),(100,100)]},{'reg':[RandomForestRegressor(random_state=38)],'scaler':[None],'reg__n_estimators':[100,500,1000]}]
#建立管道模型
pipe = Pipeline([('scaler',StandardScaler()),('reg',MLPRegressor())])
#建立网络搜索
grid = GridSearchCV(pipe, params, cv=3)
#拟合数据
grid.fit(X,y)
print('最佳模型是：\n{}'.format(grid.best_params_))
print('\n 模型最佳得分是:{:.2f}'.format(grid.best_score_))
```

把随机森林 n_estimators 参数的选项设置为 100、500 和 1000，即把 MLP 模型的最大迭代次数 max_iter 增加到 1000，以避免再次出现上面的警告信息。这次模型拟合的时间会更长一些，有些消耗计算资源。运行程序，输出如下：

```
最佳模型是：
{'reg': MLPRegressor(activation='relu', alpha=0.0001, batch_size='auto', beta_1=0.9,
       beta_2=0.999, early_stopping=False, epsilon=1e-08,
```

　　　　　hidden_layer_sizes=(100, 100), learning_rate='constant',
　　　　　learning_rate_init=0.001, max_iter=200, momentum=0.9,
　　　　　nesterovs_momentum=True, power_t=0.5, random_state=38, shuffle=True,
　　　　　solver='adam', tol=0.0001, validation_fraction=0.1, verbose=False,
　　　　　warm_start=False), 'reg__hidden_layer_sizes': (100, 100), 'scaler': StandardScaler(copy=True, with_mean=True, with_std=True)}
　　　　模型最佳得分是:0.88

MLP 模型依旧以微弱的优势保持领先。增加了 n_estimators 数量的随机森林，依然没能实现反超。这说明对于这个数据集来说，隐藏层为（50,）的 MLP 多层感知神经网络确实更加适合一些。

第 9 章 人工智能的应用

前面的章节已经对智能科学计算、人工神经网络、爬虫、智能数据、机器学习等基础内容进行了铺垫介绍，本章将重点对人工智能在各方面的应用进行介绍。

9.1 机器翻译

机器翻译（Machine Translation）简单来说就是使用计算机将文本从一种语言翻译成另一种语言。在美国，翻译目前是一个价值 400 亿美元的产业，同时，在欧洲和亚洲，翻译市场在快速增长。Google 的神经机器翻译是众多翻译系统中最为先进的，能够仅使用一种模型执行多种语言的翻译。

机器翻译系统大致可分为三类：基于规则的机器翻译、统计机器翻译和神经机器翻译，本节主要介绍神经机器翻译（智能机器翻译）。

9.1.1 神经机器翻译

神经机器翻译（Neural Machine Translation，NMT）使用深度神经网络执行从源语言到目标语言的机器翻译。神经翻译机器接收源语言文本作为输入序列，并将这些文本编码为隐藏的形式，然后将其解码回来以产生目标语言的文本序列。神经机器翻译系统最主要的优点之一是整个翻译系统可以从端到端一起训练。通常，神经翻译机器采用 RNN 架构，如长期短期记忆（Long Short Term Memory，LSTM）和门控循环单元（Gated Recurrent Unit，GRU）。

与统计方法相比，NMT 有如下一些优点：
- NMT 模型的所有参数都是基于损失函数由端到端进行训练的，从而降低了模型的复杂度。
- 这些 NMT 模型使用比传统方法大得多的上下文本，因此能产生更准确的翻译。
- NMT 模型能更好地利用单词和短语相似性。
- RNN 允许生成更高质量的文本，因此翻译文本的语法更为准确。

1．编/解码器架构

下面将展示一个使用 LSTM 作为编码器的神经翻译机器的架构，其中 LSTM 编码器将输入的源语言序列编码为最终隐藏状态 h_f 和最终单元状态 c_f。最终隐藏状态和单元状态 $[h_f, c_f]$ 将捕获整个输入序列的上下文。因此，$[h_f, c_f]$ 成为一个可以调节解码器网络的很好的候选项。

该隐藏状态和单元状态信息 $[h_f, c_f]$ 作为初始隐藏状态和单元状态被输送到解码器网络中，然后在目标序列上训练解码器，同时，输入序列相对于输出目标序列滞后一个单元。对于解码器，输入序列的第一个单词是虚拟单词[START]，而输出标签是单词 c'est。解码器网络被训练成生成语言模型，在任何时间步 t，输出标签只是相对于下一个单词的输入，即 $y_t = x_{t+1}$。唯一的变化是，解码器的最终隐藏状态和单元状态（即 $[h_f, c_f]$）被输入解码器的初始隐藏状态和单元状态，以提供翻译内容。

这意味着训练过程是以表示源语言的编码器的隐藏状态为条件，为目标语言（由解码器表示）构建一个语言模型的过程，编/解码器架构如图 9-1 所示。

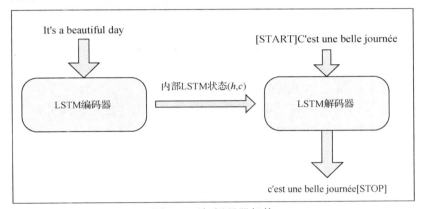

图 9-1　编/解码器架构

如果 T 是与源语言文本 S 对应的目标语言文本，那么训练就是试图最大化相对于 W 的对数概率 $P_w(T_{t+1} / S, T)$，其中 T_{t+1} 表示下一个时间步的目标语言文本，W 表示编/解码器架构的模型参数。

下面介绍如何在推断中使用训练好的模型。

2．编/解码器的推断

在 NMT 系统上运行推断的架构流程与训练 NMT 的流程略有不同。基于编/解码器的推断流程如图 9-2 所示。

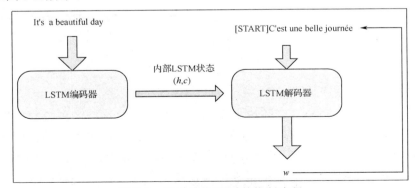

图 9-2　基于编/解码器的推断流程

在推断期间，源语言输入序列被输入编码器网络，所产生的最终隐藏状态和单元状态 $[h_f, c_f]$ 被输入解码器隐藏状态和单元状态。该解码器被转换成单个时间步，第一个输入解码器的输入是虚拟单词[START]。因此，基于 $[h_f, c_f]$ 和初始虚拟单词[START]，解码器将输出一个单词 w 及新的隐藏单元状态 $[h_d, c_d]$。这个单词 w 又以新的隐藏状态和单元状态 $[h_d, c_d]$ 被再次输入解码器，生成一个单词。此过程重复，直到遇到序列结束字符。

3. 定义模型

如前所述，编码器将通过 LSTM 处理源输入序列，并将源文本编码为有意义的摘要。有意义的摘要会存储在序列最后步骤的隐藏状态和单元状态 h_f 和 c_f 中。这些向量（即 $[h_f; c_f]$）一起提供有关源文本的有意义的上下文，并训练解码器，以隐藏状态和单元状态为条件产生它自己的目标序列 $[h_f; c_f]$。

图 9-3 是英语到德语的神经机器翻译网络训练流程图。英语句子"It's a beautiful day"通过 LSTM 转换为有意义的摘要，然后将其存储在隐藏状态和单元状态向量 $[h_f; c_f]$ 中。之后解码器基于隐藏在 $[h_f; c_f]$ 中的信息生成自己的目标序列。在时间步 t，解码器基于源句子预测下一个目标词，即在时间步 $t+1$ 上的单词。这也是目标输入单词和目标输出单词之间存在一个时间步滞后的原因。对于第一个时间步，解码器在目标文本语句中没有任何先前的单词，因为唯一可以用来预测目标单词的信息编码在 $[h_f; c_f]$ 中，而后者是初始隐藏状态和单元状态向量。与编码器一样，解码器也使用 LSTM，并且正如所讨论的那样，输出目标序列比输入目标序列提前一个时间步，如图 9-3 所示。

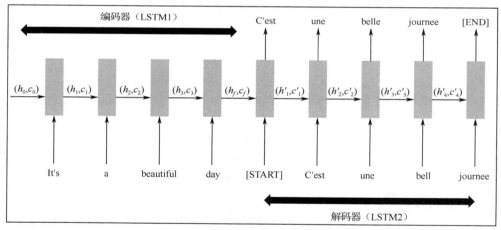

图 9-3 神经机器翻译网络训练流程图

4. 损失函数

神经机器翻译的损失函数是预测模型序列中每个目标单词时的平均交叉熵损失。实际的目标单词和预测的目标单词可以是所拥有的德语语料库中单词中的任何一个。在时间步 t 的目标标签将是独热编码向量 $y_t \in \{0,1\}^N$（N 为德语语料库中单词的个数），而预测目标单词的输出则是 N 个单词中每个单词出现在德语词汇表中的概率表示。如果将预测的输出概率用向量表示为 $p \in \{0,1\}^N$，则特定句子 s 在每个特定的时间步的平均分类损失

可表示为

$$C_{t,s} = -\sum_{i=1}^{N} y_t^{(i)} \log p_t^{(i)}$$

通过对所有序列时间步的损失求和,可以得到整个句子的损失,如

$$C_s = \sum_t C_{t,s} = -\sum_t \sum_{i=1}^{N} y_t^{(i)} \log p_t^{(i)}$$

由于使用小批量随机梯度下降,因此小批量的平均损失可以通过计算小批量中所有句子的平均损失来获得。如果小批量大小为 m,则每个小批量的平均损失如下:

$$C = \frac{1}{m} \sum_s C_s = -\frac{1}{m} \sum_s \sum_t \sum_{i=1}^{N} y_{s,t}^{(i)} \log p_{s,t}^{(i)}$$

小批量损失用于计算随机梯度下降的梯度。

5. 构建推断模型

模型的编码器部分应该通过将源语言中的文本句子作为输入进行工作,并提供最终隐藏状态和单元状态 $[h_f; c_f]$ 作为输出。不能按原样使用解码器网络,因为目标语言输入单词不能再被输入解码器中。与此不同的是,我们会收缩解码器网络为仅含单个时间步的网络,并提供该时间步的输出作为下一个时间步的输入。用虚拟单词[START]作为输入解码器的第一个单词,同时输入其初始隐藏状态和单元状态 $[h_f; c_f]$。由解码器以[START]和 $[h_f; c_f]$ 作为输入,生成目标输出单词 w_1 与隐藏状态和单元状态 $[h_f; c_f]$,被再次输入解码器中,生成下一个单词,重复该过程直到解码器输出虚拟单词[END]。图 9-4 逐步说明了推断的过程。

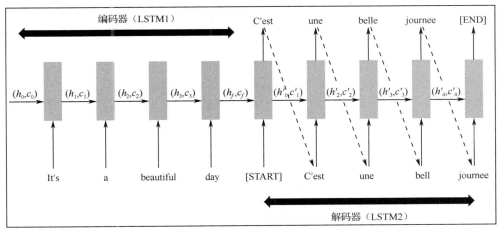

图 9-4 推断过程

正如图 9-4 中所看到的那样,解码器的第一步输出是 C'est,而隐藏状态和单元状态是 (h'_1, c'_1)。然后,它们被再次输入解码器生成一个单词及下一组隐藏状态和单元状态。这一过程一直重复,直到解码器输出虚拟结束字符[END]为止。

为了进行推断,可以按原样使用网络的编码器部分,并修改解码器使其收缩为只包含一个时间步。无论 RNN 是由一个还是几个时间步组成,与 RNN 相关联的权重都不会

改变，因为 RNN 的所有时间步共享相同的权重。

9.1.2 实现英译德

本节将构建翻译模型，将英语翻译为德语。我们将介绍怎样训练翻译模型，并应用。语料数据来自网站（http://www.manythings.org/），是 ZIP 格式的文件。该数据是 Tab 键分隔的英语/德语句子翻译（如 hello./t hallo），由成千上万个变长句子组成。

其实现步骤为：

（1）导入必要的编辑库，创建一个计算图会话，代码为：

```
import os
import string
import requests
import io
import numpy as np
import matplotlib.pyplot as plt
import tensorflow as tf
from zipfile import ZipFile
from collections import Counter
from tensorflow.models.rnn.translate import data_utils
from tensorflow.models.rnn.translate import seq2seq_model
#创建计算图会话
sess = tf.Session()
```

（2）设置模型参数。学习率设为 0.1，实例也会每迭代 100 次衰减 1%的学习率，这会在迭代过程中微调算法模型。设置截止最大梯度 RNN 大小为 500。英语和德语词汇的词频设为 10000。将所有的词汇转为小写形式，并移除标点符号。将德语 umlaut 和 eszett 转为字母数字形式，归一化德语词汇。具体代码为：

```
#模型参数
learning_rate = 0.1
lr_decay_rate = 0.99
lr_decay_every = 100
max_gradient = 5.0
batch_size = 50
num_layers = 3
rnn_size = 500
layer_size = 512
generations = 10000
vocab_size = 10000
save_every = 1000
eval_every = 500
output_every = 50
```

```
punct = string.punctuation
#数据参数
data_dir = 'temp'
data_file = 'eng_ger.txt'
model_path = 'seq2seq_model'
full_model_dir = os.path.join(data_dir, model_path)
```

（3）准备 3 个英文句子测试翻译模型，检验训练的模型效果，代码为：

```
#测试英文翻译（小写，无标点符号）
test_english = ['hello where is my computer',
                'the quick brown fox jumped over the lazy dog',
                'is it going to rain tomorrow']
```

（4）创建模型文件夹。检查语料文件是否已下载，如果已经下载过语料文件，则直接读取文件；如果没有下载过语料文件，则下载并保存到指定文件夹，代码为：

```
#创建模型目录
if not os.path.exists(full_model_dir):
    os.makedirs(full_model_dir)
#创建数据目录
if not os.path.exists(data_dir):
    os.makedirs(data_dir)
print('Loading English-German Data')
#检查数据，如果不存在，则下载并保存
if not os.path.isfile(os.path.join(data_dir, data_file)):
    print('Data not found, downloading Eng-Ger sentences from www.manythings.org')
    sentence_url = 'http://www.manythings.org/anki/deu-eng.zip'
    r = requests.get(sentence_url)
    z = ZipFile(io.BytesIO(r.content))
    file = z.read('deu.txt')
    #格式化数据
    eng_ger_data = file.decode()
    eng_ger_data = eng_ger_data.encode('ascii',errors='ignore')
    eng_ger_data = eng_ger_data.decode().split('\n')
    #写入文件
    with open(os.path.join(data_dir, data_file), 'w') as out_conn:
        for sentence in eng_ger_data:
            out_conn.write(sentence + '\n')else:
    eng_ger_data = []
    with open(os.path.join(data_dir, data_file), 'r') as in_conn:
        for row in in_conn:
            eng_ger_data.append(row[:-1])
```

（5）清洗语料数据集，移除标点符号，分隔句子中的英语和德语，并全部转为小写形式，代码为：

```
#删除标点符号
eng_ger_data = [''.join(char for char in sent if char not in punct) for sent in eng_ger_data]
#按制表符分隔每个句子
eng_ger_data = [x.split('\t') for x in eng_ger_data if len(x)>=1]
[english_sentence, german_sentence] = [list(x) for x in zip(*eng_ger_data)]
english_sentence = [x.lower().split() for x in english_sentence]
german_sentence = [x.lower().split() for x in german_sentence]
print('Processing the vocabularies.')
```

（6）创建英语词汇表和德语词汇表，其中词频都要求至少10000。不符合词频要求的单词标为未知。大部分低频词为代词（名字或地名）。代码为：

```
#处理英语词汇
all_english_words = [word for sentence in english_sentence for word in sentence]
all_english_counts = Counter(all_english_words)
eng_word_keys = [x[0] for x in all_english_counts.most_common(vocab_size-1)] #-1 because 0=unknown is also in there
eng_vocab2ix = dict(zip(eng_word_keys, range(1,vocab_size)))
eng_ix2vocab = {val:key for key, val in eng_vocab2ix.items()}
english_processed = []
for sent in english_sentence:
    temp_sentence = []
    for word in sent:
        try:
            temp_sentence.append(eng_vocab2ix[word])
        except:
            temp_sentence.append(0)
    english_processed.append(temp_sentence)
#处理德语词汇
all_german_words = [word for sentence in german_sentence for word in sentence]
all_german_counts = Counter(all_german_words)
ger_word_keys = [x[0] for x in all_german_counts.most_common(vocab_size-1)]
ger_vocab2ix = dict(zip(ger_word_keys, range(1,vocab_size)))
ger_ix2vocab = {val:key for key, val in ger_vocab2ix.items()}
german_processed = []
for sent in german_sentence:
    temp_sentence = []
    for word in sent:
        try:
            temp_sentence.append(ger_vocab2ix[word])
        except:
            temp_sentence.append(0)
```

```
        german_processed.append(temp_sentence)
```

（7）预处理测试词汇，将其写入词汇索引中，代码为：

```
#处理测试英语句子，如果单词不在我们的词汇中，则使用 0
test_data = []
for sentence in test_english:
    temp_sentence = []
    for word in sentence.split(' '):
        try:
            temp_sentence.append(eng_vocab2ix[word])
        except:
            #如果单词不在我们的词汇表中，请使用 0
            temp_sentence.append(0)
    test_data.append(temp_sentence)
```

（8）因为某些句子太长或太短，所以为不同长度的句子创建单独的模型。这样做的原因之一是最小化短句子中填充字符的影响。解决该问题的一个方法是将相似长度的句子分桶处理。为每个分桶设置长度范围，这样相似长度的句子就会进入同一个分桶，代码为：

```
x_maxs = [5, 7, 11, 50]
y_maxs = [10, 12, 17, 60]
buckets = [x for x in zip(x_maxs, y_maxs)]
bucketed_data = [[] for _ in range(len(x_maxs))]
for eng, ger in zip(english_processed, german_processed):
    for ix, (x_max, y_max) in enumerate(zip(x_maxs, y_maxs)):
        if (len(eng) <= x_max) and (len(ger) <= y_max):
            bucketed_data[ix].append([eng, ger])
            break
```

（9）将上述参数传入 TensorFlow 内建的 Seq2Seq 模型。创建 translation_model 函数，保证训练模型和测试模型可以共享相同的变量，代码为：

```
#创建序列到序列模型
def translation_model(sess, input_vocab_size, output_vocab_size,
                     buckets, rnn_size, num_layers, max_gradient,
                     learning_rate, lr_decay_rate, forward_only):
    model = seq2seq_model.Seq2SeqModel(
            input_vocab_size,
            output_vocab_size,
            buckets,
            rnn_size,
            num_layers,
            max_gradient,
            batch_size,
```

```
                learning_rate,
                lr_decay_rate,
                forward_only=forward_only,
                dtype=tf.float32)
        return(model)
```

（10）创建训练模型，使用 tf.variable_scope 函数管理模型变量，声明训练模型的变量在 scope 范围内可重用。创建测试模型，批量大小为 1，代码为：

```
input_vocab_size = vocab_size
output_vocab_size = vocab_size
with tf.variable_scope('translate_model') as scope:
    translate_model = translation_model(sess, vocab_size, vocab_size,
                            buckets, rnn_size, num_layers,
                            max_gradient, learning_rate,
                            lr_decay_rate, False)
    #重新使用测试模型的变量
    scope.reuse_variables()
    test_model = translation_model(sess, vocab_size, vocab_size,
                            buckets, rnn_size, num_layers,
                            max_gradient, learning_rate,
                            lr_decay_rate, True)
    test_model.batch_size = 1
```

（11）初始化模型变量，代码为：

```
init = tf.initialize_all_variables()
sess.run(init)
```

（12）调用 step 函数迭代训练 Seq2Seq 模型。TensorFlow 的 Seq2Seq 模型有 get_batch 函数，该函数可以从分桶索引迭代批量句子。衰减学习率，保存 Seq2Seq 训练模型，并利用测试句子进行模型评估，代码为：

```
train_loss = []
for i in range(generations):
    rand_bucket_ix = np.random.choice(len(bucketed_data))
    model_outputs = translate_model.get_batch(bucketed_data, rand_bucket_ix)
    encoder_inputs, decoder_inputs, target_weights = model_outputs
    #获取（梯度标准、损失和输出）
    _, step_loss, _ = translate_model.step(sess, encoder_inputs, decoder_inputs,
                            target_weights, rand_bucket_ix, False)
    #输出状态
    if (i+1) % output_every == 0:
        train_loss.append(step_loss)
        print('Gen #{} out of {}. Loss: {:.4}'.format(i+1, generations, step_loss))
    #检查是否应该降低学习速度
```

```
        if (i+1) % lr_decay_every == 0:
            sess.run(translate_model.learning_rate_decay_op)
    #保存模型
        if (i+1) % save_every == 0:
            print('Saving model to {}.'.format(full_model_dir))
            model_save_path = os.path.join(full_model_dir, "eng_ger_translation.ckpt")
            translate_model.saver.save(sess, model_save_path, global_step=i)
    #评估测试集
        if (i+1) % eval_every == 0:
            for ix, sentence in enumerate(test_data):
                #查找哪个桶句子进入
      bucket_id = next(index for index, val in enumerate(x_maxs) if val>=len(sentence))
                #获取 RNN 模型输出
                encoder_inputs, decoder_inputs, target_weights = test_model.get_batch(
                    {bucket_id: [(sentence, [])]}, bucket_id)
                #获取 logits
                _, test_loss, output_logits = test_model.step(sess, encoder_inputs, decoder_inputs,
                                        target_weights, bucket_id, True)
                ix_output = [int(np.argmax(logit, axis=1)) for logit in output_logits]
                #如果输出中有一个 0 符号，那么输出结束。
                ix_output = ix_output[0:[ix for ix, x in enumerate(ix_output+[0]) if x==0][0]]
                #从索引中获取德语单词
                test_german = [ger_ix2vocab[x] for x in ix_output]
                print('English: {}'.format(test_english[ix]))
                print('German: {}'.format(test_german))
```

运行程序，输出如下：

```
Gen #0 out of 10000. Loss:7.481
Gen #9800 out of 10000. Loss:3.758
Gen #9850 out of 10000. Loss:3.700
Gen #9900 out of 10000. Loss:3.615
Gen #9950 out of 10000. Loss:3.889
Gen #10000 out of 10000. Loss:3.107
Saving model to temp/seq2seq_modl.
English:hello where is my computer
German: ['wo', 'ist', 'mein', 'ist']
English: the quick brown fox jumped over the lazy dog
German: ['die', 'ale', 'ist', 'von', 'mit', 'hund', 'zu']
English: is it going to rain tomorrow
German: ['ist', 'es', 'morgen', 'kommen']
```

运行程序，得到训练损失趋势图如图 9-5 所示。

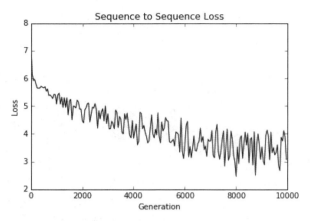

图 9-5 迭代 10000 次的训练损失趋势图

在实例中，虽然测试句子并没有得到很好的翻译效果，但是仍有提升的空间。

9.2 机器语音识别

目前结合神经网络的端到端的声学模型训练方法主要有 CTC 算法和 Attention 算法两种。本节主要介绍 CTC 算法。

9.2.1 CTC 算法概念

CTC 算法（Connectionist Temporal Classification）为时序类数据的分类算法。传统语音识别的声学模型训练，对于每一帧的数据，需要知道对应的 label 才能进行有效的训练，在训练数据之前需要进行语音对齐的预处理。而语音对齐过程本身就需要进行多次迭代，来确保对齐得更准确，这是一个比较耗时的工作。图 9-6 为"你好"这句话的声音波形图，每个长方形边框代表一帧数据，传统方法需要知道每一帧的数据对应哪个发音音素。例如，第 1～4 帧对应 n 的音素，第 5～7 帧对应 i 的音素，第 8、9 帧对应 h 的音素，第 10、11 帧对应 a 的音素，第 12 帧对应 o 的音素（这里暂且将每个字母作为一个发音音素）。

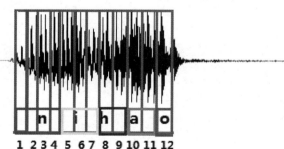

图 9-6 "你好"声音波形图

与传统的声学模型训练相比，采用 CTC 算法作为损失函数的声学模型训练，是一种完全端到端的声学模型训练，不需要预先对数据做对齐处理，只需要一个输入序列和一个输出序列就可以进行训练。即不需要对数据对齐和一一标注，并且 CTC 算法直接输出序列预测的概率，不需要外部的后处理。

CTC 算法引入 blank（该帧无预测值），每个预测的分类对应一整段语音中的一个 spike（尖峰），其他不是 spike 的位置认为是 blank。对于一段语音，CTC 算法最后输出的是 spike 序列，并不关心每一个音素持续了多长时间。如图 9-7 所示，经过 CTC 算法预测的序列结果在时间上可能会稍微延迟于真实发音对应的时间点，其他时间点会被标记为 blank。

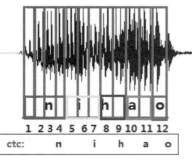

图 9-7　引入 blank 的效果图

这种神经网络与 CTC 结合的结构除可以应用到语音识别的声学模型训练外，也可以用到任何一个输入序列到一个输出序列的训练上。

9.2.2　RNN+CTC 模型的训练

CTC 损失函数用来衡量输入经过神经网络后与真实的输出的差距。例如，输入一个 200 帧的音频数据，真实的输出是长度为 5 的结果。经过神经网络处理之后，输出的还是序列长度为 200 帧的数据。再如，有两个人都说了 nihao（你好）这句话，他们的真实输出结果都是 nihao 这 5 个有序的音素，但是因为每个人的发音特点不一样，有的人语速快，有的人语速慢，原始的音频数据在经过神经网络计算之后，第一个人得到的结果可能是 nnnniiiiii...hhhhaaaaaooo（长度是 200 帧），第二个人得到的结果可能是 niiiiii...hhhhhaaaaaooo（长度是 200 帧）。这两种结果都属于正确的计算结果，可以想象，长度为 200 帧的数据，最后可以对应上 nihao 这个发音顺序的结果是非常多的。CTC 损失函数就是用在这种序列有多种可能性的情况下，计算和最后真实序列值的损失值的方法。

其详细描述如下：

训练集合为 $S=\{(x^1,z^1),(x^2,z^2),\cdots,(x^N,z^N)\}$，表示有 N 个训练样本，x 是输入样本，z 是对应的真实输出的 label。一个样本的输入是一个序列，输出的 label 也是一个序列，输入的序列长度大于输出的序列长度。

对于其中一个样本 (x,z)，$x=(x_1,x_2,\cdots,x_T)$ 表示一个长度为 T 帧的数据。每一帧的数据是一个维度为 m 的向量，即每个 $x_i \in R^m$。x_i 可以理解为对于一段语音，每 25ms 作为一帧，其中第 i 帧的数据经过 MFCC 计算后得到的结果。

$z=(z_1,z_2,\cdots,z_U)$ 表示这段样本语音对应的正确的音素。例如，一段发音"你好"的声音，经过 MFCC 计算后，得到特征 x，它的文本信息是"你好"，对应的音素信息是 z=[n,i,h,a,o]（此处暂且将每个拼音的字母当作一个音素）。

特征 x 在经过 RNN 的计算后，再经过一个 softmax 层，得到音素的后验概率 y。$y_k^t(k=1,2,\cdots,n;t=1,2,\cdots,T)$ 表示在 t 时刻，发音为音素 k 的概率，其中音素的种类个数一共 n 个，k 表示第 k 个音素，在一帧的数据上所有的音素概率加起来为 1。即

$$\sum_{t=1}^{T} y_k^t = 1, \quad y_k^t \geq 0$$

"你好"语音过程如图 9-8 所示。

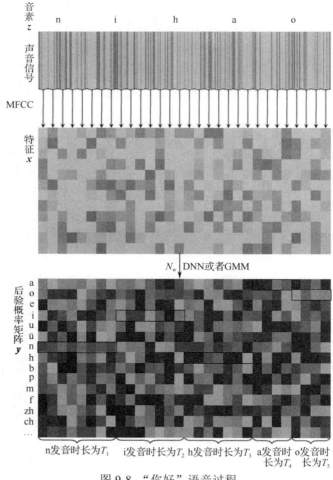

图 9-8 "你好"语音过程

这个过程可以看作对输入的特征数据 x 做了变换 $N_w:(R^m)^T \to (R^n)^T$，其中 N_w 表示 RNN 的变换，w 表示 RNN 中的参数集合。

以"你好"的语音为例，经过 MFCC 特征提取后产生 30 帧，每帧含有 12 个特征，

即 $x \in R^{30 \times 14}$（这里以 14 个音素为例，实际上音素有 200 个左右），矩阵的每一列之和为 1。后面的基于 CTC 损失函数的训练就是基于后验概率 y 计算得到的。

9.2.3 利用 CTC 实现语音识别

本节演示如何利用 Python 的 LSTM+CTC 实现一个端到端训练的语音识别模型。

为了简化操作，本实例的语音识别是训练一句话，这句话的音素分类也简化成对应的字母（不管是真实的音素还是对应文本的字母，原理都是一样的）。其实现过程如下。

（1）提取 WAV 文件的 MFCC 特征。

```
def get_audio_feature():
    '''
    获取 WAV 文件提取 MFCC 特征之后的数据
    '''
    audio_filename = " enemy3_flying.wav"
    #读取 WAV 文件内容，fs 为采样率，  audio 为数据
    fs, audio = wav.read(audio_filename)
    #提取 MFCC 特征
    inputs = mfcc(audio, samplerate=fs)
    #对特征数据进行归一化，减去均值除以方差
    feature_inputs = np.asarray(inputs[np.newaxis, :])
    feature_inputs = (feature_inputs - np.mean(feature_inputs))/np.std(feature_inputs)
    #特征数据的序列长度
    feature_seq_len = [feature_inputs.shape[1]]
    return feature_inputs, feature_seq_len
```

函数返回的 feature_seq_len 表示这段语音被分隔为多少帧，一帧数据计算出一个 13 维长度的特征值。返回的 feature_inputs 是一个二维矩阵，表示这段语音提取出来的所有特征值。矩阵的行数为 feature_seq_len，列数为 13。

然后读取这段 WAV 文件对应的文本文件，并将文本转换成音素分类。音素分类的数量是 28 个，其中包含英文字母的个数是 26 个，另外需要添加 1 个空白分类和 1 个没有音素的分类，一共 28 种分类。示例的 WAV 文件是一句英文，内容是"she had your dark suit in greasy wash water all year"。现在要把这句英文里的字母变成用整数表示的序列，空白用序号 0 表示，字母 a 至 z 用序号 1 至 26 表示。于是这句话用整数表示就转换为：[19 8 5 0 8 14 0 25 12 21 18 0 4 1 18 11 0 19 21 9 20 0 9 14 0 7 18 5 19 25 0 23 1 19 8 0 23 1 20 5 18 0 1 12 12 0 25 5 1 18]。最后，再将这个整数序列通过 sparse_tuple_from 函数转换成稀疏三元组的结构，这主要是为了直接用在 Python 的 tf.sparse_placeholder 上。

（2）将一句话转换成分类的整数 id。

```
def get_audio_label():
    '''
    将 label 文本转换成整数序列，然后再换成稀疏三元组
```

```
    '''
    target_filename = 'label.txt'
    with open(target_filename, 'r') as f:
        #原始文本为"she had your dark suit in greasy wash water all year"
        line = f.readlines()[0].strip()
        targets = line.replace(' ', '  ')
        #放入 list 中，空格用''代替
#['she', '', 'had', '', 'your', '', 'dark', '', 'suit', '', 'in', '', 'greasy', '', 'wash', '', 'water', '', 'all', '', 'year']
        targets = targets.split(' ')
        #每个字母作为一个 label，转换成如下形式
        #['s' 'h' 'e' '<space>' 'h' 'a' 'd' '<space>' 'y' 'o' 'u' 'r' '<space>' 'd'
        #'a' 'r' 'k' '<space>' 's' 'u' 'i' 't' '<space>' 'i' 'n' '<space>' 'g' 'r'
        #'e' 'a' 's' 'y' '<space>' 'w' 'a' 's' 'h' '<space>' 'w' 'a' 't' 'e' 'r'
        #'<space>' 'a' 'l' 'l' '<space>' 'y' 'e' 'a' 'r']
        targets = np.hstack([SPACE_TOKEN if x == '' else list(x) for x in targets])

        #将 label 转换成整数序列表示
        #[19  8  5  0  8  1  4  0 25 15 21 18  0  4  1 18 11  0 19 21  9 20  0  9
        #14  0  7 18  5  1 19 25  0 23  1 19  8  0 23  1 20  5 18  0  1 12 12  0 25
        #5  1 18]
        targets = np.asarray([SPACE_INDEX if x == SPACE_TOKEN else ord(x) –
                              FIRST_INDEX
                              for x in targets])
        #将列表转换成稀疏三元组
        train_targets = sparse_tuple_from([targets])
    return train_targets
```

接着，定义两层的双向 LSTM 结构及 LSTM 之后的特征映射。

（3）定义双向 LSTM 结构。

```
def inference(inputs, seq_len):
    '''
    两层双向 LSTM 的网络结构定义

    inputs：输入数据，形状是[batch_size, 序列最大长度, 一帧的特征个数为 13]，
            序列最大长度是指，一个样本在转成特征矩阵之后保存在一个矩阵中，
            在 n 个样本组成的 batch 中，因为不同样本的序列长度不一样，在组成的 3
            维数据中，第 2 维的长度要足够容纳下所有样本的特征序列长度
    seq_len：batch 里每个样本的有效序列长度
    '''
    #定义一个向前计算的 LSTM 单元，40 个隐藏单元
    cell_fw = tf.contrib.rnn.LSTMCell(num_hidden,
                                      initializer=tf.random_normal_initializer(
                                          mean=0.0, stddev=0.1),
```

```
                    state_is_tuple=True)
#组成一个有 2 个 cell 的 list
cells_fw = [cell_fw] * num_layers
#定义一个向后计算的 LSTM 单元，40 个隐藏单元
cell_bw = tf.contrib.rnn.LSTMCell(num_hidden,
                    initializer=tf.random_normal_initializer(
                                mean=0.0, stddev=0.1),
                    state_is_tuple=True)
#组成一个有 2 个 cell 的 list
cells_bw = [cell_bw] * num_layers
#将前面定义向前计算和向后计算的 2 个 cell 的 list 组成双向 LSTM 网络
#sequence_length 为实际有效的长度，大小为 batch_size，
#相当于表示 batch 中每个样本的实际有用的序列长度有多长
#输出的 outputs 宽度是隐藏单元的个数，即 num_hidden 的大小
outputs, _, _ = tf.contrib.rnn.stack_bidirectional_dynamic_rnn(cells_fw,
                                cells_bw,
                                inputs,
                                dtype=tf.float32,
                                sequence_length=seq_len)
#获得输入数据的形状
shape = tf.shape(inputs)
batch_s, max_timesteps = shape[0], shape[1]
#将 2 层 LSTM 输出转换成宽度为 40 的矩阵后进行全连接计算
outputs = tf.reshape(outputs, [-1, num_hidden])
W = tf.Variable(tf.truncated_normal([num_hidden,num_classes],stddev=0.1))
b = tf.Variable(tf.constant(0., shape=[num_classes]))
#进行全连接线性计算
logits = tf.matmul(outputs, W) + b
#将全连接计算的结果，由宽度 40 变成宽度 80
#即最后输入 CTC 的数据宽度必须是 26+2 的宽度
logits = tf.reshape(logits, [batch_s, -1, num_classes])
#转置，将第一维和第二维交换
#序列的长度放第一维，batch_size 放第二维
#也是为了适应 Tensorflow 的 CTC 的输入格式
logits = tf.transpose(logits, (1, 0, 2))
return logits
```

将读取数据、构建 LSTM+CTC 网络结构及训练过程结合在一起。在完成 1200 次迭代训练后，进行样本测试，将 CTC 解码结果的音素分类的整数值重新转换回字母，得到最后结果。

（4）语音识别训练的主程序逻辑代码。

```
def main():
```

```python
#输入特征数据，形状为：[batch_size, 序列长度, 一帧特征数]
inputs = tf.placeholder(tf.float32, [None, None, num_features])
#输入数据的 label，定义成稀疏 sparse_placeholder，会生成稀疏 tensor：SparseTensor
#这个结构可以直接输入给 CTC 求 loss
targets = tf.sparse_placeholder(tf.int32)
#序列的长度，大小是[batch_size]大小
#表示的是 batch 中每个样本的有效序列长度
seq_len = tf.placeholder(tf.int32, [None])
#向前计算网络，定义网络结构，输入是特征数据，输出提供给 CTC 计算损失
logits = inference(inputs, seq_len)
#CTC 计算损失
#参数 targets 必须是一个值为 int32 的稀疏 tensor 结构：tf.SparseTensor
#参数 logits 是前面 LSTM 网络的输出
#参数 seq_len 是这个 batch 的样本中，每个样本的序列长度
loss = tf.nn.ctc_loss(targets, logits, seq_len)
#计算损失的平均值
cost = tf.reduce_mean(loss)
#采用冲量优化方法
optimizer = tf.train.MomentumOptimizer(initial_learning_rate, 0.9).minimize(cost)
#还有另外一个 CTC 函数：tf.contrib.ctc.ctc_beam_search_decoder
#本函数会得到更好的结果，但是效果比 ctc_beam_search_decoder 差
#返回的结果中，decode 是 CTC 解码的结果，即输入的数据解码出的结果序列
decoded, _ = tf.nn.ctc_greedy_decoder(logits, seq_len)
#采用计算编辑距离的方式计算，计算 decode 后结果的错误率
ler = tf.reduce_mean(tf.edit_distance(tf.cast(decoded[0], tf.int32),
                                      targets))

config = tf.ConfigProto()
config.gpu_options.allow_growth = True
with tf.Session(config=config) as session:
    #初始化变量
    tf.global_variables_initializer().run()
    for curr_epoch in range(num_epochs):
        train_cost = train_ler = 0
        start = time.time()
        for batch in range(num_batches_per_epoch):
            #获取训练数据，本例中只取一个样本的训练数据
            train_inputs, train_seq_len = get_audio_feature()
            #获取这个样本的 label
            train_targets = get_audio_label()
            feed = {inputs: train_inputs,
                    targets: train_targets,
                    seq_len: train_seq_len}
```

```
        #一次训练，更新参数
        batch_cost, _ = session.run([cost, optimizer], feed)
        #计算累加的训练的损失值
        train_cost += batch_cost * batch_size
        #计算训练集的错误率
        train_ler += session.run(ler, feed_dict=feed)*batch_size
    train_cost /= num_examples
    train_ler /= num_examples
    #打印每一轮迭代的损失值、错误率
    log = "Epoch {}/{}, train_cost = {:.3f}, train_ler = {:.3f}, time = {:.3f}"
    print(log.format(curr_epoch+1, num_epochs, train_cost, train_ler,
                     time.time() - start))
#在进行了1200次训练之后，计算一次实际的测试，并且输出
#读取测试数据，这里读取和训练数据同一个的样本
test_inputs, test_seq_len = get_audio_feature()
test_targets = get_audio_label()
test_feed = {inputs: test_inputs,
             targets: test_targets,
             seq_len: test_seq_len}
d = session.run(decoded[0], feed_dict=test_feed)
#将得到的测试语音经过CTC解码后的整数序列转换成字母
str_decoded = ''.join([chr(x) for x in np.asarray(d[1]) + FIRST_INDEX])
#将no label转换成空
str_decoded = str_decoded.replace(chr(ord('z') + 1), '')
#将空白转换成空格
str_decoded = str_decoded.replace(chr(ord('a') - 1), ' ')
#打印最后的结果
print('Decoded:\n%s' % str_decoded)
```

在进行1200次训练后，输出结果如下：

```
……
Epoch 194/200, train_cost = 21.196, train_ler = 0.096, time = 0.088
Epoch 195/200, train_cost = 20.941, train_ler = 0.115, time = 0.087
Epoch 196/200, train_cost = 20.644, train_ler = 0.115, time = 0.083
Epoch 197/200, train_cost = 20.367, train_ler = 0.096, time = 0.088
Epoch 198/200, train_cost = 20.141, train_ler = 0.115, time = 0.082
Epoch 199/200, train_cost = 19.889, train_ler = 0.096, time = 0.087
Epoch 200/200, train_cost = 19.613, train_ler = 0.096, time = 0.087
Decoded:
she had your dark suitgreasy wash water allyear
```

以上实例只演示了一个最简单的LSTM+CTC端到端的训练，实际的语音识别系统还

需要大量的训练样本及将音素转换到文本的解码过程。

9.3 利用 OpenCV 实现人脸识别

OpenCV（Open Source Computer Vision Library）是一个功能强大的跨平台开源计算机视觉库，可应用于人机互动、物体识别、图像分割、人脸识别、动作识别、运动跟踪、机器人、运动分析、机器视觉、结构分析、汽车安全驾驶等诸多领域。这些应用将我们的注意力引向一个当前科技和社会的热点领域——人工智能。

9.3.1 人脸检测

人脸检测的任务是从一个图像中寻找出人脸所在的位置和大小。OpenCV 提供了级联分类器（Cascade Classifier）和人脸特征数据，只用少量代码就能实现人脸检测功能。实现步骤为：

（1）导入 OpenCV 库。

```
import cv2
```

（2）从文件中加载一个含有人脸的图像，并转换得到一个灰度图像。

```
img = cv2.imread('face.jpg')
gray = cv2.cvtColor(img, cv2.COLOR_BGR2GRAY)
```

OpenCV cvtColor 函数用于转换图像的色彩空间，使用 cv2.COLOR_BGR2GRAY 参数可以将一个彩色图像转换为灰度图像。

（3）利用人脸特征数据创建一个人脸检测器（CascadeClassifier 类的实例），然后调用该实例的 detectMultiScale 函数检测图像中的人脸区域，将检测结果返回变量 faces。

```
file = 'haarcascade_frontalface_default.xml'
face_cascade = cv2.CascadeClassifier(file)
#检测人脸区域
faces = face_cascade.detectMultiScale(gray, 1.2, 4)
```

在调用 detectMultiScale 函数的参数中，第 1 个参数是一个灰度图像；第 2 个参数表示在前后两次扫描中，搜索窗口的比例系数（默认为 1.1，即每次搜索窗口依次扩大 10%）；第 3 个参数表示构成检测目标的相邻矩形的最小个数（默认为 3 个）。

（4）在检测图像中的每一个人脸区域上画矩形框。

```
#标注人脸区域
for (x, y, w, h) in faces:
    cv2.rectangle(img, (x, y), (x+w, y+h), (255, 0, 0), 3)
```

检测出的人脸区域是一个矩形，由左上角坐标(x,y)、矩形的宽度 w 和高度 h 来确定。利用 cv2.rectangle 函数可以在图像上画出一个矩形，该函数的第 1 个参数是图像，第 2

个参数是矩形的左上角坐标(x,y)，第 3 个参数是矩形的右下角坐标(x+w,y+h)，第 4 个参数是线条的颜色，第 5 个参数是线条的宽度。

（5）把标注矩形框后的图像显示到窗口中。

```
cv2.imshow('Image', img)    #显示检测结果到窗口
```

（6）等待用户按下任意按键后销毁所有窗口。

```
cv2.waitKey(0)         #销毁所有窗口
cv2.destroyAllWindows()
```

运行程序，效果如图 9-9 所示。

图 9-9　人脸检测效果

9.3.2　检测视频的人脸

9.3.1 节对静态图像的人脸进行了检测，Python 除可以对静态图像的人脸进行检查外，还可以对动态的人脸进行检测（视频等），本节通过实例进行介绍，实现代码为：

```
import cv2
#创建人脸检测器
file = 'haarcascade_frontalface_default.xml'
face_cascade = cv2.CascadeClassifier(file)
#加载视频文件
vc = cv2.VideoCapture('video.mp4')
#处理视频流
while True:
    #读取视频帧
    retval, frame = vc.read()
    #按 Q 键退出
    if not retval or cv2.waitKey(16) & 0xFF == ord('q'):
        break
```

```
            #检测人脸区域
            gray = cv2.cvtColor(frame, cv2.COLOR_BGR2GRAY)
            faces = face_cascade.detectMultiScale(gray, 1.3, 5)
            #标注人脸区域
            for (x, y, w, h) in faces:
                 cv2.rectangle(frame, (x, y), (x+w, y+h), (255, 0, 0), 3)
            #显示视频帧到窗口
            cv2.imshow('Video', frame)
    #关闭视频
    vc.release()
    #销毁所有窗口
    cv2.destroyAllWindows()
```

运行程序，将会打开一个窗口，显示摄像头拍摄到的视频画面，并将检测到的人脸标示出来。

9.3.3 车牌检测

我们不仅可以使用 OpenCV 进行人脸检测，还可以用它进行车牌检测。检测车牌的程序与检测人脸的程序类似，只要使用车牌特征数据创建一个车牌检测器就可以用来检测车牌了。下面的代码可以实现车牌检测。

```
import cv2

#从文件读取图像并转为灰度图像
img = cv2.imread('car.jpg')
gray = cv2.cvtColor(img, cv2.COLOR_BGR2GRAY)

#创建车牌检测器
file = 'haarcascade_russian_plate_number.xml'
face_cascade = cv2.CascadeClassifier(file)
faces = face_cascade.detectMultiScale(gray, 1.2, 5)

#标注车牌区域，并保存到文件中
for (x, y, w, h) in faces:
    cv2.rectangle(img, (x, y), (x+w, y+h), (255, 0, 0), 3)
    #裁剪识别区[y0:y1,x0:x1]
    number_img=img[y:y+h,x:x+w]
    cv2.imwrite('car_number.jpg',number_img)
#显示检测结果到窗口
cv2.imshow('Image', img)
#按任意键退出
cv2.waitKey(0)
```

#销毁所有窗口
cv2.destroyAllWindows()

运行程序就可以检测出图像中的车牌,如图9-10所示。

图9-10 车牌检测

9.3.4 目标检测

目标检测(Object Detection)是在图像中找出检测对象的位置和大小,是计算机视觉领域的核心问题之一,在自动驾驶、机器人和无人机等许多领域极具研究价值。

随着深度学习的兴起,基于深度学习的目标检测算法逐渐成为主流。深度学习是指在多层神经网络上运用各种机器学习算法解决图像、文本等各种问题的算法集合。因此,基于深度学习的目标检测算法又被称为目标检测网络。

本节使用一种名为MobileNet-SSD的目标检测网络对图像进行目标检测。MobileNet-SSD能够在图像中检测出飞机、自行车、船、瓶子、公交车、摩托车、火车、汽车、鸟、猫、狗、马、人、羊、奶牛、餐桌、椅子、沙发、盆栽、电视共20种物体和1种背景,平均准确率能达到72.7%。由于训练神经网络需要大量的数据和强大的运算力,在这里将使用一个已经训练好的目标检测网络模型。在Python中,可以通过OpenCV的DNN模块使用训练好的模型对图像进行目标检测,其步骤为:

(1)加载MobileNet-SSD目标检测网络模型。
(2)读入待检测图像,并将其转换成BLOB数据包。
(3)将BLOB数据包传入目标检测网络,并进行前向传播。
(4)根据返回结果标注图像中被检测出的目标对象。

下面的代码可以实现目标检测:

```
#导入cv2和NumPy模块
import cv2, numpy

#指定图像和模型文件路径
image_path = 'target.jpg'
```

```python
prototxt = './model/MobileNetSSD_deploy.prototxt'
model = './model/MobileNetSSD_deploy.caffemodel'

#创建物体分类标签、颜色和字体等的变量
CLASSES = ('background', 'aeroplane', 'bicycle', 'bird', 'boat',
  'bottle', 'bus', 'car', 'cat', 'chair', 'cow', 'diningtable',
  'dog', 'horse', 'motorbike', 'person', 'pottedplant', 'sheep',
  'sofa', 'train', 'tvmonitor')
COLORS = numpy.random.uniform(0, 255, size=(len(CLASSES), 3))
FONT = cv2.FONT_HERSHEY_SIMPLEX

#使用 DNN 模块从文件中加载神经网络模型
net = cv2.dnn.readNetFromCaffe(prototxt, model)

#从文件中加载待检测的图像,用来构造一个 BLOB 数据包
image = cv2.imread(image_path)
(h, w) = image.shape[:2]
input_img = cv2.resize(image, (300, 300))
#返回一个 BLOB 数据包,它是经过均值减去、归一化和通道交换后的输入图像
blob = cv2.dnn.blobFromImage(input_img, 0.007843, (300, 300), 127.5)

#将 BLOB 数据包传入 MobileNet-SSBD 目标检测网络,进行前向传播,并返回结果
net.setInput(blob)
detections = net.forward()

#用循环结构读取检测结果中的检测区域,并标注矩形框、分类名称和可信度
for i in numpy.arange(0, detections.shape[2]):
    idx = int(detections[0, 0, i, 1])
    confidence = detections[0, 0, i, 2]
    if confidence > 0.2:
        #画矩形框
        box = detections[0, 0, i, 3:7] * numpy.array([w, h, w, h])
        (x1, y1, x2, y2) = box.astype('int')
        cv2.rectangle(image, (x1, y1), (x2, y2), COLORS[idx], 2)
        #标注信任度
        label = '[INFO] {}: {:.2f}%'.format(CLASSES[idx], confidence * 100)
        print(label)
        cv2.putText(image, label, (x1, y1), FONT, 1, COLORS[idx], 1)

#将检测结果图像显示在窗口中
cv2.imshow('Image', image)
cv2.waitKey(0)
```

cv2.destroyAllWindows()

运行程序,对图像进行目标检测的效果如图 9-11 所示。

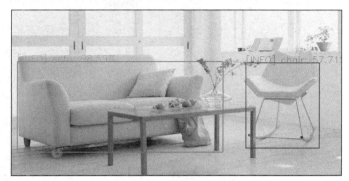

图 9-11　目标检测效果

9.4　GAN 风格迁移

风格迁移(Style Transfer)表示可以将一个产品的风格迁移至另一个产品上。随着生成对抗网络的最新发展,这种目标很容易实现。

假如一个时尚设计师希望设计一种特定结构的提包,并且正在探索不同的印花,那么设计师可以先绘制提包的轮廓结构,然后将手绘图片传入一个生成对抗网络,来针对这个提包产生不同的印花。风格迁移使用户不需要设计师的指导,就可以自己组合产品的设计和风格,这会对时尚行业产生巨大的影响。时尚设计师也可以通过推荐具有相似设计和风格的产品来配合用户已有的风格。

在这个实例中,我们会构建一个人工智能系统,它可以根据已有的手提包图像生成相同风格的鞋,反之亦然。本节主要内容:
- 学习 DiscoGAN 的工作原理。
- 对比 DiscoGAN 和 CycleGAN,它们有着十分相似的结构和工作原理。
- 训练一个 DiscoGAN,学习从已有提包的草图生成提包的图像。

9.4.1　DiscoGAN 的工作原理

DiscoGAN 是一种生成对抗网络,它用领域 A 中的图像生成领域 B 中的图像。DiscoGAN 网络架构如图 9-12 所示。

领域 B 产生的图像模仿领域 A 中图像的风格和图案。这种关系可以被学习,在训练时,无须将两个领域中的图像进行配对。这是一个非常强大的功能,因为配对是一个花费大量时间的过程。从高层次来说,它试图学习两个神经网络形式的生成器函数 G_{AB} 和 G_{BA},使得一个图像 x_A 在被传入生成器 G_{AB} 时产生图像 x_{AB},并且后者看起来像是领域 B 中的图像。同时,当图像 x_{AB} 传入生成器网络 G_{BA} 时,会产生另一个图像 x_{ABA}。在理想情况下，它应该和原始图像 x_A 相同。对于生成器函数，下面的关系成立：

$$G_{BA}G_{AB}(x_A) = x_A$$

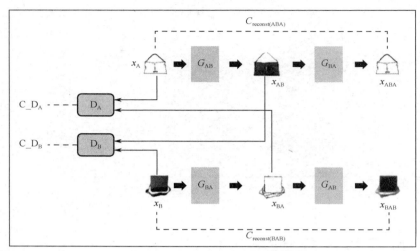

图 9-12　DiscoGAN 网络架构

在实际中，生成器函数 G_{AB} 和 G_{BA} 无法成为彼此的反面，因此尝试通过选择 L1 或 L2 范式损失来最小化原始图像和生成图像之间的误差。L1 范式损失基本上是每个数据点的绝对误差之和，而 L2 范式损失是每个数据点的平方损失之和。单一图像的 L2 损失可表示为

$$C = \|x_A - x_{ABA}\|_2^2 = \|x_A - G_{BA}G_{AB}(x_A)\|_2^2$$

仅最小化上述损失是不够的，需要保证生成的图像 x_B 看起来像是领域 B 的。例如，如果要将领域 A 中的衣服风格映射到领域 B 中的鞋子上，需要确定 x_B 看起来像是一双鞋子。如果它看起来不像是真实的鞋子，那么领域 B 中的判断器 D_B 会判断 x_B 为假，因此看起来是否真实的误差也要纳入考虑之中。在通常情况下，在训练过程中，训练器会同时得到生成的图像 $x_{AB} = G_{AB}(x_A)$ 和领域 B 中的原始图像（由 y_B 表示），因此它可以学习如何区分真实图像和假图像。

9.4.2　CycleGAN 的工作原理

CycleGAN 与 DiscoGAN 基本上是相似的。在 CycleGAN 中，可以灵活地决定重建损失函数所占 GAN 损失的权重，或者所占判别器误差的权重。这个参数根据当前的问题帮助以正确的比例平衡误差，让网络在训练时可以更快地收敛。除此之外，CycleGAN 其他部分的实现与 DiscoGAN 一样。

9.4.3　预处理图像

数据集 edges2handbags 文件夹中的每张图像，都包含了手提包图像和手提包边缘图

像。为了训练这个网络,需要将它们分配到 DiscoGAN 架构时提到的领域 A 和领域 B 中。通过以下代码(image_split.py),可以将这些图像分到领域 A 和领域 B 中(数据集下载网址为 https://people.eecs.berkeley.edu/~tinghuiz/projects/pix2pix/datasets/edges2handbags.tar.gz)。

```python
import numpy as np
import os
from scipy.misc import imread
from scipy.misc import imsave
import fire
from elapsedtimer import ElapsedTimer
from pathlib import Path
import shutil

def process_data(path,_dir_):
    os.chdir(path)
    try:
        os.makedirs('trainA')
    except:
        print(f'文件夹 trainA 已经存在,清理和重新创建空文件夹 trainA')
        try:
            os.rmdir('trainA')
        except:
            shutil.rmtree('trainA')
        os.makedirs('trainA')

    try:
        os.makedirs('trainB')
    except:
        print(f'文件夹 trainA 已经存在,清理和重新创建空文件夹 trainB')
        try:
            os.rmdir('trainB')
        except:
            shutil.rmtree('trainB')
        os.makedirs('trainB')
    path = Path(path)
    files = os.listdir(path /_dir_)
    print('图像处理:', len(files))
    i = 0
    for f in files:
        i+=1
        img = imread(path / _dir_ / str(f))
        w,h,d = img.shape
        h_ = int(h/2)
```

```
                img_A = img[:,:h_]
                img_B = img[:,h_:]
                imsave(f'{path}/trainA/{str(f)}_A.jpg',img_A)
                imsave(f'{path}/trainB/{str(f)}_B.jpg',img_A)
                if ((i % 10000) == 0 & (i >= 10000)):
                    print(f'处理的输入图像的数量: {i}')
        files_A = os.listdir(path / 'trainA')
        files_B = os.listdir(path / 'trainB')
        print(f'No of images written to {path}/trainA is {len(files_A)}')
        print(f'No of images written to {path}/trainA is {len(files_B)}')

    with ElapsedTimer('领域 A 和领域 B 的映射'):
        fire.Fire(process_data)
```

9.4.4 DiscoGAN 生成器

DiscoGAN 的生成器是前馈卷积神经网络,其输入和输出都是图像。在网络的第一部分,图像的空间维度被降低,随着层数的增加,输出特征图的个数逐渐增多。在网络的第二部分,图像空间维度被增加,随着层数的增加,输出特征图的个数逐渐减少。在最终的输出层,将生成与输入空间维度相同的图像。如果用 G_{AB} 表示将领域 A 的图像 x_A 转换为领域 B 的图像 x_{AB} 的生成器,那么可以得到 $x_{AB} = G_{AB}(x_A)$。

下面是 build_generator 函数的代码,它可以用来构建 DiscoGAN 网络中的生成器。

```
        def build_generator(self,image,reuse=False,name='generator'):
            with tf.variable_scope(name):
                if reuse:
                    tf.get_variable_scope().reuse_variables()
                else:
                    assert tf.get_variable_scope().reuse is False

                """U-Net 生成器"""
                def lrelu(x, alpha,name='lrelu'):
                    with tf.variable_scope(name):
                        return tf.nn.relu(x) - alpha * tf.nn.relu(-x)

        common_conv2d(layer_input,filters,f_size=4,stride=2,padding='SAME',norm=True,name='common_conv2d'):

                    """下行采样时使用的层"""
                    with tf.variable_scope(name):
                        if reuse:
                            tf.get_variable_scope().reuse_variables()
```

```python
                else:
                    assert tf.get_variable_scope().reuse is False
                d = tf.contrib.layers.conv2d(layer_input,filters,kernel_size=f_size,stride=stride,padding=padding)
                if norm:
                    d = tf.contrib.layers.batch_norm(d)
                d = lrelu(d,alpha=0.2)
                return d
        def common_deconv2d(layer_input,filters,f_size=4,stride=2,padding='SAME',dropout_rate=0,name='common_deconv2d'):
            """向上采样时使用的层"""
            with tf.variable_scope(name):
                if reuse:
                    tf.get_variable_scope().reuse_variables()
                else:
                    assert tf.get_variable_scope().reuse is False
                u = tf.contrib.layers.conv2d_transpose(layer_input,filters,f_size,stride=stride,padding=padding)
                if dropout_rate:
                    u = tf.contrib.layers.dropout(u,keep_prob=dropout_rate)
                u = tf.contrib.layers.batch_norm(u)
                u = tf.nn.relu(u)
                return u
        #下采样,64×64 -> 32×32
        dwn1 = common_conv2d(image,self.gf,stride=2,norm=False,name='dwn1')
        #32×32 -> 16×16
        dwn2 = common_conv2d(dwn1,self.gf*2,stride=2,name='dwn2')
        #16×16 -> 8×8
        dwn3 = common_conv2d(dwn2,self.gf*4,stride=2,name='dwn3')
        #8×8 -> 4×4
        dwn4 = common_conv2d(dwn3,self.gf*8,stride=2,name='dwn4')
        #4×4 -> 1×1
        dwn5 = common_conv2d(dwn4,100,stride=1,padding='valid',name='dwn5')
        #上采样,16×16 -> 16×16
        up1 =common_deconv2d(dwn5,self.gf*8,stride=1,padding='valid',name='up1')
        #16×16 -> 32×32
        up2 = common_deconv2d(up1,self.gf*4,name='up2')
        #32×32 -> 64×64
        up3 = common_deconv2d(up2,self.gf*2,name='up3')
```

```
                    #64×64 -> 128×128
                    up4 = common_deconv2d(up3,self.gf,name='up4')
                    #128×128 -> 256×256
                    out_img = tf.contrib.layers.conv2d_transpose(up4,self.channels,kernel_size=4,stride=2,
padding='SAME',activation_fn=tf.nn.tanh)
                    return out_img
```

在生成器函数中，定义了一个 leaky ReLU 激活函数，渗漏系数（Leak Factor）设为0.2。同时，还定义了一个卷积层的生成函数 common_conv2d，用来对图像进行下采样（Down-Sampling）；以及定义了函数 common_deconv2d，用来将下采样图上采样（Up-Sampling）到其原始空间维度。

通过 reuse 选项使用 tf.get_variable_scope().reuse_variables()来定义生成器函数。当同一个生成器函数被多次调用时，reuse 选项可以确保生成器中的参数一致。去掉 reuse 选项时，将为生成器创造一组新的参数。

网络中不同层的输出特征图的个数是 self.gf，或者是它的数倍。对于 DiscoGAN 网络，self.gf 的值为 64。

生成器中需要注意输出层的激活函数 tanh，它保证生成器产生的图像的像素范围是[-1,+1]。这要求输入图像的像素强度在[-1,+1]内，这可以通过对像素强度执行简单的逐像素转换来实现。

$$x \leftarrow \left(\frac{x}{127.5} - 1\right)$$

相似地，为了将图像转换为可显示的 0~255 像素强度的格式，只需应用下面的逆转换：
$$x \leftarrow (x+1) \times 127.5$$

9.4.5 DiscoGAN 判别器

DiscoGAN 的判别器会学习区分一个特定领域中的真实图像和假图像。有两个判别器：一个用于领域 A，一个用于领域 B。判别器也是卷积网络，执行二元分类。与传统的分类卷积网络不同，判别器的各层级之间没有全连接。输入图像通过步长为二的卷积被下采样，直到最后一层，输出是 1×1 的。同样地，使用 leaky ReLU 作为激活函数，并采用批处理正则化来保持稳定和快速收敛。下面的代码展示了判别器构建函数：

```
            def build_discriminator(self,image,reuse=False,name='discriminator'):
                with tf.variable_scope(name):
                    if reuse:
                        tf.get_variable_scope().reuse_variables()
                    else:
                        assert tf.get_variable_scope().reuse is False

                    def lrelu(x, alpha,name='lrelu'):
                        with tf.variable_scope(name):
```

```
            if reuse:
                tf.get_variable_scope().reuse_variables()
            else:
                assert tf.get_variable_scope().reuse is False
            return tf.nn.relu(x) - alpha * tf.nn.relu(-x)

    '''判别器层'''
    def d_layer(layer_input,filters,f_size=4,stride=2,norm=True,name='d_layer'):
        with tf.variable_scope(name):
            if reuse:
                tf.get_variable_scope().reuse_variables()
            else:
                assert tf.get_variable_scope().reuse is False

            d = tf.contrib.layers.conv2d(layer_input,filters,kernel_size=f_size,stride= 2, padding='SAME')
            if norm:
                d = tf.contrib.layers.batch_norm(d)
            d = lrelu(d,alpha=0.2)
            return d

    #256x256 -> 128x128
    down1 = d_layer(image,self.df, norm=False,name='down1')
    #128x128 -> 64x64
    down2 = d_layer(down1,self.df*2,name='down2')
    #64x64 -> 32x32
    down3 = d_layer(down2,self.df*4,name='down3')
    #32x32 -> 16x16
    down4 = d_layer(down3,self.df*8,name='down4')
    down5 = tf.contrib.layers.conv2d(down4,1,kernel_size=4,stride=1,padding='valid')
    return down5
```

判别器网络中不同层的输出特征图的个数是 self.gf，或者是它的整数倍。对于 DiscoGAN 网络，self.gf 的值为 64。

9.4.6 网络构建和损失函数的定义

我们根据生成器和判别器函数来构建整个网络，并且定义要在训练过程中优化的损失函数。代码如下：

```
    def build_network(self):
        def squared_loss(y_pred,labels):
            return tf.reduce_mean((y_pred - labels)**2)
```

```python
            def abs_loss(y_pred,labels):
                return tf.reduce_mean(tf.abs(y_pred - labels))
            def binary_cross_entropy_loss(logits,labels):
                return  tf.reduce_mean(tf.nn.sigmoid_cross_entropy_with_logits(labels=labels,logits=logits))

            self.images_real    =    tf.placeholder(tf.float32,[None,self.image_size,self.image_size,self.input_dim + self.output_dim])
            self.image_real_A = self.images_real[:,:,:,:self.input_dim]
            self.image_real_B = self.images_real[:,:,:,self.input_dim:self.input_dim + self.output_dim]
            self.images_fake_B = self.build_generator(self.image_real_A,reuse=False,name='generator_AB')
            self.images_fake_A = self.build_generator(self.images_fake_B,reuse=False,name= 'generator_BA')
            self.images_fake_A_ = self.build_generator(self.image_real_B,reuse=True,name= 'generator_BA')
            self.images_fake_B_   =    self.build_generator(self.images_fake_A_,reuse=True,name= 'generator_AB')

            self.D_B_fake   =    self.build_discriminator(self.images_fake_B   ,reuse=False,   name= "discriminatorB")
            self.D_A_fake   =    self.build_discriminator(self.images_fake_A_,reuse=False,   name= "discriminatorA")

            self.D_B_real   =     self.build_discriminator(self.image_real_B,reuse=True,   name= "discriminatorB")
            self.D_A_real   =     self.build_discriminator(self.image_real_A,reuse=True,   name= "discriminatorA")

            self.loss_GABA = self.lambda_l2*squared_loss(self.images_fake_A,self.image_real_A) + binary_cross_entropy_loss(labels=tf.ones_like(self.D_B_fake),logits=self.D_B_fake)
            self.loss_GBAB = self.lambda_l2*squared_loss(self.images_fake_B_,self.image_real_B) + binary_cross_entropy_loss(labels=tf.ones_like(self.D_A_fake),logits=self.D_A_fake)
            self.generator_loss = self.loss_GABA + self.loss_GBAB

            self.D_B_loss_real = binary_cross_entropy_loss(tf.ones_like(self.D_B_real),self.D_B_real)
            self.D_B_loss_fake  =   binary_cross_entropy_loss(tf.zeros_like(self.D_B_fake),self.D_B_fake)
            self.D_B_loss = (self.D_B_loss_real + self.D_B_loss_fake) / 2.0

            self.D_A_loss_real = binary_cross_entropy_loss(tf.ones_like(self.D_A_real),self.D_A_real)
            self.D_A_loss_fake  =   binary_cross_entropy_loss(tf.zeros_like(self.D_A_fake),self.D_A_fake)
```

```
        self.D_A_loss = (self.D_A_loss_real + self.D_A_loss_fake) / 2.0

        self.discriminator_loss = self.D_B_loss + self.D_A_loss

        self.loss_GABA_sum = tf.summary.scalar("g_loss_a2b", self.loss_GABA)
        self.loss_GBAB_sum = tf.summary.scalar("g_loss_b2a", self.loss_GBAB)
        self.g_total_loss_sum = tf.summary.scalar("g_loss", self.generator_loss)
        self.g_sum   =   tf.summary.merge([self.loss_GABA_sum,self.loss_GBAB_sum,self.g_total_
loss_sum])

        self.loss_db_sum = tf.summary.scalar("db_loss", self.D_B_loss)
        self.loss_da_sum = tf.summary.scalar("da_loss", self.D_A_loss)
        self.loss_d_sum = tf.summary.scalar("d_loss",self.discriminator_loss)

        self.db_loss_real_sum = tf.summary.scalar("db_loss_real", self.D_B_loss_real)
        self.db_loss_fake_sum = tf.summary.scalar("db_loss_fake", self.D_B_loss_fake)
        self.da_loss_real_sum = tf.summary.scalar("da_loss_real", self.D_A_loss_real)
        self.da_loss_fake_sum = tf.summary.scalar("da_loss_fake", self.D_A_loss_fake)
        self.d_sum = tf.summary.merge(
            [self.loss_da_sum, self.da_loss_real_sum, self.da_loss_fake_sum,
             self.loss_db_sum, self.db_loss_real_sum, self.db_loss_fake_sum,
             self.loss_d_sum]
        )

        trainable_variables = tf.trainable_variables()
        self.d_variables = [var for var in trainable_variables if 'discriminator' in var.name]
        self.g_variables = [var for var in trainable_variables if 'generator' in var.name]

        print ('开始打印变量 :' )
        for var in self.d_variables:
            print(var.name)
        self.test_image_A  =  tf.placeholder(tf.float32,[None,  self.image_size,self.image_size,self.input_dim], name='test_A')
        self.test_image_B  =  tf.placeholder(tf.float32,[None, self.image_size, self.image_size,self.output_c_dim], name='test_B')
        self.saver = tf.train.Saver()
```

在构建网络时，首先定义两个损失函数，一个是 L2 正则化误差，另一个是二元交叉熵误差。L2 正则化误差将用作重建误差，而二元交叉熵用作判别器误差。然后通过生成器函数定义两个领域中图像的占位符，以及每个领域中假图像对应的操作符。通过传入特定于领域的真、假图像定义判别器输出的操作符。除此之外，为每个领域中重建的图像定义操作符。

定义了操作符后，在考虑重建图像和判别器的损失的情况下，用它们来计算损失函数。值得注意的是，使用相同的生成器函数来定义从领域 A 到 B 的生成器，以及从领域 B 到 A 的生成器。唯一的区别是提供两个不同的网络名称：generator_AB 和 generator_BA。由于参数的范围由 name 定义，因此两个生成器会有两组不同的权重，并以给定的名称作为前缀。

下面列出了需要跟踪的不同损失变量，这些损失都需要相对生成器或判别器的参数最小化。

- selfD_B_loss_real：判别器 D_B 在领域 B 中判别真实图像的二元交叉熵损失。该损失将相对于判别器 D_B 的参数最小化。
- selfD_B_loss_fake：判别器 D_B 在领域 B 中判别假图像的二元交叉熵损失。该损失将相对于判别器 D_B 的参数最小化。
- selfD_A_loss_real：判别器 D_A 在领域 A 中判别真实图像的二元交叉熵损失。该损失将相对于判别器 D_A 的参数最小化。
- selfD_A_loss_fake：判别器 D_A 在领域 A 中判别假图像的二元交叉熵损失。该损失将相对于判别器 D_A 的参数最小化。
- self.loss_GABA：通过两个生成器 D_{AB} 和 D_{BA}，将一个图像从领域 A 映射到领域 B，再重建回领域 A 的重建损失，以及在领域 B 中判别器将假图像 $D_{AB}(x_A)$ 标记为真图像的二元交叉熵。该误差将相对于生成器 D_{AB} 和 D_{BA} 的参数最小化。
- self.loss_GBAB：通过两个生成器 D_{AB} 和 D_{BA}，将一个图像从领域 B 映射到领域 A，再重建回领域 B 的重建损失，以及在领域 A 中判别器将假图像 $D_{BA}(x_B)$ 标记为真图像的二元交叉熵。该误差将相对于生成器 D_{AB} 和 D_{BA} 的参数最小化。

前 4 个损失函数构成判别器损失，并且需要将相对于两个判别器 D_A 和 D_B 的参数最小化。后两个损失函数构成生成器损失，并且需要将相对于两个生成器 D_{AB} 和 D_{BA} 的参数最小化。损失变量通过 tf.summary.scaler 与 TensorBoard 绑定。因此，在训练过程中，这些损失函数被监控，以确保这些损失以预期的形式减少。

9.4.7 构建训练过程

在 train_network 函数中，首先定义了生成器和判别器损失函数的优化器。对于生成器和判别器，都使用 Adam 优化器，因为这是一个高级版本的随机梯度下降优化器，并且在训练 GAN 时表现十分出色。Adam 优化器使用梯度的衰减平均值，类似于稳定梯度的动量，梯度衰减平均值的平方提供了损失函数的曲率信息。与 tf.summary 定义的不同损失有关的变量写入日志文件中，因此可以通过 TensorBoard 进行监控。下面是 train 函数的代码：

```
def train_network(self):
    self.learning_rate = tf.placeholder(tf.float32)
```

```python
        self.d_optimizer = tf.train.AdamOptimizer(self.learning_rate,beta1=self.beta1,beta2=self.beta2).minimize(self.discriminator_loss,var_list=self.d_variables)
        self.g_optimizer = tf.train.AdamOptimizer(self.learning_rate,beta1=self.beta1,beta2=self.beta2).minimize(self.generator_loss,var_list=self.g_variables)

        self.init_op = tf.global_variables_initializer()
        self.sess = tf.Session()
        self.sess.run(self.init_op)
        self.writer = tf.summary.FileWriter("./logs", self.sess.graph)          count = 1
        start_time = time.time()

        for epoch in range(self.epoch):
            data_A = os.listdir(self.dataset_dir + 'trainA/')
            data_B = os.listdir(self.dataset_dir + 'trainB/')
            data_A = [ (self.dataset_dir + 'trainA/' + str(file_name)) for file_name in data_A ]
            data_B = [ (self.dataset_dir + 'trainB/' + str(file_name)) for file_name in data_B ]
            np.random.shuffle(data_A)
            np.random.shuffle(data_B)
            batch_ids = min(min(len(data_A), len(data_B)), self.train_size)//self.batch_size

            lr = self.l_r if epoch < self.epoch_step else
            elf.l_r*(self.epoch-epoch)/(self.epoch-self.epoch_step)

            for id_ in range(0, batch_ids):
                batch_files = list(zip(data_A[id_ * self.batch_size:(id_ + 1) * self.batch_size],
                    data_B[id_ * self.batch_size:(id_ + 1) * self.batch_size]))
                batch_images = [load_train_data(batch_file, self.load_size, self.fine_size) for batch_file in batch_files]
                batch_images = np.array(batch_images).astype(np.float32)

                #更新网络 G 并记录虚假输出
                fake_A, fake_B, _, summary_str = self.sess.run(
                        [self.images_fake_A_,self.images_fake_B,self.g_optimizer,self.g_sum],
                        feed_dict={self.images_real: batch_images, self.learning_rate:lr})
                self.writer.add_summary(summary_str, count)
                [fake_A,fake_B] = self.pool([fake_A, fake_B])

                #更新网络 D
                _, summary_str = self.sess.run(
                        [self.d_optimizer,self.d_sum],
                        feed_dict={self.images_real: batch_images,
                        self.learning_rate: lr})
```

```
                    self.writer.add_summary(summary_str, count)
                    count += 1
                    print(("Epoch: [%2d] [%4d/%4d] time: %4.4f" % (
                        epoch, id_, batch_ids, time.time() - start_time)))
                    if count % self.print_freq == 1:
                        self.sample_model(self.sample_dir, epoch, id_)
                    if count % self.save_freq == 2:
                        self.save_model(self.checkpoint_dir, count)
```

在代码的最后可看到，sample_model 函数在训练过程中不时被激活，以便根据其他领域输入的图像检查生成图像的质量。该模型还会根据 save_freq 被定期保存。

```
        def sample_model(self, sample_dir, epoch, id_):
            if not os.path.exists(sample_dir):
                os.makedirs(sample_dir)
            data_A = os.listdir(self.dataset_dir + 'trainA/')
            data_B = os.listdir(self.dataset_dir + 'trainB/')
            data_A = [ (self.dataset_dir + 'trainA/' + str(file_name)) for file_name in data_A ]
            data_B = [ (self.dataset_dir + 'trainB/' + str(file_name)) for file_name in data_B ]

            np.random.shuffle(data_A)
            np.random.shuffle(data_B)
            batch_files = list(zip(data_A[:self.batch_size], data_B[:self.batch_size]))
            sample_images = [load_train_data(batch_file, is_testing=True) for batch_file in batch_files]
            sample_images = np.array(sample_images).astype(np.float32)
            fake_A, fake_B = self.sess.run(
                [self.images_fake_A_,self.images_fake_B],
                feed_dict={self.images_real: sample_images}
            )
            save_images(fake_A, [self.batch_size, 1],
                        './{}/A_{:02d}_{:04d}.jpg'.format(sample_dir, epoch, id_))
            save_images(fake_B, [self.batch_size, 1],
                        './{}/B_{:02d}_{:04d}.jpg'.format(sample_dir, epoch, id_))
```

在 sample_model 函数中，从领域 A 中随机选出的图像被传递给生成器 D_{AB}，来生成领域 B 的图像。类似地，从领域 B 中随机选出图像被传递给生成器 D_{BA}，来生成领域 A 的图像。这些输出图像是由两个生成器在不同的轮次中产生的，每一批都被存放在一个取样文件夹中，以判断生成器是否在训练过程中不断提升图像的质量。

使用 save_model 函数保存模型，代码为：

```
        def load_model(self,checkpoint_dir):
            print(" [*] Reading checkpoint...")
            model_dir = "%s_%s" % (self.dataset_dir, self.image_size)
            checkpoint_dir = os.path.join(checkpoint_dir, model_dir)
```

```
        ckpt = tf.train.get_checkpoint_state(checkpoint_dir)
        if ckpt and ckpt.model_checkpoint_path:
            ckpt_name = os.path.basename(ckpt.model_checkpoint_path)
            self.saver.restore(self.sess, os.path.join(checkpoint_dir, ckpt_name))
            return True
        else:
            return False
```

9.4.8 启动训练

上面介绍的函数都是在 DiscoGAN 类中创建的,并且参数在 _init_ 函数中被声明。在训练网络时,只需传入 dataset_dir 和 epoches 两个参数的值即可。

```
    def __init__(self,dataset_dir,epochs=200):
        #输入参数
        self.dataset_dir = dataset_dir
        self.lambda_l2 = 1.0
        self.image_size = 64
        self.input_dim = 3
        self.output_dim = 3
        self.batch_size = 64
        self.df = 64
        self.gf = 64
        self.channels = 3
        self.output_c_dim = 3
        self.l_r = 2e-4
        self.beta1 = 0.5
        self.beta2 = 0.99
        self.weight_decay = 0.00001
        self.epoch = epochs
        self.train_size = 10000
        self.epoch_step = 10
        self.load_size = 64
        self.fine_size = 64
        self.checkpoint_dir = 'checkpoint'
        self.sample_dir = 'sample'
        self.print_freq = 5
        self.save_freq = 10
        self.pool = ImagePool()
        return None
```

现在已定义了训练模型所需要的所有内容,可以通过 progress_main 函数启动训练:

```
def process_main(self):
    self.build_network()
    self.train_network()
```

以上所有代码都是存放在 cycledGAN_edges_to_bags.py 中的,可通过运行 cycledGAN_edges_to_bags.py 来训练模型,输出如下:

```
Epoch: [ 0] [ 0/156] time: 3.0836
Epoch: [ 0] [ 1/156] time: 3.6782
Epoch: [ 0] [ 2/156] time:.4.1975
Epoch: [ 0] [ 3/156] time: 4.6701
Epoch: [ 0] [ 4/156] time: 5.2645
Epoch: [ 0] [ 5/156] time: 5.9413
Epoch: [ 0] [ 6/156] time: 6.3217
……
```

损失可以通过 TensorBoard 的仪表盘进行监视,TensorBoard 的仪表盘的启动方法为:

```
tensorbard –logdir=./logs
```

执行命令后,访问 localhost:6006 站点,在 TensorBoard 中可以看到生成器和判别器的几个损失轨迹的视图。图 9-13 中展示了随着训练的进行,领域 A 中判别器的损失构成。

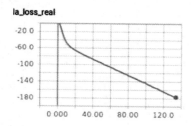
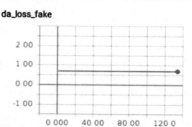
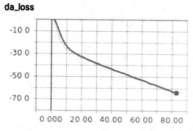

图 9-13 领域 A 中判别器的损失

由图 9-13 可以看出领域 A 中判别器在不同轮次中的损失。da_loss 是 da_loss_real 和 da_loss_fake 损失之和。da_loss_real 稳定地下降,因为生成器稳定地学习鉴别领域 A 中的真实图像,而假图像的损失被稳定地保持在 0.69 左右,这个值是当一个二元分类器以 1/2 概率输出一个类时可以预期得到的 logloss。

DiscoGAN 生成器的损失分布如图 9-14 所示。

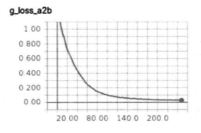
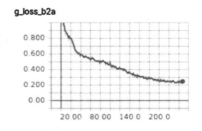
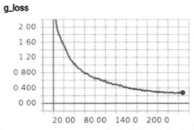

图 9-14　DiscoGAN 生成器的损失分布

g_loss_a2b 是混合的生成器损失，包括将图像从领域 A 映射到领域 B 再重建，以及让图像在领域 B 中看起来真实的二元交叉熵损失。相似地，g_loss_b2a 是混合的生成器损失，包括将图像从领域 B 映射到领域 A 再重建，以及让图像在领域 A 中看起来真实的二元交叉熵损失。这两个损失之和组成了 g_loss，可以从图中看出，随着训练的进行，损失稳定地下降。

如图 9-15 所示是 DiscoGAN 生成的两个领域的手提包图像。

图 9-16 中展示了生成手绘风格的手提包图像（领域 A）。

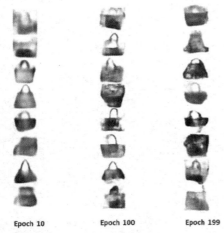
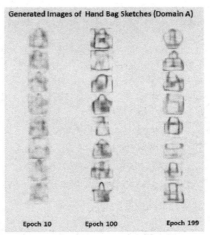

图 9-15　手绘图生成的手提包图像　　图 9-16　生成的手绘风格的手提包图像

从图 9-16 中可以看出，DiscoGAN 的效果很好，可以将任何领域的图像转换为另一个领域中的高质量真实图像。

9.5 利用 OpenCV 实现风格迁移

在 9.4 节介绍了利用 DiscoGAN 实现图像的风格迁移，但从过程来看，其相对复杂。本节直接通过一个例子来演示利用 OpenCV 实现风格迁移的方法，其步骤如下（models 文件夹提供了一些已经训练好的迁移网络模型）。

（1）导入 cv2 模块。

```
import cv2
```

（2）设定待处理图像和风格迁移网络模型的文件名称。

```
image_file = 'horse.jpg'    #指定图像
model = 'the_scream.t7'     #模型路径
```

提示：不同 the_scream.t7 为已训练好的风格模型，选择不同的模型进行迁移，将得到不同的效果。

（3）使用 OpenCV 的 DNN 模块加载风格迁移网络模型。

```
net = cv2.dnn.readNetFromTorch('models/' + model)
```

（4）从文件中读取待处理图像，用来构造一个 BLOB 数据包。

```
image = cv2.imread('images/' + image_file)   #从文件中读取图像
(h, w) = image.shape[:2]
blob = cv2.dnn.blobFromImage(image, 1.0, (w, h),
        (103.939, 116.779, 123.680), swapRB=False, crop=False)
```

（5）将图像的 BLOB 数据包传入迁移网络，并进行前向传播，然后等待返回结果。

```
net.setInput(blob)
out = net.forward()
```

（6）修正输出张量，加上平均减法，然后交换通道排序。

```
out = out.reshape(3, out.shape[2], out.shape[3])
out[0] += 103.939
out[1] += 116.779
out[2] += 123.68
out /= 255
out = out.transpose(1, 2, 0)
```

（7）将处理后的图像显示到窗口中，并保存到文件中。

```
cv2.namedWindow('Image', cv2.WINDOW_NORMAL)
cv2.imshow('Image', out)
out *= 255.0
cv2.imwrite('output-' + model + '_' + image_file, out)
cv2.waitKey(0)
cv2.destroyAllWindows()
```

利用 the_scream.t7 迁移模型，运行程序，得到迁移效果如图 9-17 所示。

图 9-17　迁移效果（the_scream.t7）

当改为 starry_night.t7 迁移模型时，运行程序，迁移效果如图 9-18 所示。

图 9-18　迁移效果（starry_night.t7）

9.6　聊天机器人

由于能很好地提高用户体验，提供客户服务的智能聊天机器人近年来非常流行。聊天机器人简化了线上表单填写和信息收集等烦琐任务，在现实应用中被广泛认可，已经在商业活动的各种交易场景中被频繁使用。聊天机器人的一个令人满意的特征是，能在当前对话语境中正确地响应用户的请求。聊天机器人系统包含用户和机器人两个角色，其优点是：

- 个性化的帮助：为所有用户都提供个性化服务的工作烦琐又冗长，不这样做会损失很多商机。聊天机器人会是一个解决方案，它可以很方便地为每一位用户提供个性化服务。
- 全时段支持：雇佣 7×24 小时的人工客服十分昂贵，而聊天机器人免去了额外的人工成本。

- 响应的一致性：不同的人工客服对一个问题可能会给出不同的响应，而智能客服提供的用户响应更容易保持一致。
- 足够的耐心：响应用户时，人工客服有可能逐渐失去耐心，而机器人永远不会。
- 问题记录：相比人工客服，聊天机器人能更高效地保存用户的历史问题。

聊天机器人能完成各种各样的任务。例如：

- 搜索反馈，结合产品返回合适的回答。
- 个性化推荐，给出适合用户的最佳方案建议。
- 情感机器人，提供模拟真人的回答。
- 智能客服，提供智能聊天客服服务。
- 智能投资顾问，谈判价格并参与投票。

在现实场景中，很难判断是否需要聊天机器人。但是，可以根据如图 9-19 所示的用户互动模型来做出判断。

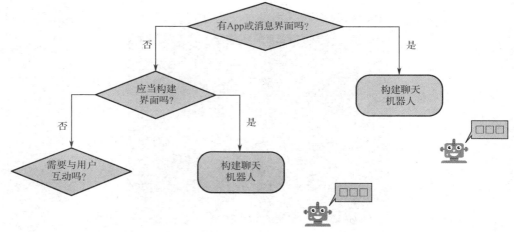

图 9-19　用户互动模型

9.6.1　聊天机器人架构

聊天机器人的核心是其自然语言处理框架。这个框架对用户提交的输入数据做分词（Parsing）、翻译处理后，基于对用户输入数据的理解来给出响应。为了保证给出响应的合理性，聊天机器人也许需要向知识库和历史交易数据库寻求帮助。

因此，聊天机器人可以被粗略地分成两个类别：

（1）检索模型（Retrieval-based Model）：一般来说，这类模型依赖于查询表或知识库，它能从预定义的一系列回答中选择一个来返回给用户。尽管这种方法显得有些简单，但大多数商业化的聊天机器人都属于这一类。不同模型的差别在于从查询表或知识库中选择一个最佳答案的算法，其精细程度不同。

（2）生成模型（Generative Model）：不同于检索模型，生成模型在模型运行时才生成答案。大多数生成模型为概率模型或基于机器学习的模型。直到近年，生成模型大多才使用马尔可夫链（Markov Chain）模型来生成答案。随着尝试学习不断成熟，基于循环神经网络的模型流行起来。又由于 LSTM 的循环神经网络模型能更好地处理长句子，聊天机器人的实现大多使用基于 LSTM 的生成模型来实现。

检索模型和生成模型都有各自的优缺点。检索模型从固定的答案集中给出答案，无法处理那些没有被事先定义的问题或请求。生成模型更加灵活，能理解用户的输入并生成类似人类才会给出的回答。然而，生成模型很难训练，需要更多的数据来学习，而且生成模型给出的回答会存在语法错误的情况，检索模型则不存在这种问题。

9.6.2 序列到序列模型

序列到序列模型的架构很适合用来捕捉用户输入的上下文，并基于此生成合适的响应。图 9-20 展示了一个能自动回答问题的序列到序列模型的框架图。

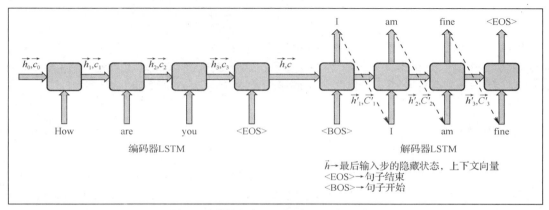

图 9-20　基于 LSTM 的序列到序列模型

由图 9-20 可看出，编码器 LSTM 将单词的输入序列编码为一个隐藏状态向量 $\vec{h}$ 和一个单元状态向量 $\vec{c}$。LSTM 编码器最后一步得到的隐藏状态和单元状态向量 $\vec{h}$ 和 $\vec{c}$ 基本上捕捉了整个输入句子的上下文。

编码之后的信息 $\vec{h}$ 和 $\vec{c}$ 被送给解码器 LSTM，作为其初始隐藏状态和单元状态。每个步骤中的解码器 LSTM 基于当前单词试图预测下一个单词，即当前单词是其输入。

在预测第一个单词时，送给 LSTM 的输入是一个代表开始的占位关键词<BOS>，这是一个句子的开头。类似地，占位关键词<EOS>代表句子的结尾。当 LSTM 给出<EOS>的预测值时，输出停止。

在训练一个序列到序列模型时，知道作为解码器 LSTM 输入的前一个词。但是在推断阶段，没有这些目标单词，因此我们使用前一步作为输入。

9.6.3 建立序列到序列模型

本实例用来实现的聊天机器人的序列到序列模型与图 9-20 所示的基于 LSTM 的序列

到序列模型稍有不同。其架构如图 9-21 所示。

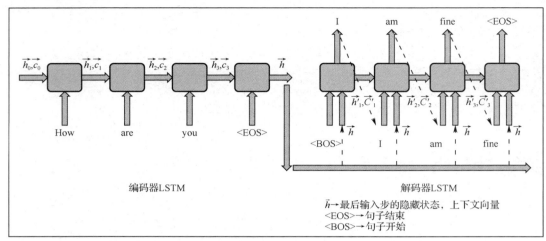

图 9-21 序列到序列模型

模型中没有用编码器最后一步输出的隐藏状态 $\vec{h}$ 和单元状态 $\vec{c}$ 作为解码器 LSTM 的初始隐藏状态和单元状态，取而代之的是，把 $\vec{h}$ 作为每一步解码器 LSTM 的输入。即在第 t 步，用前一个目标单词 w_{t-1} 和同一个隐藏状态 $\vec{h}$ 来预测目标单词 w_t。

9.6.4 实现聊天机器人

接下来我们将基于循环神经网络，使用 20 个大品牌相关的用户推特数据和客户响应数据来创建一个聊天机器人。数据集 twcs.zip 可通过网址 https://www.kaggle.com/thoughtvector/customer-support-on-twitter 获得。在数据集中，每条推特用 tweet_id 来识别区分，域 text 下是推特文字内容，域 in_response_to_tweet_id 用于识别用户推特；用户推特数据的域 in_response_to_tweet_id 的值为 null；客户推特域 in_response_to_tweet_id 的值是对应用户推特的 tweet_id。

1．构造训练数据

提取 in_response_to_tweet_id 值为 null 的推特数据来获得由用户发布的进站推特数据。类似地，提取 in_response_to_tweet_id 值不为 null 的推特数据为客户响应的出站数据。整理好进站和出站数据后，合并进站数据和 tweet_id、出站数据和 in_response_to_tweet_id，从而得到用户的输入推特数据和客户的输出推特数据。数据的整理函数为：

```
def process_data(self,path):
    data = pd.read_csv(path)

    if self.mode == 'train':
        data = pd.read_csv(path)
        data['in_response_to_tweet_id'].fillna(-12345,inplace=True)
```

```
                    tweets_in =    data[data['in_response_to_tweet_id'] == -12345]
                    tweets_in_out = tweets_in.merge(data,left_on=['tweet_id'],right_on=['in_response_to_
tweet_id'])
                    return tweets_in_out[:self.num_train_records]
                elif self.mode == 'inference':
                    return data
```

2．文本数据转换为单词索引

推特数据被输入神经网络前，会被进一步切分、转化为数字。采用计数向量化（Count Vectorizer）方法来保留一定数量的高频单词，以生成聊天机器人的词汇空间。引入 3 个新的标记来标志一个句子的开头（START）、结尾（PAD）和任意的未知单词（UNK）。对推特数据进行分词的函数为：

```
        def tokenize_text(self,in_text,out_text):
            count_vectorizer = CountVectorizer(tokenizer=casual_tokenize, max_features=self.max_vocab_size - 3)
            count_vectorizer.fit(in_text + out_text)
            self.analyzer = count_vectorizer.build_analyzer()
            self.vocabulary = {key_ : value_ + 3 for key_,value_ in count_vectorizer.vocabulary_.items()}
            self.vocabulary['UNK'] = self.UNK
            self.vocabulary['PAD'] = self.PAD
            self.vocabulary['START'] = self.START
            self.reverse_vocabulary = {value_: key_ for key_, value_ in self.vocabulary.items()}
            joblib.dump(self.vocabulary,self.outpath + 'vocabulary.pkl')
            joblib.dump(self.reverse_vocabulary,self.outpath + 'reverse_vocabulary.pkl')
            joblib.dump(count_vectorizer,self.outpath + 'count_vectorizer.pkl')
```

现在，切分好的词语需要转化为单词索引，才能被 RNN 直接处理：

```
        def words_to_indices(self,sent):
            word_indices = [self.vocabulary.get(token,self.UNK) for token in self.analyzer(sent)] + [self.PAD]*self.max_seq_len
            word_indices = word_indices[:self.max_seq_len]
            return word_indices
```

也可以把 RNN 预测的单词索引转化为单词，以构成一个句子。对应的代码为：

```
        def indices_to_words(self,indices):
            return ' '.join(self.reverse_vocabulary[id] for id in indices if id != self.PAD).strip()
```

3．替换匿名用户名

在对推特数据进行分词处理前，将数据中的匿名用户名替换为通用用户名，以提高聊天机器人的泛化性，实现代码为：

```
        def replace_anonymized_names(self,data):
            def replace_name(match):
```

```
            cname = match.group(2).lower()
            if not cname.isnumeric():
                return match.group(1) + match.group(2)
            return '@__cname__'

        re_pattern = re.compile('(\W@|^@)([a-zA-Z0-9_]+)')
        #print(data['text_x'])
        if self.mode == 'train':
            in_text = data['text_x'].apply(lambda txt:re_pattern.sub(replace_name,txt))
            out_text = data['text_y'].apply(lambda txt:re_pattern.sub(replace_name,txt))
            return list(in_text.values),list(out_text.values)
        else:
            return list(map(lambda x:re_pattern.sub(replace_name,x),data))
```

4．定义模型

基础版 RNN 架构本身因为存在梯度消失的问题，无法记住长句子文本中的长期数据依赖关系。借助结构中的三个"门"（Gate），LSTM 能有效记住长期依赖关系。因此，此处采用 RNN 的 LSTM 版本来构建序列到序列模型。

在模型中用到了两个 LSTM 结构。一个 LSTM 把输入的推特数据编码为一个上下文语境向量。这个语境向量对应编码器 LSTM 最后输出的隐藏状态（$\vec{h} \in R^n$），n 为隐藏状态向量的维度。推特数据 $\vec{x} \in R^k$ 为单词索引的序列，作为编码器 LSTM 的输入，k 为输入推特数据的序列长度。在送给 LSTM 前，单词索引值基于单词嵌入被映射为向量 $w \in R^n$，这里单词嵌入使用一个嵌入矩阵（$W \in R^{m \times N}$），其中 N 表示词汇表中单词的数目。

第二个 LSTM 是一个解码器，它试图将编码器 LSTM 构建的上下文向量 $\vec{h}$ 解码为有意义的输出。在每一步，同一个上下文向量和"前一个单词"一起生成当前单词。第一步时，没有"前一个单词"，这时用单词 START 代替，代表开始用解码器 LSTM 生成单词序列。推断时和训练时使用的"前一个单词"也不同。在训练时，前一个单词是已知的。然而在推断时，前一个单词是未知的，因此把上一步中预测得到的单词作为下一步中的解码器 LSTM 的输入。每一步中隐藏状态 $\vec{h}_i'$ 被输入神经网络，它在最后的 softmax 层前经历了多个全连接层。此刻，将 softmax 层中最大概率对应的单词作为预测结果输出，而它是下一步（$t+1$ 时刻）的解码器 LSTM 的输入。

Keras 中的 TimeDistributed 函数能快速获取每一步中解码器 LSTM 的预测结果，实现代码为：

```
    def define_model(self):
        #嵌入层
        embedding = Embedding(
            output_dim=self.embedding_dim,
            input_dim=self.max_vocab_size,
            input_length=self.max_seq_len,
            name='embedding',
```

```python
    )
    #编码器的输入
    encoder_input = Input(
        shape=(self.max_seq_len,),
        dtype='int32',
        name='encoder_input',
    )
    embedded_input = embedding(encoder_input)
    encoder_rnn = LSTM(
        self.hidden_state_dim,
        name='encoder',
        dropout=self.dropout
    )
    ##上下文被重复到最大序列长度,以便在解码器的每一步都可以输入相同的上下文
    context = RepeatVector(self.max_seq_len)(encoder_rnn(embedded_input))
    #解码器
    last_word_input = Input(
        shape=(self.max_seq_len,),
        dtype='int32',
        name='last_word_input',
    )
    embedded_last_word = embedding(last_word_input)
    #将编码器生成的上下文和作为输入发送到解码器的最后一个单词组合在一起
    decoder_input = concatenate([embedded_last_word, context],axis=2)
    #return_sequences 使 LSTM 在每一个时间步中产生一个输出,而不是在 intput 的末尾产
生一个输出,这对于序列产生模型是很重要的。
    decoder_rnn = LSTM(
        self.hidden_state_dim,
        name='decoder',
        return_sequences=True,
        dropout=self.dropout
    )
    decoder_output = decoder_rnn(decoder_input)
    #TimeDistributed 允许在每个时间步长的解码器输出上应用致密层
    next_word_dense = TimeDistributed(
        Dense(int(self.max_vocab_size/20),activation='relu'),
        name='next_word_dense',
    )(decoder_output)
    next_word = TimeDistributed(
        Dense(self.max_vocab_size,activation='softmax'),
        name='next_word_softmax'
    )(next_word_dense)
```

return Model(inputs=[encoder_input,last_word_input], outputs=[next_word])

5. 损失函数

模型基于类别的交叉熵损失来进行训练，并在解码器 LSTM 的每一步预测目标单词。在任意一步，基于类别的交叉熵损失都会覆盖词汇表中的所有单词，表示如下：

$$C_i = -\sum_{i=1}^{N} y_i \log p_i$$

标签 $[y_i]_{i=1}^{N}$ 代表目标单词的独热编码，其中，词汇表中第 i 个单词对应的标签是 1，其余是 0。项 p_i 是词汇表中第 i 个单词的概率。为了得到每个输入/输出推特对（Tweet Pair）的总损失 C，对解码器 LSTM 在所有步骤计算得到的损失求和。由于词汇表中的单词可能非常多，每一步都为目标单词创建一个独热编码向量 $\vec{y}_i = [y_i]_{i=1}^{N}$ 会非常耗时。在此采用 sparse_categorical_crossentropy 的损失函数将会更有利，即将目标单词的索引作为目标标签，而不把目标单词转换为独热编码向量。

6. 训练模型

Adam 是稳定收敛的可靠优化器，被用于模型训练。一般来说，循环神经网络模型容易存在梯度爆炸的问题（虽然对 LSTM 而言这不是大问题）。因此，最好在梯度变得过大时做梯度修剪。基于 Adam 优化器和 sparse_categorical_crossentropy，模型的定义和编译代码块为：

```
def create_model(self):
    _model_ = self.define_model()
    adam = Adam(lr=self.learning_rate,clipvalue=5.0)
    _model_.compile(optimizer=adam,loss='sparse_categorical_crossentropy')
    return _model_
```

实现训练函数的代码为：

```
def train_model(self,model,X_train,X_test,y_train,y_test):
    input_y_train = self.include_start_token(y_train)
    print(input_y_train.shape)
    input_y_test = self.include_start_token(y_test)
    print(input_y_test.shape)
    early = EarlyStopping(monitor='val_loss',patience=10,mode='auto')

    checkpoint = ModelCheckpoint(self.outpath + 's2s_model_' + str(self.version) + '_.h5',onitor='val_loss',verbose=1,save_best_only=True,mode='auto')
    lr_reduce = ReduceLROnPlateau(monitor='val_loss',factor=0.5, patience=2, verbose=0,mode='auto')
    model.fit([X_train,input_y_train],y_train,
              epochs=self.epochs,
              batch_size=self.batch_size,
              validation_data=[[X_test,input_y_test],y_test],
```

```
                callbacks=[early,checkpoint,lr_reduce],
                shuffle=True)
        return model
```

在 train_model 函数的开头，创建了 input_y_train 和 input_y_test 变量。这两个变量分别是 y_train 和 y_test 的复制，并且在每一步进行偏移，这样每一步中解码器的输入值是前一个单词。偏移后，序列的第一个词是关键词 START，作为第一步解码器 LSTM 的输入值。自定义的工具函数 include_start_token 的代码如下：

```
        def include_start_token(self,Y):
                print(Y.shape)
                Y = Y.reshape((Y.shape[0],Y.shape[1]))
                Y = np.hstack((self.START*np.ones((Y.shape[0],1)),Y[:, :-1]))
                #Y = Y[:,:,np.newaxis]
                return Y
```

返回训练函数 train_model()，如果 10 个轮次之后损失没有减少，则可以通过 Eearly-Stopping 来提前终止训练。类似地，如果误差在 2 个轮次之后没有减少，那么 ReduceLROnPlateau 会将当前的学习率减为一半。每当误差减少时，通过 ModelCheckpoint 来保存模型。

7．生成输出响应

模型训练好后，用它对输入推特数据生成响应，该过程包括如下步骤。
（1）替换输入推特中的匿名用户名为通用名。
（2）转换输入推特数据为单词索引。
（3）将单词索引序列输入编码器 LSTM，并将 START 关键词输入解码器 LSTM，生成第一个预测单词。从下一步开始，用上一步预测得到的单词替代 START 关键词输入解码器 LSTM。
（4）继续执行上述步骤，直到预测出代表句子结尾的关键词 PAD。
（5）反向查询词汇表，把预测得到的单词索引转换为单词，并形成句子。

函数 respond_to_input() 根据输入推特数据生成输出序列，实现代码为：

```
        def respond_to_input(self,model,input_sent):
                input_y = self.include_start_token(self.PAD * np.ones((1,self.max_seq_len)))
                ids = np.array(self.words_to_indices(input_sent)).reshape((1,self.max_seq_len))
                for pos in range(self.max_seq_len -1):
                        pred = model.predict([ids, input_y]).argmax(axis=2)[0]
                        #pred = model.predict([ids, input_y])[0]
                        input_y[:,pos + 1] = pred[pos]
                return self.indices_to_words(model.predict([ids,input_y]).argmax(axis=2)[0])
```

8．连接所有代码

把所有代码连起来，main 函数可以包含训练和推断两个流程。在训练函数中，也会根据输入推特序列来生成一些预测响应结果，从而检查模型训练效果。main 函数的实现代码为：

```python
def main(self):
    if self.mode == 'train':

        X_train, X_test, y_train, y_test,test_sentences = self.data_creation()
        print(X_train.shape,y_train.shape,X_test.shape,y_test.shape)
        print('Data Creation completed')
        model = self.create_model()
        print("Model creation completed")
        model = self.train_model(model,X_train,X_test,y_train,y_test)
        test_responses = self.generate_response(model,test_sentences)
        print(test_sentences)
        print(test_responses)
        pd.DataFrame(test_responses).to_csv(self.outpath + 'output_response.csv',index=False)
    elif self.mode == 'inference':

        model = load_model(self.load_model_from)
        self.vocabulary = joblib.load(self.vocabulary_path)
        self.reverse_vocabulary = joblib.load(self.reverse_vocabulary_path)
        #nalyzer_file = open(self.analyzer_path,"rb")
        count_vectorizer = joblib.load(self.count_vectorizer_path)
        self.analyzer = count_vectorizer.build_analyzer()
        data = self.process_data(self.data_path)
        col = data.columns.tolist()[0]
        test_sentences = list(data[col].values)
        test_sentences = self.replace_anonymized_names(test_sentences)
        responses = self.generate_response(model,test_sentences)
        print(responses)
        responses.to_csv(self.outpath + 'responses_' + str(self.version) + '_.csv',index= False)
```

完成以上代码，可通过调用 main 函数实现训练：

```python
if __name__ == '__main__':
    start_time = time()
    obj = chatbot()
    obj.main()
    end_time = time()
    print("Processing finished, time taken is %s",end_time - start_time)
```

9.7 餐饮菜单推荐引擎

在第 7 章已对推荐引擎进行了简单介绍,下面利用智能推荐引擎实现餐饮菜肴推荐。

下面就开始构建一个推荐引擎,该推荐引擎关注的是餐饮食物的推荐。假设一个人决定外出吃饭,但是他并不知道该去哪儿吃饭和该吃些什么,这时,我们这个推荐系统可以帮助他解决这两个问题。

首先构建一个基本推荐引擎,它能够寻找用户没有尝过的菜肴。然后,通过 SVD 来减少特征空间并提升推荐效果。然后,将程序打包并通过用户可读的人机界面供人们使用。

1. 推荐未尝试过的菜肴

推荐系统的工作过程是:给定一个用户,系统会为此用户返回 N 个最好的推荐结果。为了实现这一点,需要做到:

- 寻找用户没有评级的菜肴,即用户-物品矩阵中的 0 值。
- 在用户没有评级的所有菜肴中,对每个菜肴预计一个可能的评级分数。这就是说,认为用户可能会对菜肴打分(这就是相似度计算的初衷)。
- 对这些菜肴的评分从高到低进行排序,返回前 N 个菜肴。

下面的代码用于实现基于相似度的推荐引擎:

```
def standEst(dataMat, user, simMeas, item):
    n = shape(dataMat)[1]
    simTotal = 0.0; ratSimTotal = 0.0
    for j in range(n):
        userRating = dataMat[user,j]
        if userRating == 0: continue
        #寻找两个用户都评级的菜肴
        overLap = nonzero(logical_and(dataMat[:,item].A>0, \
                                      dataMat[:,j].A>0))[0]
        if len(overLap) == 0: similarity = 0
        else: similarity = simMeas(dataMat[overLap,item], \
                                   dataMat[overLap,j])
        print ('the %d and %d similarity is: %f' % (item, j, similarity))
        simTotal += similarity
        ratSimTotal += similarity * userRating
    if simTotal == 0: return 0
    else: return ratSimTotal/simTotal

def recommend(dataMat, user, N=3, simMeas=cosSim, estMethod=standEst):
    unratedItems = nonzero(dataMat[user,:].A==0)[1]   #找到未分级的项目
    if len(unratedItems) == 0: return 'you rated everything'
    itemScores = []
```

```
#寻找前 N 个未评级菜肴
for item in unratedItems:
    estimatedScore = estMethod(dataMat, user, simMeas, item)
    itemScores.append((item, estimatedScore))
return sorted(itemScores, key=lambda jj: jj[1], reverse=True)[:N]
```

代码中包含了两个函数。当给定相似度计算方法时，standEst 函数用来计算用户菜品的估计评分组。函数 recommend()也就是推荐引擎，它会调用 standEst 函数。

standEst 函数的参数包括数据矩阵、用户编号、菜肴编号和相似度计算方法。假设这里的数据矩阵如图 9-22 和图 9-23 所示，即行对应用户、列对应菜肴。那么，首先会得到数据集中的菜肴数目，然后对两个后面用于计算估计评分值的变量进行初始化。接着，遍历行中的每个菜肴。如果某个菜肴评分值为 0，就意味着用户没有对该菜品评分，跳过了这个菜肴。该循环大体上是对用户评过分的菜肴进行遍历，并将它和其他菜肴进行比较。变量 overLap 给出的是两个菜肴当中已经被评分的那个元素。如果两者没有重合元素，则相似度为 0 并中止本次循环。但是如果存在重合的物品，则基于这些重合物品计算相似度。随后，相似度会不断累加，每次计算时还考虑相似度和当前用户评分的乘积。最后，通过除以所有的评分总和，对上述相似度评分的乘积进行归一化。这就可以使得最后的评分值范围为 0～5，而这些评分值则用于对预测值进行排序。

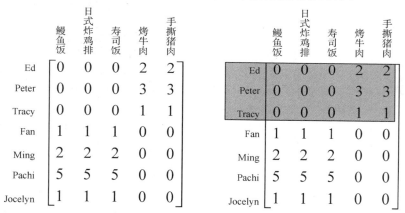

图 9-22　餐饮菜肴及评级的数据

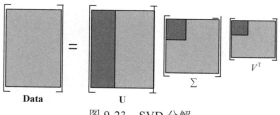

图 9-23　SVD 分解

函数 recommend()产生了分数最高的 N 个推荐结果。如果不指定 N 的大小，则默认值为 3。该函数另外的参数还包括相似度计算方法和估计方法。可以使用以上程序中的任意一种相似度计算方法。如果不存在未评分菜肴，那么就退出函数；否则，在所有的未评分菜肴上进行循环。对每个未评分菜肴通过调用 standEst() 来产生该菜肴的预测得分。该菜肴的编号和估计得分值会放在一个元素列表 itemScores 中。最后按照估计得分，对该列表进行排序并返回。该列表是从大到小逆序排列的，因此其第一个值就是最大值。

2．利用 SVD 提升推荐效果

实际的数据集会比用于演示 recommend 函数功能的 myMat 矩阵稀疏得多。图 9-24 给出了一个更真实的矩阵例子。

可以将该矩阵输入程序，或者从下载代码中复制函数 loadExData2()。下面计算该矩阵 SVD 来了解其到底需要多少维特征。

```
>>> from numpy import linalg as la
>>> U,Sigma,VT=la.svd(mat(svdRec.loadExData2()))
>>> sigma
array([  1.38487021e+0.1,   1.15944583e+01,   1.10219767e+01,
         5.31737732e+00,   4.55477815e+00,   2.69935136e+00,
         1.53799905e+00,   6.46087828e-01,   4.45444850e-01,
         9.86019201e-02,   9.96558169e-17])
```

	鳗鱼饭	日式炸鸡排	寿司饭	烤牛肉	三文鱼汉堡	鲁宾汉堡	印度拷鸡	麻婆豆腐	宫保鸡丁	印度奶酪咖喱	俄式汉堡
Brett	2	0	0	4	4	0	0	0	0	0	0
Rob	0	0	0	0	0	0	0	0	0	0	5
Drew	0	0	0	0	0	0	0	1	0	4	0
Scott	3	3	4	0	3	0	0	2	2	0	0
Mary	5	5	5	0	0	0	0	0	0	0	0
Brent	0	0	0	0	0	5	0	0	5	0	0
Kyle	4	0	4	0	0	0	0	0	0	0	5
Sara	0	0	0	0	0	4	0	0	0	0	4
Shaney	0	0	0	0	0	5	0	0	5	0	0
Brendan	0	0	0	3	0	0	0	0	0	0	0
Leanna	1	1	2	1	1	2	1	0	4	5	0

图 9-24　一个更大的用户——菜肴矩阵

接下来查看到底有多少个奇异值能达到总能量的 90%。首先，对 Sigma 中的值求平方：

```
>>> sig2=Sigma**2
```

再计算一下总能量：

```
>>> sum(sig2)
541.99999999999932
```

计算总能量的 90%：

```
>>> sum(sig2)*0.9
487.79999999999939
```

然后，计算前两个元素所包含的能量：

```
>>>sum(sig2[:2])
378.8295595113579
```

该值低于总能量的 90%，于是计算前三个元素所包含的能量：

```
>>>sum(sig2[:3])
500.50028912757909
```

该值高于总能量的 90%就可以了。于是，可以将一个 11 维的矩阵转换成一个 3 维的矩阵。下面对转换后的三维空间构造出一个相似度计算函数。利用 SVD 将所有的菜肴映射到一个低维空间中去。在低维空间下，可以利用与前面相同的相似度计算方法来进行推荐。下面构造出一个类似于 standEst()的函数，实现代码为：

```
def svdEst(dataMat, user, simMeas, item):
    n = shape(dataMat)[1]
    simTotal = 0.0; ratSimTotal = 0.0
    U,Sigma,VT = la.svd(dataMat)
    Sig4 = mat(eye(4)*Sigma[:4]) #将 Sig4 排列成一个对角矩阵
    xformedItems = dataMat.T * U[:,:4] * Sig4.I    #创建转换项
    for j in range(n):
        userRating = dataMat[user,j]
        if userRating == 0 or j==item: continue
        similarity = simMeas(xformedItems[item,:].T,\
                             xformedItems[j,:].T)
        print( 'the %d and %d similarity is: %f' % (item, j, similarity))
        simTotal += similarity
        ratSimTotal += similarity * userRating
    if simTotal == 0: return 0
    else: return ratSimTotal/simTotal
```

程序中包含有一个函数 svdEst()。在 recommend()中，这个函数用于替换对 StandEst() 的调用，该函数对给定用户、给定菜肴构建了一个评分估计值。如果将该函数与 standEst() 进行比较，会发现很多行代码都很相似。该函数的不同之处就在于它对数据集进行了 SVD 分解。在 SVD 分解后，只利用包含了 90%能量值的奇异值，这些奇异值会以 NumPy 数组的形式得以保存。因此如果要进行矩阵运算，就必须用这些奇异值构建一个对角矩阵，然后利用 U 矩阵将物品转换到低维空间中。

对于给定的用户，for 循环在用户对应行的所有元素上进行遍历。这和 standEst 函数中的 for 循环的目的一样，只不过这里的相似度计算是在低维空间下进行的。相似度的计算方法也会作为一个参数传递给该函数。然后，对相似度求和，同时对相似度及对应评分值

的乘积求和。这些值返回之后，则用于估计评分。for 循环中加入了一条 print 语句，用于了解相似度计算的情况。如果觉得这些输出很累赘，也可以将该语句改为注释语句。

3. 基于 SVD 实现图像压缩

下面将会说明如何将 SVD 应用于图像压缩。通过可视化的方式，我们会很容易看到 SVD 对数据的近似效果。在代码中，包含了一张手写的数字图像，原始图像的大小是 32×32=1024 像素。能够使用更少的像素来表示这张图吗？如果能对图像压缩，就可以节省空间或带宽开销了。

可以使用 SVD 来对数据降维，从而实现图像的压缩。下面就会看到利用 SVD 对手写数字图像进行压缩的过程。打开 svdRec.py 文件并输入如下代码：

```
def printMat(inMat, thresh=0.8):
    for i in range(32):
        for k in range(32):
            if float(inMat[i,k]) > thresh:
                print (1)
            else: print(0)
        print ('')

def imgCompress(numSV=3, thresh=0.8):
    myl = []
    for line in open('0_5.txt').readlines():
        newRow = []
        for i in range(32):
            newRow.append(int(line[i]))
        myl.append(newRow)
    myMat = mat(myl)
    print ("****original matrix******")
    printMat(myMat, thresh)
    U,Sigma,VT = la.svd(myMat)
    SigRecon = mat(zeros((numSV, numSV)))
    for k in range(numSV):#由向量构造对角矩阵
        SigRecon[k,k] = Sigma[k]
    reconMat = U[:,:numSV]*SigRecon*VT[:numSV,:]
    print ("****reconstructed matrix using %d singular values******" % numSV)
    printMat(reconMat, thresh)
```

代码中第一个函数 printMat() 的作用是打印矩阵。由于矩阵包含了浮点数，因此必须定义浅色和深色。这里通过一个阈值来界定，后面也可以调节该值。该函数遍历所有的矩阵元素，当元素大于阈值时打印 1，否则打印 0。

函数 imgCompress() 实现了图像的压缩。它允许基于任意给定的奇异值和数目来重构图像。该函数构建了一个列表，然后打开文本文件，并从文件中以数值方式读入字符。

在矩阵调入后，就可以在屏幕上输出该矩阵了。接下来就开始对原始图像进行 SVD 分解并重构图像了。在程序中，通过将 Sigma 重新构成 SigRecon 来实现这一点。Sigma 是一个对角矩阵，因此需要建立一个全 0 矩阵，然后将前面的那些奇异值填充到对角线上。最后，通过截断的 U 和 V^T 矩阵，用 SigRecon 得到重构后的矩阵。该矩阵通过 printMat 函数输出。

运行以上程序，输出如下：

```
****original matrix****
00000000000000011000000000000000
00000000000001111110000000000000
00000000000011111111000000000000
00000000000111111111100000000000
00000000001111111111110000000000
00000000011111111111111000000000
00000000111111111111111100000000
00000000111111000011111100000000
00000000111110000001111100000000
00000001111100000001111100000000
00000011111000000000111110000000
00000011111000000000111110000000
00000011110000000000011110000000
00000011110000000000011110000000
00000011110000000000011110000000
00000011110000000000011110000000
00000011110000000000011110000000
00000011110000000000011110000000
00000011111000000000011110000000
00000011111000000000111110000000
00000001111100000000111100000000
00000001111100000001111100000000
00000000111110000001111100000000
00000000111110000011111000000000
00000000011111000111111000000000
00000000011111111111110000000000
00000000001111111111110000000000
00000000000111111111100000000000
00000000000011111111000000000000
00000000000001111110000000000000
00000000000000111100000000000000
00000000000000011000000000000000
(32,32)
****reconstructed matrix using 2 singular values****
```

```
00000000000000000000000000000000
00000000000000000000000000000000
00000000000011111100000000000000
00000000000111111110000000000000
00000000001111111111000000000000
00000000011111111111100000000000
00000000111111111111110000000000
00000000111000000000110000000000
00000001110000000000111000000000
00000001110000000000111000000000
00000001110000000000111000000000
00000001110000000000111000000000
00000001110000000000111000000000
00000001110000000000111000000000
00000001110000000000111000000000
00000001110000000000111000000000
00000001110000000000111000000000
00000001110000000000111000000000
00000001110000000000111000000000
00000001110000000000111000000000
00000001110000000000111000000000
00000001110000000000111000000000
00000001110000000000111000000000
00000001110000000000110000000000
00000000111111111111100000000000
00000000011111111111000000000000
00000000001111111111000000000000
00000000000111111110000000000000
00000000000011111100000000000000
00000000000000000000000000000000
```

可以看出，只需要两个奇异值就能精确地对图像进行重构。那么，到底需要多少个0、1数字来重构图像呢？U 和 V^T 都是 32×2 的矩阵，有两个奇异值。因此，总数字数目是 64+64+2=130。和原数目 1024 相比，获得了几乎 10 倍的压缩比。

参考文献

[1] 李刚. 疯狂 Pyython 讲义[M]. 北京：电子工业出版社，2019.

[2] Eric Matthes. Python 编程从入门到实践[M]. 袁国忠，译. 北京：人民邮电出版社，2016.

[3] 刘衍琦，詹福宇，王德建，等. 计算机视觉与深度学习实战[M]. 北京：电子工业出版社. 2019.

[4] Magnus Lie Hetland（挪）. Python 基础教程[M]. 3 版. 袁国忠，译. 北京：人民邮电出版社，2016.

[5] 段小手. 深入浅出 Python 机器学习[M]. 北京：清华大学出版社，2018.

[6] 桑塔努·帕塔纳亚克（Santanu Pattanayak）. Python 人工智能项目实战. 魏兰，潘婉琼，方舒，译. 北京：机械工业出版社，2019.

[7] Peter Harrington（美），李锐，李鹏，等. 机器学习实战[M]. 北京：人民邮电出版社，2018.

[8] 黄海涛. Python3 人工智能破冰从入门到实战[M]. 北京：人民邮电出版社，2019.

[9] 何宇健. Python 与机器学习实战[M]. 北京：电子工业出版社，2018.

[10] 谢声涛. Python 趣味编程：从入门到人工智能[M]. 北京：清华大学出版社，2019.